多根层次数据分布模型

——论大数据时代的数据管理

张建英 著

科学出版社

北京

内 容 简 介

人类进入信息社会大数据时代，传统数据管理面临很多挑战，数据管理正面临一场科学革命。本书从大数据发展现状出发，在人类 DIKW 知识层次中认识"数据"，阐述大数据时代以数据为中心的必然性，进而提出数据管理的新范式，即以系统科学及开放复杂巨系统为主要特征的范式，并论述数据管理正在向新范式转换；为解决数据系统中众多管理问题，从数据语义出发给出数据分布模型概念，并论述其是大数据时代数据管理的核心与基础；定义了一种数据分布模型——MHM；另外，本书还涉及数据管理的几个主要方面，包括数据一致性、事务处理、访问控制、扩展性等，实验表明 MHM 在性能、可靠性方面的优势，同时讨论 MHM 潜在的适用范围。

本书可以作为高等院校数据管理相关专业研究生的教学参考书，也可供相关领域的科研人员参考。

图书在版编目（CIP）数据

多根层次数据分布模型：论大数据时代的数据管理/张建英著. —北京：科学出版社，2017.5
　ISBN 978-7-03-052571-0

Ⅰ.①多⋯　Ⅱ.①张⋯　Ⅲ.①数据管理—研究　Ⅳ.①TP274

中国版本图书馆 CIP 数据核字(2017) 第 083060 号

责任编辑：王　哲　赵微微/责任校对：郭瑞芝
责任印制：徐晓晨/封面设计：迷底书装

科 学 出 版 社 出版
北京东黄城根北街 16 号
邮政编码：100717
http://www.sciencep.com

北京京华虎彩印刷有限公司 印刷
科学出版社发行　各地新华书店经销
*
2017 年 5 月第 一 版　开本：720×1000 1/16
2018 年 1 月第二次印刷　印张：15 3/4
字数：310 000
定价：89.00 元
（如有印装质量问题，我社负责调换）

前　　言

　　本书的工作可以追溯到 9 年前我参加的一次学术会议。大学毕业后我做了几年软件开发,然后重返高校攻读硕士学位。这期间我研发了一个主存数据库管理系统原型,实现了存储管理、T 树索引、查询处理、乒乓检查点、事务管理、SQL 访问等功能,这激发了我继续从事数据管理研究的兴趣,进而留校任教。2007 年参加在燕山大学举办的 VLDB School,王珊老师讲授的模式子图与数据子图概念启发了我,使我开启了数据分布模型研究工作。

　　我最初的想法是利用数据之间的这种语义关系研究数据复制技术。随着研究的深入,我认识到这种语义关系不仅可以用来进行数据复制,而且在分布式数据库中,对如查询优化、访问控制等都会产生影响。2008 年校在职博士研究资助计划也促使我整合、提高自己的想法,有了数据分布模型的初步想法。

　　为了验证数据分布模型想法的创新性,我查阅了数据库领域大量的经典文献。然而,除了 1974 年的数据库界著名的大讨论中提及在关系模型上构建一层数据模型,以及 ER 模型论文中提及的数据模型 (视图) 分为四个级别之外,所获不多。但通过阅读这些经典文献,对关系模型、层次模型、网状模型、数据分布等基本问题有了更为深入的认识,也更加认识到所从事研究的基础性。

　　数据分布模型研究在挫折与希望之间缓慢推进。2009 年我参加了华中科技大学举办的"分布式计算与系统"全国研究生暑期学校之后,受到云计算概念的影响,开始将数据分布模型与云计算结合起来,就扩展性、安全性展开研究。2010 年我参加中国人民大学举办的"数据密集型计算和非结构化数据管理"会议,期间与王会举博士进行了交流。根据他的建议,我后来实现了基于 32 个计算节点的性能、扩展性的对比实验。2011 年我在博士学位论文答辩时,王希诚教授建议我进一步查阅下钱学森的开放的复杂巨系统理论。之后的几年中,我阅读了系统哲学、开放的复杂巨系统、科学革命的结构以及信息哲学等方面的一些文献,进一步拓展了我的视野,让我从不同的视角来思考问题与看待眼前的困难,也更加坚信自己所做的工作。

　　2015 年"十一"长假期间,同于红教授的一次深入交流中发现,自己对数据分布模型工作的意义、重要性、理论依据还一直未能阐述清楚。而要将这些都阐述,哪怕只是泛泛之谈,也非一篇论文所能承载得了的,也难成体系,因此有了整理数据分布模型研究成果的初步想法。该月下旬,第 32 届中国数据库学术会议最后一天,在"大数据对科研与教学带来的问题与思考"的讨论会上,几位专家各抒己见:

高宏教授提出"大数据管理系统"，王晓阳教授对于数据语义做了强调，杜小勇教授明确提出"数据库系统面临一场革命""模型是主线""系统是核心""应用是动力"等。这些都激起我的共鸣，也促使我着手整理本书。

　　数据分布模型的最终确立不会仅取决于理论研究，更非性能的简单比较，这其中有着非常复杂的哲学、社会、系统、管理、技术等综合的因素。正如当初关系模型与网络模型的争议一样，其最终确立是要靠市场的选择。人类进入信息社会的时间相对人类社会漫长的历史来说还太短，信息管理的技术也必将随着人类的发展而发展。信息管理也在不断提出新的需求，这些造就了过去数据库系统的成绩，今天的需求又高了一个层次，同样也要求今天的数据管理再上一个台阶。本书的目的并非提供一个完整的数据分布模型，而是借用 MHM 对数据管理进行展望与勾勒，激发业界对数据分布模型的关注，引起大数据时代数据管理方面更多的思考。本书涉及数据管理以及信息哲学、系统科学、管理等多个学科，数据管理本身也关乎其核心内容，所需知识的广度、深度、综合性可想而知，限于个人的能力，粗浅之处请多包涵，存在的不妥之处恳请读者批评指正！

　　感谢王秀坤教授给予我生活上的关怀和工作上的帮助以及学业上的教导；感谢刘洪波教授、于红教授认真倾听我的想法并不厌其烦地帮助我斟酌论文；感谢课题组的孟军副教授、杨南海老师对于我研究工作的建议；感谢杨元生教授、王希诚教授、滕弘飞教授、申彦明教授给予我的鼓舞与帮助。感谢郭崇慧教授对于我书稿的建议；感谢朱明华教授、郗激扬老师为我提供实验条件；感谢王宇新副教授、孙永奇教授，在我情绪低落时给我的勉励，懈怠时给我的鼓舞，迷茫时给我的警醒；感谢王会举博士对于 MHM 性能实验的建议；感谢课题组的研究生刘淼、林敏泓、王铁存、李鑫 (男)、李鑫 (女)、刘健男、李苗苗、孙永洁的支持；感谢在研究之路上给我启迪、默默关心与帮助我的所有的人；最后要把我的感谢留给家人，他们的关爱与付出，最终使得我完成本书。

作　者
2016 年 10 月于大连理工大学

目　　录

第四篇　基于 MHM 的数据管理

插 图 目 录

表 格 目 录

第 1 章 导　　论

本章围绕数据管理，从时代背景、未来展望、技术途径、章节组织结构几方面对全书概述。首先论述大数据时代数据管理面临的挑战；接着提出社会数据管理的必然及特征，得出基于数据语义进行层次化数据管理的结论；然后引出数据分布模型概念，作为大数据时代的数据管理核心问题 —— 数据分布情况的假设，这样数据一致性、事务管理、访问控制、扩展、自适应自组织、模式演化等方面就有望在一个框架内解决，降低总的社会数据管理成本。

1.1　数据管理面临着一场科学革命

人类社会经历了农业社会、工业社会，现在进入了信息社会，信息所附加的活动已开始成为人类重要的活动之一。1946 年出现第一台电子计算机以来，特别是随着互联网的出现，信息技术得到了飞速的发展，激起了一轮又一轮的信息技术革命。互联网、物联网、移动互联、网格、云计算 [1-6]、传感器网络、互联网 + 等概念层出不穷，社会信息化程度不断深入。随着大数据 [7] 概念的兴起，信息社会开始进入大数据时代。

信息技术、信息应用、信息需求都发展得太快，以至于我们在信息社会高速发展的洪流中，被裹挟着，被一个又一个新的概念所冲击，很难慢下来进行冷静思考：信息、数据究竟在人类的认识层次中处于何等地位；我们究竟应该怎样做技术的主人，而非数据的奴隶；作为个体的人怎样在大数据时代找到个体的生存价值与意义；作为从事信息学科工作的人，如何从其他的学科吸收营养，如何从几千年的历史文化中获得养料，而非将自己囿于学科的小天地中。信息技术的快速发展将人、物、各种社会活动都组织成一张巨大的网，这张网越来越大，涉及越来越多的领域，也越来越厚重。如何认识这张网，如何构建这张网都是今天的人类要关注的。既需要从哲学层面认识其本质，也需要从社会影响、思维方式上关注，作为 IT 界的人士，更要在技术层面探讨其构建，让其服务于人类、造福于人类，而非被其所控制。

信息社会进入到了大数据时代，"数据"在社会的重要性不言而喻，数据量飞速增长给传统的数据处理技术带来了挑战。通常数据业务不尽相同，数据处理需要编写不同的应用程序加以解决。数据管理技术作为数据处理的基本环节，是所有数据处理过程中的必有部分。数据处理与数据管理是相联系的，数据管理技术的优劣将对数据处理的效率产生直接影响。由于可利用的数据呈爆炸性增长，且数据的种类繁杂，要有效地管理数据非常复杂。因此客观需要一个通用、使用方便、高效的数据管理软件，把数据有效地管理起来为数据处理使用。数据库技术就是针对该目标进行研究并发展和完善起来的计算机应用的一个分支。但是，大数据时代给以关系数据库为核心的数据管理技术带来了新的课题。

在大数据时代，数据库的前提，特别是集中式数据库技术的前提发生了很大的变化，这些变化主要体现在以下几点。

(1) 数据类型、数据量、数据变化速度、应用场景都发生了一些变化。数据类型，不只是关系数据，还有其他结构化数据、XML 等半结构化数据，乃至非结构化数据。由于产生数据不只是手工输入，还有仪器采集、社交网络生成、其他应用的输出等来源，数据产生变得更为快捷，产生的数据量也更为巨大。同时，社会活动节奏的加快、实时控制等需求使得数据变化的速率提高。数据的关注点也从以信息管理为主转变为信息管理与数据分析并重。

(2) 与外围系统的关系发生巨大的变化。传统的数据管理主要以企业、行业各类组织的自有系统为核心，外围的数据由人工输入或者通过程序转入，虽然效率不高，但能够满足企业的基本需求。由于企业主要将关键、核心的功能进行信息化，通过信息系统来管理，这样数据不一致性等问题不是很突出。而随着互联网的深入影响，不但人与人之间逻辑上通过网络连接，人与物通过物联网也可以连接起来。进一步来说，其他的各类设备、生产制造等社会活动的很多方面都会相互关联。系统之间的关联在数量上变多，在复杂程度上也大大增加。

(3) 计算模式发生很大的变化。在传统的信息管理系统中，经常是自建计算中心、数据中心、信息中心、网络中心等来支撑自有的信息系统。计算模式先后出现主机模式、客户机/服务器（Client/Server，C/S）模式、浏览器/服务器（Browser/Server，B/S）模式、云计算等。随着网格、虚拟化技术，特别是云计算概念的兴起，可以通过公有云、私有云来组织企业的计算。大数据时代数据管理对于计算的弹性、可扩展性方面的需求更为迫切。现在人们面临多种计算模式的选择。取长补短、相互融合必将成为发展的方向，各种应用系统必将易于在各种计算模式间便捷地迁移、整合，私有云、公有云、各片云之间的壁垒也终将被打破。

(4) 数据与计算的关系带来变化。在数据与计算的关系上，曾主要是以计算为中心来组织计算过程。早期的计算机，只能做计算就是一个好的例子：数据通过读卡机输入，再通过打孔机输出，本身不具有数据管理的功能。随着硬盘为代表的外存的出现，开始使用文件来管理数据，当然是以计算为中心。数据库管理系统出现后，情况略有变化，在一定程度上是以数据管理系统为核心来组织计算。进入大数据时代以来，Hadoop 等技术的兴起，实质上仍是以计算为中心的批处理思想。大数据时代，客观上要求以数据为中心来组织计算。

(5) 从企业以自有信息系统为核心，到社会活动以社会信息系统为核心。早期的信息系统，以企业自有的信息系统为主要特征，经过多年快速的信息化进程，人类正在进入到基于各企业信息系统，各行业、政府、各领域融合的社会信息系统为核心时代。这个社会信息系统，既包含上述多个相对独立的系统，又对其有一定的影响、控制能力。在企业数据管理时代，我们以一种超越个别应用的视角组织、存储、管理企业的数据；在全社会数据管理时代，需要一种超越个别企业、行业的视角来组织、存储、管理数据。

上述数据管理前提的变化，自从出现了局域网就开始了，只是随着互联网、物联网的发展，整个社会信息化程度加深、广度加大，变得更为明显。就数据库来说，集中式的数据管理技术也在不断地进行技术升级与更新以适应新的数据管理环境。从集中式数据库到分布式数据库，从分布式数据库到大规模分布式数据库，再到云数据库等反映的就是这样的变化。在这些变化中，一些传统的数据管理技术，如串行化、强一致性、扩展性等变得越来越难以适应新的形势，一些以大数据为背景的新技术、新理论开始出现。正如信息管理领域的一些专家所断言的那样，数据管理面临着一场科学革命。

1.2　社会数据管理

库恩于 1962 年出版的《科学革命的结构》[8] 一书中就科学革命做了翔实的论述。他提出了"范式"的概念，指的是常规科学所赖以运作的理论基础和实践规范，也有中文译本 [8] 将"paradigm"译为"规范"。"范式"是从事某一科学的科学家群体所共同遵从的世界观和行为方式。这样，进行研究的人们，受同样的科学实践规则和标准所制约。这种制约以及由此所造成的表面上的一致，正是常规科学的前提，也是某一种研究传统形成和延续的起源。书中还指出，一种范式经过科学革命向另一范式逐步过渡，正是成熟科学的通常发展模式。范式的变革不可能是知识的直线积累，而是一种创新和飞跃，一种科学体系的革命。当今的数据管理面临的就是这样的问题，在原有的范式框架内修修补补已无法适应大数据时代数据管理的要求，需要的是一种范式的变革。

只要简单地思考下传统的数据库系统与当今的数据库系统，乃至大数据时代现在的数据管理系统，不难得出这样的结论，系统变得更大了，系统也变得更复杂了，系统之间的关系也越来越丰富了。将来的系统又会是怎样的系统？我们怎样认识这些系统的异同？贝塔朗菲的《一般系统论：基础、发展和应用》[9]、拉兹洛的《系统哲学引论 —— 一种当代思想的新范式》[10]、哈肯的《协同学：大自然构成的奥秘》[11]、魏宏森与曾国屏的《系统论：系统科学哲学》[12]，以及钱学森等的开放的复杂巨系统 [13-15] 方面的论述可以帮助回答这些疑问。传统的数据库管理系统，元素规模较小，元素间结构简单，可以划归到简单系统，最多是简单巨系统，而大数据时代的数据管理，面临的是各种层次下的数据，数据不但量大，而且结构复杂，与外界进行数据、信息交互又非常的频繁，这应该归为开放的复杂巨系统。开放的复杂巨系统是所有系统中最为复杂的一种，还有相当多理论没有搞清楚，目前还没有形成从微观到宏观的完整理论。开放的复杂巨系统研究需要有新的方法论，一方面要吸收已有的方法论的长处，同时也要有新的发展。钱学森于1989 年提出了研究开放的复杂巨系统的方法论，这就是从定性到定量综合集成方法（meta-synthesis），简称综合集成方法。1992 年，钱学森又提出"从定性到定量综合集成研讨厅体系"思想。这里的定性与定量相结合的综合集成方法，被认为是研究处理开放的复杂巨系统的当前唯一可行的方法。

贝塔朗菲的《一般系统论：基础、发展和应用》开辟了从系统角度认识事物、对象之间的相互联系、相互作用的共同本质，内在规律性的研究领域。之后，系统论以一种崭新的科学方法论活跃于国际学术论坛。林康义与魏宏森所译的《一般系统论：基础、发展和应用》译者序中，称"系统论是继相对论和量子力学之后，又一次改变了世界的科学图景和当代科学家的思维方式""是思想领域大变动的一个重要标志"。贝塔朗菲将一般系统论看作科学思维的新范式。现代科学思维正由机械论的范式，转变到一般系统论的范式。

在传统的数据库管理系统中，我们自发地、凭直觉地使用"系统"这一概念，由于系统相对简单，问题不大。随着问题规模的扩大，问题越来越复杂，特别是在大数据时代，我们需要自觉地在数据管理中应用一般系统论方面的理论以及开放的复杂巨系统研究成果。数据管理系统与自然系统、人类社会不同，不是经历漫长的自然、社会过程演化而来，它出现很晚，自然演化可能会很慢。当认识到一般系统论的基本原理后，我们可以自觉、主动地人为设计、构建、影响这个人工系统的演化进程。

我们知道，信息管理以数据库系统为核心与基础。数据库系统的演化发展反映了信息管理演化与发展的脉络。从层次数据库、网络数据库到关系数据库；从集中式数据库到分布式数据库、多数据系统，还有与云计算结合的云数据库等技术，以至于现在的 NoSQL 数据管理趋势，数据管理技术总体上是从集中到分布，从小规模分布到大规模分布；从单一结构化数据的管理，到结构化、非结构化、半结构化数据的管理，到正在形成不同数据质量层次的数据管理；从企业自有数据管理，到跨企业、跨应用、跨行业的全社会数据管理系统；网络通信技术的快速发展，以及社会对于高效、准确、弹性、稳定、统一、多质量层次的社会数据管理的需要与现实的数据管理技术存在一个不小的差距。数据管理技术，脱胎于集中式数据管理时代，现在很多的前提都发生了很大的变化，是时候考虑未来的数据管理了。

本书认为未来的数据管理应是全社会数据管理，应同时具有高效、准确、弹性、稳定、统一、多质量层次的特征。社会的数据管理，指的是我们每个人、每个企业、每个设备都是社会数据管理中的一个节点，对应的数据也都是社会数据中的一部分。这并不否认个人、企业的信息系统在社会数据管理系统中的独立性。这个社会系统具有庞大数目的子系统，是这些子系统的有机结合。在这样的数据环境下，一方面子系统从社会数据系统获取数据信息，另一方面也向社会系统开放一定的数据信息。"高效"指的是系统的运行效率，相对于现有的企业、组织数据系统之间数据交换方式来说。跨系统的数据更新更有效率，不同（子）系统数据之间的不一致得到有效的控制。数据的准确是个相对的概念，这里是指从应用用户的角度进行取舍获得与期望的性能相匹配的准确的数据。弹性意味着系统可以根据需求动态地调整结构，以满足数据访问的变化需要，例如，可以在访问变得密集时自动地进行水平扩展，在数据访问量大幅下降时，进行水平收缩。稳定是指系统架构的调整中，尽量保持稳定，能调整少数的服务器节点就不动更多的节点。统一是指社会数据系统在综合各种企业行业的数据管理本身时，有一个统一的管理模型，这样在进行数据管理的时候，可以跨子系统地实现各种管理操作，包括访问授权、重组、重构、数据复制、更新、数据结构的演化等。多质量层次是指，对于系统中存在的各类结构的数据，包括结构化、半结构化、非结构化的数据，建立不同的层次，使得数据可以从低质量到高质量、从不精确到精确、从孤立到相互联系进行组织。

　　社会数据管理出现、形成、成熟是客观必然的。因为涉及的因素太多，建立这样的社会数据管理很难。但只要静下心来想一想，数据互联的趋势相对于互联网出现前，相对于局域网时代，再相对于主机时代，是不是各个系统之间数据的联系一步步在加强？当今，随着无线网络、传感器网络等各种通信技术的发展，各个系统之间的数据连接在一起成为可能，这也是对当今社会越来越快节奏的适应。即使现在还没有实现，但再过若干年，是不是要向这个方面发展呢？所以说，这是一种必然的趋势。下一个问题，技术上可能吗？《一般系统论：基础、发展和应用》基础就是各类系统之间的相似性，即各类系统都具有共性，那么数据管理系统这个范围内具有更多的相似性。从这类相似性出发，我们是可能发现各类数据管理系统中共性的一些内容，从而建立模型，跨越各个系统，将各类系统综合成社会数据系统的。

　　数据是社会数据管理的中心资源，而数据系统管理的核心问题是基于语义的数据分布。对于这个社会数据系统来说，其管理问题包括数据分布、数据一致性、访问控制、结构演化、数据迁移、计算模式转换、系统备份恢复、扩展、数据复制、事务管理等多方面。我们期待这些通用的数据管理问题，能有通用的解决框架将数据的一般管理问题从数据具体应用中分离开来，从而提高应用的开发效率，以及提高管理规范化与管理本身的效能。如同数据库管理系统将管理从数据应用中分离出来一样，一方面使数据库管理系统更易于调优，另一方面提高应用系统的开发效率。这个框架要解决上述这么多的管理问题，关键是数据的分布，而且该数据分布一定是基于语义的。对于社会数据系统来说，分布式管理是一个必然的选择，数据分布在各个地域站点上也是必然的，另外对于并行计算来说，其也是分布，这是通过分布来解决集中难以解决的性能等问题。其他的方面都依赖于数据分布，本书在后面的章节中会进一步解释这些问题。

基于语义的数据分布关键问题是选择什么样的语义。数据语义关系太过复杂了，不只是数据之间的关系，还与数据使用相关。这也是一些系统根据访问频繁程度将相关的数据组织到一起进行数据分布的原因。一个著名的例子就是"啤酒加尿布"的故事。然而这样的数据组织方式是存在问题的，看看现实中有哪个超市是这样组织商品的，没有！"啤酒加尿布"就是个美丽的传说而已。问题在于即使两者有一定的关联，但数据之间还有其他更为重要的联系，而且对于管理方面，还有比这点点收益更为重要的管理方面的需求，不会为这点点收益破坏其他管理方面的要求。

实体完整性、参照完整性是根据语义进行数据分布的不二选择。在关系数据库中，对于数据的语义关注主要体现在要考虑的三类完整性约束，即实体完整性约束、参照完整性约束、用户自定义的完整性约束。其中前两个作为关系系统的基本特征，称为关系的不变性。进行规范化设计的任务就是发现数据依赖，从而将这种语义关系转化为实体完整性与参照完整性的约束。换句话说，实体完整性与参照完整性反映的还是数据的语义关系，虽然不是全部的语义，但也是最为重要的语义关系。数据的语义还通过用户自定义的完整性约束得以体现，甚至还有我们尚未发现的数据语义。根据关系的三类完整性约束所代表的语义进行数据分布就变得顺理成章。但是用户自定义的数据完整性，依赖于不同的应用与系统，没有统一的语义表达，这就很难统一与规范并形成数据管理的基础。实体完整性与参照完整性，自然就成为进行数据分布模型研究的基础语义。建立数据分布模型的必要性、可能性、途径会在后面章节中专门阐述。

由于数据分布模型源于数据的语义关系，这样可以将数据分布模型映射到底层的数据模型（如关系模型）之上。虽然构建数据分布模型源于实体完整性、参照完整性，而实体完整性与参照完整性约束是关系模型数据的特征，但是对于其他数据模型也是适用的。这是因为，数据分布模型中，真正适用的是语义关系，不论数据以何种数据模型呈现，这种语义关系是同样存在的。数据的语义关系是不依赖于具体的数据模型的，数据模型只是我们认识数据的产物。既然数据分布回到了数据本身的语义关系上，能够应用于各种数据模型就不奇怪了。实体完整性是客观事物唯一标识的必然要求，而参照完整性表达的是数据之间的参照关系，在任何数据模型中都有类似的表达。

层次关系是一种非常普遍的关系，数据分布模型的基本结构一定是层次的。我们的社会组织结构、物理世界、人体、计算机等领域中层次的概念非常普遍。一般系统论中将层次原理作为系统的八大原理之一，层次性是系统的基本特征之一。

一方面，系统以层次为基础来构建，实现系统发展的连续性与阶段性的统一。贝塔朗菲指出"层次序列的一般理论显然是一般系统论的主要支柱"。另一方面，人类认识世界活动中，也会自觉运用层次的概念。再有，层次性原理也是系统一些其他理论的基础。耗散结构论、协同学、超循环理论、控制论都要基于层次原理。

基于层次结构的数据分布模型与层次模型是不同的概念。在数据库的发展史上，出现过层次模型，以 IBM 公司的信息管理系统（Information Management System，IMS）为代表。层次模型的数据库至今还在使用，IBM 公司的 IMS 也还在不断推出新的版本，这也说明了层次思想旺盛的生命力。但本书所指的层次结构的数据分布模型与层次模型是两种不同的概念。数据分布模型是层次结构的，它的作用在于进行数据管理，而非数据表达，数据表达是数据模型的主要用途。在层次模型中，数据是通过层次体现数据之间的关系。与数据分布模型基于关系模型类似，数据分布模型也可以基于层次模型，而且这种情况下构造数据分布更为自然。后面章节将总结数据分布模型与层次模型的区别。

1.3　数据分布模型

本书提出的数据分布模型是基于多根树[16, 17]的层次结构。在层次结构中，我们经常使用的是一种单根树型结构，即所有的非根节点有且只有一个双亲节点。事实上，在自然界、人类社会乃至计算机领域中，多根是一种更为普遍的情况，例如，人都有父亲、母亲两个根节点；一个组织可以有多个上级单位，如市的法院要受地方政府与上级法院的双重领导；面向对象技术中的多根继承，一个类继承了多个父类或者通过多个接口实现了类似的继承。为此，本书给出的数据分布模型采用基于多根树的层次结构。

数据之间的关系严格来说会构成图，而用多根树来代替，会有近似程度的问题。任何模型都是对于现实情况的逼近，而不能完全反映现实情况，必须在有效性与效率之间进行平衡，不能将模型构建得太复杂，多根层次数据分布模型是符合这样的原则的。图是比多根树更为一般的关系，这样在用多根树表达的时候，有些连接就会被牺牲掉，也就是对应的语义关系没有使用。本书中，图是这样被近似成多根树的：首先，在使用数据分布模型概念的时候，控制所设计的数据库模式图，尽量不含有回路、菱形、环这样的结构，从而使得对应的数据图不会生成这样的结构。其次，在数据图不能完全消除回路、菱形、环的时候，包容它们。通过弱化一些联系，将数据图从整体上理解为多根树结构。

多根层次数据分布模型也有自身的完整性约束问题。由于数据以多根树形式组织成数据聚簇进行分布，为了能使数据移动、统一管理，该模型也要满足一定的内在规定性，符合一般系统的边界与环境关系。在多根树下，要实现数据以多根树为单位进行数据分布，也就是以该形式进行数据移动要解决两个问题：一个问题就是数据标识的问题。随着数据论域的变化，可能会产生数据的重复问题，反映在数据标识上就是有相同的主键值，但实际是不同的数据。问题根源是在大规模分布环境下主键的产生是分布管理的，当两条数据移动到一起的时候，就产生了冲突，必须有机制保证不会产生这样的数据。而在大数据时代，想通过全局唯一的一个服务器生成主键是困难、不便捷的。数据是树形结构中的节点，若所有的根节点都跟随数据分布，就能帮助唯一确定数据。多根数据分布模型中，将其定义为祖先完整性约束。

　　另一个问题是，进行数据移动的时候，要保证被控制的数据能够一起移动。例如，本来张三属于某公司，但由于某些原因（可能还没有确定部门）暂时没有在外键中填入值。原来存放在该公司对应的数据服务器中，不影响数据的使用。随着数据变迁，要将该公司的数据转入到另外的服务器中，根据公司所在的所有部门进行提取的时候，就可能将"张三"漏掉。为了做到数据迁移的便捷、统一，能够通过少数节点进行控制，实现大多数相关节点的共同分布，要避免这种异常发生，因此本书定义了控制完整性。

　　在数据分布模型中，数据被组织成多根树。与系统的基本原理相符合，数据分布模型中将数据分为两大类：一类是用户真正有完全权限控制的数据，如一个商店对于自己的商品的库存、销售员基本信息；另外一类，就是虽然相关，但主要是读的作用，例如，商品本身的信息来源于外部的系统，在本系统中只是起参照的作用。第一类数据是对应的数据系统本身，而第二类数据是系统的内环境数据，该类信息来源于外部环境，为该系统所使用。在多根数据分布模型中，对于环境数据的使用都是通过内环境数据来进行的。当外界的数据发生变化的时候，也是通过内环境数据影响各个数据系统的。容易看出这种数据组织的方式，与系统的边界、环境等概念是对应的。通过多根层次数据分布模型，可以将多根树中控制数据与参照数据分别映射到系统数据与内环境数据，从而自然地构建了一个子系统。各级系统都是可以通过这样的概念进行构建的，每个层次的子系统，都是系统数据与内环境数据的组合。

　　作为一种数据分布模型，需要基于多根树结构定义数据分布的各种管理性操作。在以数据多根树为基本分布单位的数据系统中，数据的组织、拆分、合并等操作都是为了满足分布式系统管理的需要，这不同于应用程序对于数据的访问。应用程序对于数据的访问，通过分布式数据的管理层，被重定向到各个多根树的节点，最后汇总、返回结果，完成数据的访问。根据现实的需要，例如，由于部门 A 的壮大，业务量也变大，可能要抽取出一部分相关数据，放到一个空闲的服务器之上。基于数据多根树还可以进行类似于集合的并、交、差的操作。不同的是，这里元素间的关系复杂，需要根据多根树自身以及上面提及的祖先完整性与控制完整性来进行定义。

社会数据管理包括围绕着数据分布模型展开的数据一致性、事务管理、访问控制、扩展、自适应自组织、模式演化等方面。以前这些数据管理研究，并没有一个合适的关于数据分布的基础性假设。多根数据分布模型基于数据的语义，以系统的观点对数据组织方式进行了合理、自然的假设，可以期望这些系统管理的思想易于实现，并且能够收到好的效果。本书基于数据分布模型，对这些传统的数据管理问题也进行了论述。

综上，本书围绕数据分布模型，对大数据时代数据管理的相关技术进行了讨论。本书总体上还是一个构想，是关于开始的开始。在关系模型之上构建更为抽象的一层模型的想法，可以追溯到 1974 年数据库界的大讨论 [18]。本书以系统的视角，应用系统范式构建、管理这样的开放的复杂巨系统，不但对于大数据时代的数据管理具有重要意义，而且对于大数据分析等应用也具有重要意义。

1.4　本书的组织结构

本书分为四篇。

第一篇首先回顾大数据时代数据管理基本现状，并思考数据管理面临的困境与挑战。为进一步搞清楚大数据的一些基本问题，进一步认识数据以及大数据，该篇从三方面展开论述：先从信息、数据、知识与智慧乃至道德的关系中认识数据，更为清楚地认识数据在人类的知识层次中的地位，以此作为如何看待、管理数据的出发点；然后论述在大数据时代以数据为中心组织计算，数据又以结构化数据为核心进行组织的必然，这体现了数据结构在数据管理中的重要性，同时隐喻需要与此相适应的数据管理模型；最后指出大数据时代的数据管理新范式一定是以系统科学以及开放的复杂巨系统为特征，并论述了数据管理正在从旧范式向新范式的转变。

第二篇论述大数据环境下数据分布模型的必要性、可能性，以及数据分布模型要满足哪些条件、从何角度来进行构建。

第三篇是本书的核心，提出多根层次数据分布模型（Multi-Hierarchical Model，MHM）。阐述如何基于关系数据抽取出多根树型结构，定义 MHM 的祖先完整性约束与控制完整性约束；介绍以多根树为基本单位的操作及其现实意义；通过举例来介绍 MHM 的使用，探讨 MHM 使用中要注意的问题；介绍 MHM 也可以构建在其他的如网络、层次、XML 等数据模型之上，这样多种数据类型的综合管理成为可能；也论述基于 MHM 可以充分应用一般系统论的基本原理与定律。为了简化数据之间的关系，该篇还在分析数据图与多根树的差异的基础上，通过定理阐述模式图与数据图的结构关系；探讨如何将数据图近似理解为多根树；通过一个使用多根层次模型的例子，讨论如何选取控制节点，进行数据的分布，并简单阐述该模型与其他数据模型的差别。

第四篇的研究基于 MHM 的数据管理。在大数据时代，基于 MHM 的数据一致性、事务处理、访问控制等都有了新的特点。首先提出了基于模糊时间戳的多版本数据一致性，作为一种最终数据一致性。对于基于 MHM 的同步复制、异步复制以及副本更新等问题也进行了讨论。然后阐述可串行理论的局限性，给出了基于本地封闭式世界假设的事务模型。并基于提出的数据一致性，给出了解决事务级一致性的方法，定义了相应的隔离性级别，还讨论了 MHM 下的事务提交与恢复问题。在对操作与数据对象两种访问权限分离的基础上，定义了域这一不同于角色的概念，用于与一个数据多根树对应，反映操作执行的范围，而角色则反映可以执行的操作。用户最终的权限体现在什么样的范围上执行何种操作。另外，对该访问控制模型进行了评价并介绍在一个实际例子中的应用。在回顾扩展性定义的基础上，通过研究扩展性与性能、扩展性与效率之间的关系，对扩展性进行了定义。通过 TPC-C 数据库阐述了如何使用 MHM 实现扩展与收缩。通过对比实验验证了 MHM 具有非常明显的性能以及扩展性优势。最后讨论了 MHM 对几种典型数据管理应用的适应性。

第一篇　大数据时代的数据管理

　　本部分从传统数据管理面临的挑战出发，综合大数据发展现状、人类知识层次中认识"数据"、大数据时代以数据为中心的必然性，提出数据管理的新范式，即以系统科学及开放的复杂巨系统为主要特征的范式。同时论述数据管理正在向新范式转换，最后对新范式下数据组织与控制进行了展望。

第2章 数据管理的现状

本章从云计算背景谈起，展开对数据管理的讨论，针对大数据热潮以及发展现状面临的诸多数据管理问题，进行冷静的思考，大数据时代要用更高的视角来驾驭数据。

2.1 云计算及云数据管理

现在，云计算 [1~6]作为一种计算模式，相关技术不断地得到深入研究，也得到越来越多的应用。什么是云计算，还没有一个统一、广泛认可的定义 [4, 19, 20]，不同的人和组织从不同的角度给出了不同的解释。有的人称为按需计算、软件及服务、互联网计算 [2]，有人称为平台即服务（Platform-as-a-Service，PaaS），软件即服务（Software-as-a-Service，SaaS），设施即服务（Infrastructure-as-a-Service，IaaS），以至于 IT 即服务。从不同的角度看云计算，它可以是数据中心、分布式计算、并行计算、效用网格（utility grid）[1]。

云计算是长期以来将计算作为公共设施 [21] 的梦想的一个新名词。近来，这个梦想在商业上实现了。早期，由于计算机非常昂贵，将一台计算机虚拟成多个计算机供多个用户来使用。后来，由于微机的出现和普及，计算变得越来越便宜。现在，如何充分利用这样的计算资源成为一个新的问题。计算模式的演化先后经历了主机时代、PC 时代、网络时代、Internet 时代、网格计算时代，到现在的云计算时代。事实上，现在所有的计算模式都同时存在，并非因为新的计算模式出现就完全取代前面的计算模式，每种计算模式都有一定的生存空间，在可以预见的一个时期内还将是多种计算模式的共同存在 [22]。

云计算是社会分工的结果，使企业可以专心做自己的本职业务。企业将信息的管理交由专业的、效率更高的云计算供应商来实现，从而提高整个社会的运行效率。使用云计算的模式，还可以减轻资源过度配置以及资源配置不足的问题。将相当大规模的商用计算机中心构建、运行在低成本的地区，可以通过规模经济减少 5~7 倍的电力、网络带宽、运行、软件以及硬件的成本 [4]。将庞大的计算资源整合在一起，可以大大提高系统的效率，由专业的技术人员管理，节省能源，实现规模效益。电信运营商、大型互联网公司都具有成为云计算运营商的潜力。这些企业都拥有大型的数据中心，并且不是 7 × 24 小时满负荷运转的，于是可以将它们空闲时的计算资源打包成云计算虚拟机，为用户提供服务。这种对空闲计算资源的进一步开发，将成为这些企业新的赢利点。在云计算中，用户可以按需使用无限的计算资源，用户不用一下子进行非常大的投资，只需要为短期使用的资源付费。用户可以专心于企业的主要业务，而不用在信息管理上花费自己额外的精力。这样，计算就像水、电、气一样是一种公共的设施，企业根据自己使用计算的情况来付费，使用多少，付多少的费用。

云计算是非常具有吸引力的计算模式。当企业可以从开放的市场用比自己做的代价还低的价格购买额外的业务时，其就不用亲自实施它。这正如 Coase 在 1937 年《企业的本性》[23] 一文中写道："当工厂内部组织一个新事务的代价与通过开放市场交换的方式实施同样的事务的代价相等时，工厂才会倾向于停止扩张"。水、电、气走的就是这样的道路，可以期待，云计算也是类似的。当从市场上获得的计算比自己组织它更为便宜的时候，企业就会倾向于从市场上购买，而非设立自己的计算中心了。

最早提供云计算的当属 Amazon 公司，它提供的弹性云 EC2、simpleDB 等云计算环境。IBM、Google、Yahoo、Microsoft 等公司都迫不及待地加入到云计算中来，纷纷建立云数据中心，如 IBM Smarter Cloud、Microsoft 公司的 Windows Azure、Google App Engine 等。政府、研究机构也纷纷采用云计算来解决互联网时代快速增长的计算以及存储的需要。目前在国内，由政府机构主导的运营模式成为云计算业务发展初期的主要模式。例如，许多地方政府联合 IT 公司组建了一个个"地方云"。现在，还有中国电信的"e 云"、中国移动的"大云"、中国联通的 IDC 云平台。这些"云"将为当地的中小企业提供"公共信息平台"。

自 SaaS 在 20 世纪 90 年代末出现以来，云计算服务已经经历了十多年的发展历程。云服务正在逐步突破互联网市场的范畴，政府、公共管理部门、各行业企业也开始接受云服务的理念，并开始将传统的自建 IT 方式转为使用公共云服务方式，云服务将真正进入其产业的成熟期。云计算正在成为 IT 产业发展的战略重点，全球 IT 公司已经意识到这一趋势，纷纷向云计算转型，也带来市场规模的进一步增长。根据 Gartner 数据，全球云计算市场总体平稳增长。2015 年以 IaaS、PaaS、SaaS 为代表的典型云服务市场规模达到 522.4 亿美元，增速 20.6%，预计 2020 年将达到 1435.3 亿美元，年复合增长率达 22%。

2015 年是国内云计算政策集中出台的一年。云计算产业发展、行业推广、应用基础、安全管理等重要环节的宏观政策环境已经基本形成。根据中国信息通信研究院《云计算白皮书（2016 年）》，目前我国云计算市场总体保持快速发展，2015 年中国云计算整体市场规模达 378 亿元，整体增速 31.7%。

云计算能够对普通用户使用计算机的模式进行改变，从而给用户提供按需分配的存储能力、计算能力以及应用服务能力等，可以很大程度上降低用户对软件和硬件采购的费用。但是，云计算需要各种技术手段作为支持，其中包括虚拟化、分布式的储存方式、计算数据的管理以及数据同步运算等。云计算中的数据管理是将信息数据在数据库的层面上，跨越多个系统有机地结合起来。这样的数据整合，对于移动式计算、物联网、基于位置的服务等数据层的数据分布、数据整合等系统级的操作方法研究都具有意义。与传统的关系数据库相比，云数据管理系统具有良好的扩展性和容错性，利用云计算平台中大规模计算资源和存储资源管理海量异构数据，为用户提供高性价比的数据管理方式，这在大数据时代非常具有现实意义。

目前，随着 Google、Yahoo、Facebook 等企业的推动，出现了不少基于云计算平台的数据管理系统，而且大部分系统已经投入生产环境使用。与传统数据库系统相比，目前云数据管理系统提供的接口有很多限制，只提供简单的数据存取接口或者极小化的查询语言，这增加了用户使用的难度，也增加了开发人员的负担 [24]。

在云计算平台中，虽然有类似 BigTable[25, 26]、Amazon Dynamo[27]/SimpleDB 的数据管理方案，但是目前少有成熟的通用的解决方案，每个公司甚至每个项目需要面对及考虑数据规模增大的问题，Web 应用使用通用的存储服务是大势所趋。架构师、DBA、程序员具备这方面的实践经验及技能当然是好事，但是如果业界能够有通用稳定的解决方案来解决大家的重复工作则对整个业界更佳。大部分互联网公司都有自己的数据层分布及访问实现，只不过没有对外公开而已。

2006 年，Amazon.com 早期系统的架构师之一，时任 Findory.com 的创建者与 CEO 的 Linden 在其博客中就对于云数据库进行了描绘，代表了云计算时代，人们对于云数据库的期盼。"我所需要的是一个健壮的、高性能的虚拟的关系数据库，它透明地运行在一个簇上面，节点可以任意地加入或者离开，读写复制以及数据的迁移都自动地完成。我想能够在服务器云上安装数据库，并且使用它就好像是在一台机器上一样。"

良好的伸缩性是云计算的关键要素之一。为了在互联网规模为云、网格以及它们的应用程序达到满意的扩缩性，数据必须被分布到许多的计算机上，并且计算必须指定在最适合的位置来执行，从而减少通信的代价。目前，尽管数据集中应用或许还不是今天的云所处理的典型应用，但随着云规模的增长，这只是个时间的问题 [20]，现在这个预言正在变为现实。对于各厂商，即使无须构建高度伸缩的应用程序或服务，云计算其他一些优势也有着强大吸引力。目前可以猜测的使用场景有：创业公司无须在本地服务器上进行投资，只要购买他们的计算和存储即可；公司想要将现有的应用程序或服务器移植到云上时，无须重新架构数据层；在较短的时间段内获得大量计算的能力。

对于很多的应用程序，数据库是很好的用来管理和归档数据的架构，但是随着数据集增大到几百太字节，现在的数据库与专有的存储解决方案，已经不具有竞争的优势了。"在云计算计划里，将找不到关系数据库的影子，因为关系数据库不适合用于云计算环境"，按需平台服务提供商 10Gen 工程副总裁 Magnusson 这样认为："换言之，云计算时代强调的是高效、业务的连续性，更重要的是低功耗和低成本，而与这些理念相悖的行业或者技术将会被淘汰。"按照 Magnusson 的理解，尽管大型关系数据库，如 Oracle、IBM 等公司提供的产品已经被部署在很多数据中心，但云计算需要一种不同的设置来充分发挥其潜力。届时，Oracle、IBM、Microsoft 等领军企业的关系数据库业务将受到不小的影响。关系数据库面临着前所未有的挑战。

2.2　大数据简介

云计算的浪潮还没有过去，大数据时代已经到来。2013 年 5 月 10 日，阿里巴巴集团董事局主席马云在淘宝十周年晚会上演讲说，大家还没搞清 PC 时代的时候，移动互联网来了，还没搞清移动互联网的时候，大数据时代来了。在时下的流行语中，很难找出一个比"大数据"更吸引眼球的术语了。1980 年，托夫勒在《第三次浪潮》中就预言了信息时代的到来会带来数据爆发，梅西在 1998 年的美国高等计算机系统协会大会上首次提出"大数据"（big data）一词。数据的内容越来越丰富，来源越来越广泛，从事务型数据，到社交媒体数据，到传感器数据等，个人、组织、社会所拥有的数据越来越多，多到处理起来都十分困难的程度。我们正开始进入一个新的时代 —— 大数据时代。近几年，大数据迅速发展成为科技界和企业界甚至世界各国政府关注的热点。*Nature* 和 *Science* 等相继出版专刊探讨大数据带来的机遇和挑战。著名管理咨询公司麦肯锡称："数据已经渗透到当今每一个行业和业务职能领域，成为重要的生产因素。人们对于大数据的挖掘和运用，预示着新一波生产力增长和消费盈余浪潮的到来 [28]"。

正如普施曼和伯吉斯在词源学的意义上考察大数据概念时所指出的那样，"大数据一词显然是从商业世界中走出来的。这一早期关于商业数据处理技术的词汇所反映的是这样的需求：寻求新的工具以帮助企业更快地传送搜索数据或以更低廉的成本存储更大量的客户数据，但在此后，这个词语的意思却发生了转变，它的核心变为了分析的目的 —— 尤其为了预测建模 —— 而使用收集到的信息"。

关于大数据，这一概念目前尚未形成统一的定义。一个普遍共识是："大数据"的关键是在种类繁多、数量庞大的数据中，快速获取信息。从"数据"到"大数据"，更大的意义在于通过对海量数据的交换、整合和分析，发现新的知识，创造新的价值，带来"大知识""大科技""大利润""大发展"。几种代表性的观点如下：麦肯锡认为"大数据是指无法在一定时间内用传统数据库软件工具对其内容进行抓取、管理和处理的数据集合"；维基百科认为"大数据是指无法在一定时间内用常规软件工具对其内容进行抓取、管理和处理的数据集"；全球最具权威的 IT 研究与顾

问咨询公司 —— 高德纳咨询公司认为"大数据是需要新处理模式才能具有更强的决策力、洞察发现力和流程优化能力的海量、高增长率和多样化的信息资产"。

从宏观世界角度来讲，大数据是融合物理世界、信息空间和人类社会三元世界的纽带，因为物理世界通过互联网、物联网等技术有了在信息空间中的大数据反映，而人类社会则借助人机界面、脑机界面、移动互联等手段在信息空间中产生自己的大数据映像[29]。大数据概念的出现是网格、物联网、云计算及智慧地球等概念发展的必然结果。

这是一个信息爆炸的时代，不管是研究领域、商业领域还是工业领域，都要同数据打交道。随着科技的迅猛发展，更加先进的存储技术的出现，使得人们必须面对规模更加巨大、结构更加复杂的数据，并亟待从中挖掘出有用的信息。大数据的来源非常广泛。在科学研究（天文学、生物学、高能物理等）计算机仿真、互联网应用、电子商务、物联网等领域，数据量呈现快速增长的趋势。

(1) 科学研究的数据。现在的科研工作比以往任何时候都依赖大量的数据信息。

(2) 电子商务的数据。淘宝网在 2010 年就拥有 3.7 亿会员，在线商品 8.8 亿件，每天交易超过数千万笔，单日数据产生量超过 50TB，存储量 40PB。

(3) 社交网络的数据。2015 年 8 月 28 日，Facebook CEO 扎克伯格本周在个人 Facebook 账号上发布消息称，Facebook 本周一的单日用户数突破 10 亿。

(4) 物联网的数据物联网是新一代信息技术的重要组成部分，解决了物与物、人与物之间的互联。目前，物联网在智能工业、智能农业、智能交通、智能电网、节能建筑、安全监控等行业都有应用。巨大连接的网络使得网络上流通的数据大幅度增长，从而催生了大数据的出现。

相较于传统的数据，人们将大数据的特征总结为 5 个 V，即体量大（volume）、速度快（velocity）、模态多（variety）、难辨识（veracity）和价值大密度低（value）。大数据时代数据的价值就像沙子淘金，数据量越大，里面真正有价值的东西就相对越少。现在的任务就是将这些 ZB、PB 级的数据，利用云计算、智能化开源实现平台等技术，提取出有价值的信息，将信息转化为知识，发现规律，最终用知识促成正确的决策和行动。在日新月异的 IT 业界，各个企业对大数据都有着自己不同的解读。数据增值的关键在于整合，但数据有效整合的前提是数据标准的统一，这就需要在各行各业建立统一的元数据定义，这个任务不仅是中国，也是世界各国当下面临的挑战。

从大数据的特征和产生领域来看，大数据的来源相当广泛，由此产生的数据类型和应用处理方法千差万别。但是总的来说，大数据的基本处理流程大都是一致的。目前，中国人民大学网络与移动数据管理实验室（Web and Mobile Data Management，WAMDM）开发了一个学术空间，从计算机领域收集的相关文献可以将大数据的处理流程基本划分为数据采集、数据处理与集成、数据分析和数据解释 4 个阶段 [30]，即经数据源获取数据；因为其数据结构不同（包括结构、半结构和非结构数据），用特殊方法进行数据处理和集成，将其转变为统一标准的数据格式，方便以后对其进行处理；然后用合适的数据分析方法将这些数据进行处理分析；并将分析的结果利用可视化等技术展现给用户。这就是整个大数据处理的基本流程。

发展大数据产业将推动世界经济的发展方式由粗放型向集约型转变，这对于提升企业综合竞争力和政府的管制能力具有深远意义的影响。将大量的原始数据汇集在一起，通过智能分析、数据挖掘等技术分析数据中潜在的规律，以预测以后事物的发展趋势，有助于人们做出正确的决策，从而提高各个领域的运行效率，取得更大的收益。

总体来说，目前大数据研究尚属起步阶段，还有很多问题亟待解决。大数据时代已经来临，如何从海量数据中发现知识、获取信息，寻找隐藏在大数据中的模式、趋势和相关性，揭示社会运行和发展规律，以及可能的科研、商业、工业等应用前景，都需要我们更加深入地了解大数据，并具有更加深刻的数据洞察力。同时，需要注意的是，大数据不仅是个技术问题，也是一个管理方面的问题，是一个如何认识数据系统，认识其本质，认识社会，甚至是人生观、价值观的问题。

2.3   大数据的社会影响

大数据的议题，虽然在 1980 年托夫勒的《第三次浪潮》中就有所提及，关于大数据的讨论开始局限于计算机技术领域内部，影响范围相对较小，但近几年来引起了社会的广泛关注。

迈尔–舍恩伯格和库克耶在《大数据时代：生活、工作与思维的大变革》一书中把大数据看作社会革命和思维革命的标志 [7]。他们用了"更多""更杂""更好"三个词来标识大数据所引发的变革。该书认为：首先，人类要分析和处理的是更大量、更完整的数据，而不是少量数据，不再依靠随机样本，而是需要通过分析全部数据来获取知识。其次人类无需像过去那样苛求小样本数据的准确性和精确性，而是需要从宏观视角中根据全部数据去了解事物的全貌。最后，人类应该放弃对因果关系的追求，而转向通过分析大数据的全貌来把握相关性，因为大数据能够为我们提供足够的相关性，足以帮助我们去把握事物的发展趋势，并实现对未来的预测。

迈尔–舍恩伯格和库克耶提出的这些思维方式转变，引起了相当程度上的争论。使用样本数据，注重精确性，探寻事物、现象间的因果关系是现代科学研究的基本思维。最惊人的是，社会需要放弃它对因果关系的渴求，而仅需关注相关关系。也就是说，只需要知道是什么，而不需要知道为什么。这就推翻了自古以来的惯例，而我们做决定和理解现实的最基本方式也将受到挑战。

当越来越多的人把谈论大数据作为时尚时，也就开始从各个方面持续不断地去赋予这个词语以新意，从而使大数据有了作为一种革命性的工具甚至是某种革命性思维的内涵。"大数据"一词不再仅仅表示一些领域或组织的数据规模超出了现有的存储和计算能力，而是承载了比这一困境本身更多的内容和目的。大数据是指随着某个词语的流行而从一种难题或现象转变为一个基于某种目的（如降低成本、增加收益、预测未来等）的工具、资源或策略。

近几年来，不断升温的大数据热潮引发了很多的争论与思考，也不乏一些冷静的思考甚至激烈的批评。大数据并不能引发思维方式的变革，我们需要在后工业化的场景中去思考思维方式的变革问题[31]。作为信息技术发展结果的大数据，应将其纳入科学的规范之中；在工业化社会中，大数据使得中心-边缘结构得到强化，这是与后工业社会去中心化的要求相逆而行的。张康之与张桐认为大数据引发社会变革是必然的，但社会变革的方向却是不确定的，或者说存在着多种可能[31]。大数据的影响，与其说是要改变这些思维方式，不如说是拓展了我们探求知识的思维方式，在大数据时代背景下，我们可以用更宽泛的思维方式，来挖掘数据中隐含的知识。

大数据是在全球化、后工业化这场社会变革运动中出现的一种新的技术现象，同时也是一种新的社会现象，它作为工具无疑是一把利器，这就意味着两种应用它的可能性：其一，可以应用于促进变革，以打破世界以及社会的中心-边缘结构；其二，被用来维护和巩固既有的世界和社会的中心-边缘结构。然而，当前的情况显示，无论是在一国内部还是在国际社会中，大数据都被用来强化控制体系，对于许多人来说，也都没有从中觉察到危险。正是这一点，可能是人类将要遇到的最大危险。也正是因为这一点，我们亟须为大数据这样的流行概念正名，力图将大数据这一技术工具引向增进人类福祉的方向。

关于大数据预测引起的伦理困境与出路，蒋洁等进行了归纳[32]，指出大数据预测造成了结果预判挑战自由，隐私披露挑战尊严，信息垄断挑战公平，固化标签挑战正义等问题。大数据预测的盲目拓展限制个人意志的自由表达、阻碍企业自主创新与政府自行决断。亟待健全以尊重原则、橡皮原则、无害原则、可持续发展原则等为核心的后现代数据伦理体系，有效表达各方自由意志并平衡利益冲突，顺利传承良善伦理观念，实现大数据生态系统的良性循环，推动人类生存价值与自然永续发展、和谐共进。

随着大数据时代的到来，国家间的竞争正从对资本、土地、人口、资源及能源的争夺，转向对大数据的争夺。大数据颠覆性地改变了世界经济形态、国际安全格局、国家治理模式与资源配置方式。作为基础性、战略性资产的大数据，如何用、怎么用，不仅与经济基础的改造有关，也与上层建筑的改造高度相关，通过大数据来全面提升国家治理能力在当下是个紧迫的课题。

政府作为政务信息的采集者、管理者和占有者，具有其他社会组织不可比拟的信息优势。但由于信息技术、条块分割的体制等限制，各级政府几个部门之间的信息网络往往自成体系，相互割裂，相互之间的数据难以实现互通共享，导致目前政府掌握的数据大都处于割裂和休眠状态 [33]。同时数据隐私与保护是数据开放共享的基本权利。数据立法与安全保障是数据开放共享的首要前提 [33]。

近几年出现大量关于大数据的研究，表明大数据已经成为当前科学哲学、技术哲学、认识论、伦理学等关注的重要问题。相对于云计算概念，大数据是一个单纯的技术概念，容易理解和定义。但是从目前资料来看，人们对大数据的理解存在较大的偏差。产生这种现象的原因比较简单，即研究大数据的学者很多是专注于计算机领域的专家，缺乏从哲学、管理、系统等角度对于大数据的思考。

2.4　大数据的困境及思考

大数据是社会各界都高度关注的话题，但时下大数据的火热并不意味着对于大数据的了解深入。一方面，表明大数据存在过度炒作的危险 [30]。大数据的热潮一浪高过一浪之后，正如网格、云计算之后，需要泼一盆冷水降降温。信息化宣传言过其实已经是常有的事，产品发布会与学术研讨会往往被赋予了许多超越其现实本身的意义。同时描绘的是一个无限乐观的前景。然而回过头来看，预期发展和原来的预期却不是同样的轨迹。非理性的宣传夸大了大数据的成果，增大了大数据的迷惑性。

在大数据的时代，仍然离不开人类的特性 —— 创造力、直觉和上进心，因为人的智慧才是进步的源泉。在决策越来越多地受到数据支配的世界里，如果每个人都求助于数据，都利用大数据工具，那么不可预测性 —— 如人类的本能、冒险、意外甚至失误 —— 也许将成为差异的关键。大数据使我们可以更快地进行实验、归纳、预测，这些优势应该导致更多创新的产生，但在有些时候，发明的火花迸发是数据所无法表现的。在数据分析过程中，清晰的思维和头脑也比任何数据与算法都重要。大数据预测的盲目拓展限制个人意志的自由表达、阻碍企业自主创新与政府自行决断，大数据仅仅是一种工具，独立思考，发挥思维的创造性仍是我们人类面临的关键问题。大数据是一种资源和工具，它的目的是告知，而不是解释，它意在促进理解，但仍然会导致误解，人们必须以一种不仅欣赏其力量，而且承认其局限的态度来接纳这种技术。

另一方面，大数据从底层的处理系统到高层的分析手段都存在许多问题，大数据的基本概念、关键技术等存在很多的疑问和挑战，如大数据的集成与管理问题、大数据的安全与隐私问题、大数据的 IT 技术架构问题、大数据的生态环境问题 [34]。虽然大数据在学术界和工业界是一个热点话题，但是有关它的一些科学问题并没有得到完整的解决，包括大数据的基本问题，如大数据的科学定义、大数据的结构模型、大数据的形式化表述、数据科学的理论体系等。现在有关大数据的讨论，并没有一个形式化、结构化的描述，无法严格界定并验证什么是大数据、大数据的标准化工作、数据质量的评价体系、数据计算效率的评估标准等。数据转移已经是大数据计算问题的主要瓶颈，必须研究与大数据相适应的计算模式。大数据应用面临着许多挑战，而目前的研究仍处于初期阶段，仍需要进行更多的研究工作来解决数据展示、数据储存以及数据分析的效率等问题[35]。

大数据时代的核心仍然是数据。大数据不能解决所有的问题；大数据不能客观地反映问题；接收的海量信息带来的并不一定是可以高效利用的信息；数据的增长不一定意味着有用信息的增长；数据在采集、筛选、提取和分析的过程中，全部加入了人的主观意识，因此任何数据都不是完全客观的；数字无法描述感情；更不意味着人们放弃独立思考、独立决策的能力；过度膨胀的数据让人们在遇到具体问题时过分依赖于网络的搜索查询，这在一定的程度上限制了人们智慧的创造性。大数据的规律离不开分析者的感觉与猜测，其规律性往往取决于分析者的智慧水平，也就是其规律性具有一定的主观性，虚假规律也难以避免。有人将大数据的问题总结为，数据具有欺骗性、片面性、依赖性[36]。也有人以幽默诙谐的方式，通过几个小故事揭露大数据的问题所在[37]。大数据的核心就是数据的文化、思维和方法，大数据的应用只是信息技术应用的一种，大可不必将大数据过于神化。本书将大数据的问题部分归因于对数据与信息之间的关系认识不清，没有认清信息是第一位的。关于这点，第 3 章将单独论述。

大数据复杂性也给我们带来挑战。大数据不但数据本身复杂，计算、构建大数据系统也非常复杂。首先，大数据使人们处理计算问题时不得不面对更加复杂的数据对象，数据类型和模式多样、关联关系繁杂、质量良莠不齐。因此，使得数据的感知、表达、理解和计算等多个环节面临着巨大的挑战，导致了传统全量数据计算模式下时空维度上计算复杂度的激增，传统的数据分析与挖掘任务如检索、主题发现、语义和情感分析等变得异常困难。再有，大数据及其计算的复杂性对大数据分布存储和处理的系统架构、处理方法提出了新的挑战，在性能评价体系、流式数据计算、系统的运行效率、单位能耗、系统吞吐率、并行处理能力等方面都要综合考虑。

大数据时代对于数据管理更高的要求与落后的数据管理技术之间的矛盾造成了现在的困境。大数据所面临的挑战是由大数据自身的特征导致的，也有当前大数据分析模型与方法引起的，还有大数据处理系统所隐含的[38]。深入分析大数据应用的成功案例可见，大数据一般包含数据采集、数据处理与集成、数据分析和数据解释 4 个阶段[30]。而随着数据量越来越大，这种以计算为中心来收集、组织、处理数据的模式，必将遇到越来越困难的局面。为了分析，所需的辅助工作越来越大，消耗了绝大部分的精力与资源，大数据的管理也越来越碎片化。必须要以数据为中心来组织计算的模式。信息化不是一个短期的工程，技术也不是唯一关键的因素。人类进入信息化社会，现在又进入到了大数据时代。相对于人类漫长的历史中，人类所经历的信息社会只是历史中的一瞬，我们还有相当长的路要走。任何一种技术的应用都是水到渠成的结果，假如环境没有准备好，无论什么样的技术想取得预期的效果都是极为困难的，同样大数据的应用对于环境的要求是极为苛刻的[39]。大数据是基于云计算的移动互联、物联网、社交网络、电子商务、智慧城市的跨界融合。正是基于经典的数据管理技术而又不能解释新出现的问题，即使在原有的理论上修修补补也无济于事，由此科学家对经典的数据管理范式产生了怀疑，导致了大数据危机的出现。从理论上说，大数据技术与传统的数据分析技术的根据基本一样。传统数据分析技术所具有的弊端，大数据同样可能有。尤其是在数据源和数据的完整性方面，大数据分析技术的局限性是非常明显的。因为海量的数据并不能彼此保证每个数据都是真实可靠的，而且所谓海量数据也只是相对的大量，并不是有关方面的全部数据。所以，通过大数据分析获得的结论可能具有更大的更多的实用价值，但并不必然为真。大数据时代，数据并非万能[36]。数据是研究与分析的基础，一定要有高于数据之上的思想和理论框架，人类才能在大数据时代建起数据大厦，而不是数据沙漠[36]。

针对数据管理，建立大数据模型并不是一件容易的事情。由于受还原论思想的影响，计算科学家多采用线性思维来建立大数据模型，大数据只是大量小数据体的集合，并不考虑数据聚集在一起后产生的整体效应。建立大数据模型需要把还原论和整体论思想结合起来，大数据是一个巨复杂的数据模型，但是这个巨复杂模型又是由简单模型组成的。大数据的关键技术在于数据体的组织连接形式，即结构。由此可见，大数据技术包含两大部分，一是简单数据处理，属于传统技术，目前已经有很多有效的方法；另外一个是数据结构处理，这是一个全新的技术。

第 3 章　数据在 DIKW 体系中的地位

大数据时代的核心仍然是数据,想弄清楚什么是大数据,首先需要弄清楚数据及相关概念。数据、信息是经常混淆在一起使用的词汇。因此,本章首先从信息哲学的高度出发,认识信息与数据,试图理清信息与数据的区别,为后面的阐述做好铺垫。DIKW 是数据(data)、信息(information)、知识(knowledge)、智慧(wisdom)4 个词的首字母。提出 DIKW,说明人们不能停留在数据上说事。本章探讨 "数据" 在整个体系中的地位从而认识 "数据" 的来源与局限,还进一步介绍数据、信息、知识、智慧以及道德之间的关联,从信息哲学角度认识数据管理系统,从人类知识总体结构中把握数据的实质,进而更好地构建数据管理系统。

3.1　信　　息

到目前为止,关于信息的种种不同的定义已在百种以上 [40],但尚没一种被社会各界所普遍接受,大多从不同的侧面反映信息的某些特征。

控制论的创始人维纳提出的著名经典命题:"信息既不是物质,也不是能量,信息就是信息。" 维纳命题强调了一种新的世界观,这种世界观注意到了信息世界的特殊含义,向我们展示了物质、能量和信息三位一体的世界观。在维纳看来:物质描述了世界的实在性;能量描述了世界的运动性;信息描述了世界的实在性和运动性的关系。维纳虽然没有正面规定出信息的本质是什么,但十分正确地强调了信息与物质、能量相比所具有的独立性价值和意义,强调了信息与物质、信息与能量的区别。维纳这一命题的现实意义:有助于我们理解目前支撑社会发展的三大资源观。

香农信息论的工作仅局限在通信领域。正如香农自己曾指出的:"信息论(狭义的)的基本结果,都是针对某些非常特殊的问题的。它们未必切合像心理学、经济学以及其他一些社会科学领域"[41]。香农的信息论只考虑信息的形式与 "消除随机不确定性" 的范围;只涉及统计信息与信息传递,不考虑信息的含义与价值;不分析模糊现象与非统计信息;未揭示更广泛更重要的其他信息过程的原理和规律,香农的信息论还只是狭义的信息论 [41]。把信息仅仅看成控制论范畴,不仅与客观现实不符,而且在理论上也说不通。所以,信息应该是一个具有普遍意义的哲学认识论范畴 [42]。

信息之所以为信息,必须从信源中分离出来,并以某种方式能传输到另一个事物中，被另一个事物所接收。否则就构不成现实的信息。因为信息具有相对独立性的特征，可以不受时间、空间的限制，可以采用不同的物质和不同形式的能量传输，远离信源，四处浮游，因而有些人就把信息说成是精神实体的特性；有的人把它说成是既非物质又非精神的第三态的东西。

有人认为信息具有广义和狭义之分。广义的信息是指信息是事物存在方式和运动状态的反映以及事物之间相互联系，即发信源发出的各种信号和消息被接收和理解，这些信号和消息及其所揭示的内容的统称。

信息不是物质，不是能量，也不是精神，而是再现在其他事物之中的事物的内容、属性、运动状态、存在方式等自我表征。信息的这种相对性并不能推翻信息的客观性，不管你接收还是不接收，接收的程度如何，信息总是客观存在的。所以，信息是客观的，是不以人的主观意志为转移的。信息不是物质，不是能量，也不是事物的属性、特征等，而是它们的表征。

也有人从主观的角度定义信息，这就是狭义的信息。狭义的信息是指经过加工、整理，被接收者接收，并对其完成某项业务具有使用价值的情报资料和消息。信息是现实世界中实体特性在人脑中的反映。人们用文字或符号把它记录下来，进行交流、传递或处理。

也有人指物质之间的相互作用是信息产生的根本原因，认为物质间相互作用必然伴随着信息过程。本书认为信息是物质间相互作用的一种形式，这样更为贴切。例如，物质间通过能量相互作用，此时解释为产生信息作用很牵强。又如，一个人具有人格魅力，仅仅通过言谈举止就影响别人的态度，这时通过信息发生作用，改变了别人，不就是产生了相互作用吗？很多物质之间的相互作用伴随有信息作用，容易使二者的界限混淆。信息作用与其他的作用方式不同的是，信宿接收信息后，获得内在的影响，通过内因起作用，而非靠外界的影响，直接受动。

有人从哲学层面理解信息。随着信息科学技术的广泛应用，信息对于人的存在方式提出了许多基本的命题，这些命题，往往都牵涉对哲学基本理论的反思和发展。郭焜等将信息多方面的研究提升为信息哲学的高度[41-43]。由于信息具有构成世界存在的基本领域的性质，所以只有从信息哲学的高度对信息的本质予以考察才可能奠定统一信息理论建立的基础。目前，信息哲学的研究还仅限于个别学者的理论建构领域。中国人自己提出的有影响的关于信息哲学本质的理论，大致只有五种：状态说、相互作用说、反映说、意义说、自身显示的间接存在说。信息哲学中最为核心的问题是关于信息本质的确定[43]，以及由此所确立的信息本体论学说。

3.2 数　　据

"数据"从类型上看，有狭义和广义之分。狭义的数据主要是指"数值"数据，如《现代汉语词典》（2010）中"指进行各种统计、计算、科学研究和技术设计等所依据的数值"；广义的数据则还包括文字、图形、声音、图像、动画以及多媒体等形式的数据。如《朗文当代高级英语辞典》（1998）"(1) 事实（资料），信息（材料）；(2) 形式上能在计算机系统中存储和被计算机系统处理的信息"。

从数据的定义来看，不管是狭义的，还是广义的，结合人类的发展史，数据的概念并不是从来就有的，只是人类发展到一定阶段，认识世界到达一定水平之后才出现的。从建立最基本的数学概念、数学理论，到记录数据的介质，到数据传播的理论、手段都在不断地发展，人类对于数据的认识越来越深入。

首先，建立最基本的数学概念从无到有。早在原始人时代，人们在生产活动中注意到一只羊与许多羊、一头狼与整群狼在数量上的差异，随着时间的推移慢慢地产生了数的概念。数的概念的形成可能与火的使用一样古老，大约是在 30 万年以前，它对于人类文明的意义也绝不亚于火的使用。最早人们利用自己的十个指头来记数，当指头不敷应用时，人们开始采用"石头记数""结绳记数"和"刻痕记数"。在经历了数万年的发展后，直到距今大约五千多年前，才出现了书写记数以及相应的记数系统。早期记数系统有：公元前 3400 年左右的古埃及象形数字；公元前 2400 年左右的巴比伦楔形数字；公元前 1600 年左右的中国甲骨文数字；公元前 500 年左右的希腊阿提卡数字；公元前 500 年左右的中国筹算数码；公元前 300 年左右的印度婆罗门数字以及年代不详的玛雅数字。这些记数系统采用不同的进制，其中巴比伦楔形数字采用六十进制、玛雅数字采用二十进制外，其他均采用十进制。记数系统的出现使人类文明向前迈进了一大步，随着生产力的不断发展，数字的不断完善，数学就逐渐发展起来，经历初等数学、变量数学、现代数学时期，走向成熟。

其次，记录数据的方法从无到有，从简单到复杂。存储数据的介质也是在不断发展变化的。从古老的用绳子、石头、刻痕来记数、岩画；到记载文字的殷商时期的中国甲骨文；到秦汉时的竹简、布帛；到汉代以后的纸张；以及出现了电子计算机后的打孔纸、磁带、磁盘、光盘。数据的存储介质越来越丰富，也越来越便于数据的处理。

再次，数据通信技术从无到有，从简单到复杂。通信本身的历史从何时开始已无从考证，其一定是人类出现时就已经有的，因为原始人个体之间也需要相互的交流，可以是语言，也可以是手势、表情，这就是通信。甚至可以这样说，类人猿之间的沟通也是通信，动物之间由于捕猎等需要也有通信，甚至植物间通过散发各种味道争夺阳光、水分、空气也需要通信。这些通信的特征，传输的是信息本身，与数据通信存在本质的区别。数据通信技术是随着数据概念的出现，才可能出现的。数据通信的特征是传输数据，以数据为主要特征，而非信息本身。"烽可遥见，鼓可遥闻""红灯停，绿灯行"，这些只是一般意义上的通信，而非数据通信。早期的数据通信,受限于当时的技术水平,主要以实物为载体,像书信之类。现代的数据通信,通过光、电等形式作为通信的主要手段。

数据通信传输的内容是数据,而非信息。在数据通信史中,数据信息的区别同样模糊。1948 年和 1949 年,香农连续发表的两篇论文,《通信的数学理论》和《在噪声中的通信》中提出"信息是用以消除随机不确定性的东西"。香农将信息定义为在信息传递过程中,人们对系统认识的不确定的减少,所消除了的不确定性的大小即为信息量的多少。本书认为,香农的"信息论"讨论的是信息状态到数据转换过程中的理论,但出发点却站在人类主观的角度,也就是使用的是狭义的信息的概念。这对于客观认识数据、信息以及二者的区别是有局限的。

综上,数据概念及相关概念并非从来就有的,认识到这一点将为本书区分数据与信息做好铺垫。

3.3　信息与数据的关系

3.3.1　谁是第一性

任何研究领域都有其自身的基本概念,对于基本概念的研究是否深入、定义是否准确是该领域研究的理论基础是否坚实的基本保证,也将影响研究内容的范围和侧重点。信息共享研究的困难首先在于对数据和信息之间的概念定义和界定,二者在外延、内涵上的高度重叠性和强关联性使研究者常常不知所云,或者干脆放弃区别,互换使用。实际上在日常生活中人们也经常将这两个术语互为通用,使得"数据与信息"的称谓和界定较为模糊。但区分二者的定义非常重要 [40],"如果没有准确定义数据,信息生产者将不能知道要创造什么价值的数据,以及不知所引用数据的意义 [45]"。

在现实中数据和信息往往混淆在一起使用,因为信息和数据二者常常交替存在于数据处理的各个过程。因此,有人认为,数据是信息的原料,是经过处理和加工而得到的信息,而信息往往又成为数据再次处理过程中的原料 —— 数据。还有人认为数据是形成信息的基础,只有经过处理、建立相互关系并给予明确的意义后,数据才会成为信息。还有人认为数据是认识物理世界的本源。

本书不认可上述这些观点,这种观点实质上混淆、颠倒了两者之间,谁是第一性,谁是第二性的问题,甚至认为数据是第一性的。上述论断,只看到从数据到信息,却忽视了数据的来源,导致片面的结论。没有看到,恰恰是数据来源于信息,信息才是第一性的,信息决定数据,而非数据决定信息。数据是记录信息的一种形式但不是唯一的形式。模糊两者谁是第一性,谁是第二性就会得出片面的结论。3.3.2节从认识论的角度,基于数据的发展史分析信息与数据,得出信息是第一性的论断。

3.3.2　在认识论中把握信息与数据

如前所述，关于数据、信息本质，不同的人有不同的认识，既有狭义也有广义；既有哲学高度，也有现实需求；既有区别，又有联系。本书从本质上进行分析，试图描述信息与数据的本质。

1. 信息的产生

如前所述，信息的产生离不开客观世界的物质变化运动，这些变化的起停即产生信息。自从有了宇宙，有了物质与能量，就有了信息。信息本身也即"信"与"息"，"息"本身就有暂停、停止的含义。可以这样理解，客观世界产生的信息本身，需要"信"与"息"来产生信息，也就是变化中才产生信息。当然，某一时刻获得某一事物的静止状态，虽然其未动，但从无知到有知，也是变化，也产生信息。还有另外的一层含义，信息传播是可能停止的，可以暂时栖"息"于其他的事物之上。信息传播出去后，通过各种途径，向远处传播，而不管有无接收的主体，这也说明了信息的客观性、独立性。我们知道，最快的速度是光速，信息的传播最快也就是光速。宇宙中，一颗星体的信息通过光发射到无限远，经历若干年，尽管有的星体可能已经不存在了，或发生巨变，其若干光年前的信息仍在太空中传播。我们接收的星光，可能就是若干年前该星体发出的光。若其已不存在，早晚我们也会不再能接收到该形体发出的光。这也可以理解为"息"的含义。

2. 信息独立性与客观性

自从有了世界，就存在信息。信息不是物质也不是能量。信息是可以不依赖于主体所存在的，当然这里说的是广义的信息。信息不会因为主体接收才存在或不存在。也有人讲信息的独立性，但却是将信息与数据混淆后的独立性。实质谈的是用数据表示的信息的独立性。狭义上的信息，只是讨论能对认识主体所接受的信息，好比闭上眼睛世界就不见了，其对于本书这里讨论信息的概念不适用。除非特殊声明，本书所指的信息都是广义上的信息。

3. 信息的消失

信息可以通过各种自然方式向外界传播，包括声、光、电、磁等方式。这些传播过程中，可能会被接收到，也可能消失在宇宙深处。信息不断产生，也就不断地向外界传播，前面的信息被后面的信息所替代。在特定的时空观看来源于某一信源的信息，旧的信息是不断被后面新的信息所替代。从这个意义上看，信息最终是消失的。

4. 信息与数据的两个转换

数据不是从来就有的，这与信息完全不同。人类社会发展到一定的阶段，产生了数字、文字或符号，进而有了数据。数据，是指有"根据"的"数"，反之，没有根据的数不能称为"数据"，只能称为数字。数据的产生的根据可以来源于客观的外界，也可以来源于人类对于客观世界的假定或其他数据上的计算、推导，只要是有根据的，总之，根源在客观世界。仅凭臆造而生成的所谓数据并非真正意义上的数据，是伪数据，对于我们认识世界、改造世界是有害的。如前所述，在特定的时空观察，信息会消失的，稍纵即逝，是难于复制、分享、保留、加工、分析、处理的。为此，可以将信息变为数据，也就是以信息为根据，形成数字、符号等表示的数据。现在，声音、图像、视频、患者体温状态等各种数据不就是从相应的信息获取的吗？这一步是将信息转变为数据的抽象，并不容易，虽然我们是根据"信息"生成的"数据"，但主观因素难免影响该转变的准确性。不同人思维不同、认识世界的水平不同、角度不同、专业不同；同时受当时人类总的认识水平的局限，存在很大的主观差异；再有，所借助的仪器设备功能、精度不同；虽然每次信息到数据的转换，都会尽力接近事实，但差异难免。严格地说，这次转换肯定是有损失的。转换后的数据不能完全、彻底地反映原来的信息，例如，照片只是特定分辨率的照片，体温也有一定的精度。

　　信息转变为数据后，大大增强了人类处理信息的能力。数据可以记录在岩石上，可以写在甲骨上，可以书写在纸上，可以记录在硬盘上存储下来，这本身就是个突破。这样可以慢慢地、细致地研究，进行各种计算、分析，也可以分享给原来接收不到的人、设备去分析。在时间的维度上，可以同收集许多历史的信息一同进行分析。在空间维度上，也可以跨越很大，这样也更容易获得新的数据。这些，还是数据世界的计算，现在很多的工作都可以由计算机来处理了。通过存储器来保存数据，CPU 来计算数据，网络来传输数据。越来越多的信息，都是转换为数据进行处理。人类社会的发展，也体现在这个全人类的源于信息的数据总量的不断增大与日趋完整。到达一定的程度，人类在主要活动中获取信息、使用信息的手段都以数据这种中间形式为主要特征时，信息处理本身得到前所未有的深化，人类也就进入了信息社会。

　　这些数据使得人类社会在产生数据后，从相当长时间的数据贫瘠很快发展到数据丰富的时代。数据越来越多，越来越丰富，同时也带来很多的社会问题。认识数据与信息谁是第一位的问题，更具有哲学的意义。从前面的分析，我们知道，数据只是信息获取途径中的中间结果。数据也只是有一定信息含义的数据，没有对应现实意义的数据，只是数字游戏。计算结果的数据反映的是某种信息，这种反映是数据再到信息的过程，同时也是认识主体参与并完成的一个过程。因为作为计算结果的数据，还只是数据，需要主体的理解，仍转换为信息本意，最终为认识主体所理解。在人类没有掌握数字、数据的时代，信息是直接为人类所认识的。即使是现在的信息时代，还有相当多的信息是直接被人类所获取的，我们的眼、口、耳、鼻、皮肤等感觉器官时刻都需要感觉来自外界的信息。只是，有了数据这种表示信息的手段，人类获取信息的途径得到丰富，获得的信息的时间、空间广度得到增强。

将信息转换为数据，进行处理后，最终还是要获取信息，用于认识世界、改造世界，也就需要将数据重新解释为信息。在从数据解释为信息的过程中，同样需要认识主体的主观因素参与。对于同样的数据，不同的主体经过解释得到的信息可能会是不一样的。将数据提升到信息的过程实际上是根据人们认知历史，通过以往的经验和记忆以及在特定专业、职业或文化背景下解读数据的能力，对数据进行吸收、识别和转换的过程。信息本身是客观的，但是接受信息的过程却是主观的。这就是对于同一信息，不同人获得后，效果可能却是不一样的，甚至是大相径庭的。例如，不同的医生查看相同的 CT 片子，也可能得出不同的结论；同样一个班级，同样的学习，最终每个人得到的信息也是不一样的，表现在考试的试卷成绩大不相同。

需要说明的是，上述的两个转变，不一定是完全独立的，也经常会渗透到数据处理中的各个环节。在我们进行计算、分析、推导等过程中，特别是我们主观参与的过程中，我们的意识中，会对数据带有信息的隐含印记。这能够辅助我们理解计算的过程，把握计算的方向。这样与数学理论并非矛盾，恰恰是相符的。因为，计算的理论与方法就是源于客观世界的实际规律。例如，我们在教小孩"1+1=2"的时候，都会举例子"你有 1 个苹果，再给你 1 个苹果，你现在有几个苹果？"而小孩在进行计算时，头脑中反映的是苹果的信息，这帮助他们计算。而随着年龄的成长，抽象能力的提高，不再需要头脑中呈现"苹果"这类信息时，也可以进行数据的直接计算了。对于计算机的计算，其本身只会进行逻辑运算了，是不会在"电脑"中出现"苹果"这类的信息映射的。再举个例子，人在阅读一篇文章的时候，虽然看的是数据，随时在头脑中，呈现文字所表达的含义形成理解，是边看边理解的。此时的数据到信息的转换就是随时发生的。若人脑溜号，虽然眼睛在看、嘴在读、心不在焉，读过整篇文章后也可能头脑中一片空白，也就是数据没能转换为信息。也正是由于这两个转换，会与数据的计算过程相互交织，致使人们对于数据与信息在概念使用上，经常含混不清。

在信息与数据的两个转变之间，两者既有统一的一面，也有对立的一面。一方面，信息映射到数据，我们感兴趣、主要的内容及关键信息都已经被转换为数据，我们也可以通过研究数据来研究信息。从这个意义上说，两者是统一的。另一方面，两者却是对立的。数据有脱离信息，独立的特性。脱离信息的本意，也能实现计算、分享、管理等。还有数据与原始信息之间也呈现分离的趋势。信息到数据的转换，一般是发生在一个时间点，可随着时间的推移，信息可能不断地在变化，此时数据还没有变；或者虽然数据也发生变化，却不能及时更新，不能传播到系统所有的地方，让所有副本都相应更新，不能做到与信息同步；又或者信息转换为数据的采样频率过低，漏掉信息中的一些重要变化等，也会产生数据信息的不一致。再有，数据自身也可能在与信息的两次转变之间产生一些变化，影响转换为信息后的理解。例如，数据经过漫长的历史，文字已经有了很大的变化，现在的人已经难以辨认古代的文字，或理解上出现偏差。数据在存储、传播的过程中，会出现部分内容丢失、遗漏，甚至被篡改的情况，如历史被篡改后，势必影响后人对历史信息的正确认识。

3.3.3　信息第一性的意义

通过 3.3.2 节对于信息与数据的分析。本书得出这样的结论。

(1) 信息是第一性的，决定数据。数据只是特定阶段信息的表现形式，信息是数据本身的内容。"数据是形式，信息是内容"，这一认识也曾有人提出，但并未获得主流的认知。为此本书从本质上，也就是谁是第一性，谁是第二性的角度阐明。

(2) 数据是基于信息产生的，可能是有偏的、不完全的，甚至是错误的，并受主体认识能力的局限。数据生成后，两者就割裂开了，数据有脱离信息本身含义的趋势。所以通过数据研究信息，进而研究现实世界是有偏的、不完全的，甚至可能是错误的，这一点需要注意。从信息与数据之间的关系，可以看出信息系统本身就是一个对于代表信息的数据进行管理的一个系统。其对于现实世界的表达能力仍然受人类认识水平的局限，同样不能夸大数据系统的作用。

(3) 信息转换为数据后可以保存、累积、分享、计算，这些给我们研究信息带来方便。数据可以跨越时空的限制，使得人类认识客观世界的广度、深度都达到前所未有的程度，为改造世界提供更为坚实的基础。计算机的出现与计算技术的发展大大促进了信息与数据技术的发展，并促使人类进入到信息社会。

上述论断对于我们的工作具有现实的指导意义。

(1) 我们要充分利用信息数据化带来的便捷，利用数学工具、方法、现代的计算、储存、通信，更充分、全面地认识世界、改造世界。

(2) 不能忽视这种认识方式的局限性，注意提高我们的认识能力。数据与信息之间有两种转换，一个是从信息转换为数据，另一个是从数据再回到信息。人们在认识、区别两者时，常常考虑第二个转换，而忽略掉第一个转换，这也是没有区分两者的根本原因。数据与信息之间既有统一的一面，也有对立的一面。不能无限夸大数据对于认识、社会发展的意义，要保持一份冷静。通过"数据"是我们认识世界的手段，但绝非"唯一"的手段，甚至不是"最重要"的手段。试想，哪一个小孩可以只看书、看"数据"就可以长大成人。反之远离"数据"的小孩却是能够长大成人的。

(3) 数据源于信息，源于客观世界。我们在进行数据管理的时候，正如数据的发展历程一样。在理论、手段、方法上都要依据客观世界来构建。客观世界的基本理论、原理对于我们构建数据管理系统，特别是进入到大数据时代后的数据管理具有重要的意义。"地法天，天法道，道法自然。"

3.4　知　　识

知识，是一个我们熟得不能再熟的词汇，关于知识的定义很多 [46]。人们常常说的知识，其实这是把"知"与"识"两个方面混淆了，也就是把认识世界的两个阶段，即了解现象与认识本质搞混乱了，甚至有的将知识与智慧混淆。知识的"知"是指对事物的了解与知晓，知识的"识"是指对事物的理解与见识。本节着重区分"知"与"识"，以便从更细微的角度把握"知识"。

"知"与"识"二字都源于古代的行军打仗，这也是当时人类的主要社会活动之一。本节从其起源展开，讨论"知"与"识"的异同。

"知"这个字我们拆开来解释，它左边是个"矢"字，知的右边是个"口"，意思是对于各种箭能否用"口"说出来，这就是"认知"。也可引申为是用口像箭一样，对于事物表达的精准。也就是说"知"，是对于事物的知晓、了解、见识。古时箭的种类很多，裴锡荣等所著《中华古今兵械图考》中有记载的"矢"就有近 100种。认知这些"箭"是行军打仗的基本要求。

"识"字的左边是"言"字，右边是"只"字，在繁体字中是"戠"。"音"指古代军阵操练时教官的声音，"戈"指参加操练的军士及其武器。"音"与"戈"联合起来表示"随着教官的一连串指令，军队方阵做出各种整齐划一的战术技术动作，形成各种队列图形"。"言"加上"戠"组成的"识"意味着，听着教官的口令声音，能够对各种战术动作表达，就是"识别"教官的各种口令。从"识"字本身，我们也能体会到，识中有对模糊不精确信息"言"的辨"音"，运用头脑中内在的知识架构，对各种情况的辨识的含义。也有从抽象的信息（语言）进行辨识的含义，这也要高于"知"的要求。

个体头脑中的知识可以分为"知"与"识"两个层次 [47]。"知"是知识的表层部分，而"识"是知识的核心与精髓。"知"是"识"的基础，"识"是"知"的最终目标。"识"是认识、观点、见解、思想与分析判断能力的统一，是知识与能力的统一。"知"是知晓、了解，"识"是识见、认识。"知"代表知道的意思，"识"代表认识、辨识的意思。"知"是指对事物的了解与知晓，"识"是指对事物的理解与见识。"知"是学习得来的，"识"是体验得来的。"知"是仅把书本和表象摄入底片的照相机，"识"是洞悉穿刺事物本质和内核的透视仪。"知"指信息、资料，对传统文化及时事的了解，"识"指对所知的东西进行分析、研究、批判、再创造，即产生精神的过程。

换句话讲："知"是一面镜子，是对一事物的直观的反映，其是对事物一个侧面、一个角度的展现，既不全面，也不完整，更不深刻；"识"是对镜子里的事物的内在理解和认识，包括从新定义、自我见解、相互比较、赋予新意等，通过"识"，人们才能在比较中较为全面、完整地认识到事物的本来面貌，包括透过现象看本质。"知"是信息，易于复制，而"识"是人的思想，人的阅历，这是无法复制的。无"知"之"识"，形同无本之木，而无"识"之"知"，则如无舵之舟。

"知"与"识"两个概念的差异还体现在下面几点。其一，"知"则更多地具有"共性"色彩。"识"是对事情的主观判断、看法、认识、态度和意见，由于"识"的形成受个体主观体验的影响，因而它更多地具有"个性化"色彩。不同的人会对同一事物形成不同的"识"。几千年前，孔子就指出君子"和而不同"。也正因为就同一件事可能会产生种种迥然不同的"识"见，而这种种"识"见又相互碰撞、相互激发，这世界才有今天的这样异彩纷呈。当然，作为社会这个整体来讲，形成"共识"是重要的、必需的，是社会和谐健康的基础。其二，"知"的增长是一个"积累"的过程，而"识"的增长是一个"生长"的过程[47]。就"知"而言，它可以是一次性形成的，而"识"不是一次性形成的，它是一个不断提升和生长的过程，它是无止境的。其三，相对而言，"知"是比较零散的，人们平时所说的"知识点"所针对的只能是"知"而不是"识"。"识"是统整的，"识"不是在具体的"知识点"的基础上形成的，而是在"知识群"的基础上形成的，它不能以"点"的形式存在，只能以"面"的形式存在[47]。进而，"识"不仅是认识的产物，而且同时也是情感与意向的产物。因此，"识"必然会内化到个体的人格结构之中，成为人格的有机组成成分，这就是 3.6 节中要谈的"转识成智"。

认识到"知"与"识"的差别的意义。第一，现代教育应重视培养学生形成"识"的能力。以我国相当一部分教育工作者对教育的理解，学校教育主要是给学生传授知识的，学生的头脑就是知识的容器，教育的成果就是看给学生的头脑中装进了多少知识。因此，许多教师及家长过于重视学生对知识的记忆，千方百计地与遗忘做斗争。因此当人们看到爱因斯坦在 1936 年《论教育》一文中给教育所下的诙谐定义时便会大惑不解："如果人们把学校里学过的东西全部忘完以后，那么所剩下的就是教育[48]。"第二，"知"可以是零碎的，而"识"是整体的。我们在构建大数据系统时，要注意整体的特性，不要碎片化，才能从"知"到"识"，即从关注的是具体、个体的信息处理，发展到对所知的东西进行分析、研究、批判、再创造整体的认识。这样才可能避免认知过程中的零碎化、片面化、非系统方式的缺陷。也才有可能进一步谈及从数据、信息中发现"知识"乃至"智慧"。

3.5　智　慧

在当今的信息社会，除了数据、信息、知识经常出现外，智慧也是经常使用的词汇，关于智慧也不乏一些误导。本节讨论智慧的含义，目的是区分智慧与前几个术语，也为数据系统在信息社会中的定位进行讨论。

智慧是高等生物所具有的一种高级的基于神经器官（物质基础）的综合能力，包含：感知、知识、记忆、理解、联想、情感、逻辑、辨别、计算、分析、判断、包容、决定等多种能力。智慧让人可以深刻地理解人、事、物、社会、宇宙、现状、过去、将来，拥有思考、分析、探求真理的能力。智慧的特点在于它摆脱了经验分析的限制，重视综合性，它超越了具体有限的知识，涵盖着对于无限的认识 [49]。与智力不同，智慧表示智力器官的终极功能，与"形而上谓之道"有异曲同工之处，智力是"形而下谓之器"。

"智慧"也是由"智"与"慧"两部分组成，两者也具有不同的含义。

智：是普通人都能具备的能力，比较大众化，例如，某人智商高、学习特好，考上了名牌大学，还读到了博士；说明这个人在学习方面，有"智"力。"急中生智"，在紧急的情况下能突然生出好的方法来化解眼前的困局，相信很多人有这样的经历。慧：上面两个丰收的丰字，下面是个拐弯的部分，再下面是个心字。"静极生慧"。慧用心字底，说明慧是一种精神，一种状态，当一个人的修为达到这种状态，持有这种精神的时候，他就具备了慧。说一个人有慧根，就是说他善于了解和掌握规律，进而从容处事，潇洒为人。这里说的是，有丰富的学识，丰富的经验，就会产生哲学思想来，在思想上有升华，有哲学的人生观和世界观，能通心神。

佛家关于智与慧的见解是非常深刻的。定、戒、慧，为佛家三学，慧是最高的修为。《般若经》是佛教的重要经典，"般若"就是梵语"慧"的意思。而智是达到慧的必由之路，修到智的境界远远不够。也只有少数有慧根的人才能修成正果。这与现实的情况是一致的。佛教中的"智慧"是一合成词，两字的含义各有不同。在梵语中，"若那"译为"智"，"般若"译为"慧"。《大乘义章》九曰"照见名智，解了称慧。此二各别，知世谛者，名之为智；照第一义者，说以为慧，通则义齐"。明白一切事项叫作智；了解一切事理叫作慧。决断曰智，简择曰慧。俗谛曰智，真谛曰慧。

道家对于智的态度，更多是批判态度。"大道废有仁义；智慧出有大伪；"（《老子》第十八章），即智谋权术出现之后，才会产生严重的虚伪狡诈行为。"《庄子》也曾记载过这么一个故事。大意是子贡看见一个老头，用水瓮装水去浇菜，一趟又一趟。子贡劝他，你老怎么不用水车啊？多方便！老者脸顿时严肃起来，冷冷一笑"有机械者必有机事，有机事者必有机心，羞而不为也"。这就是"慧智出，有大伪"。一个人的知识越多，他的智巧、谋略、权术也就越厉害，这样掩饰得更深，作奸犯科起来更厉害。所以说，小人并不可怕，最怕的是有智慧的小人。《道德经》中说："前识者，道之华，而愚之始也"。这个"前识"，就是人类的"智"，它被称为"道之华"，即表面东西。人们常常很看重这个"智"，但是这个"智"再聪明，再精明，都是"道之华"，或者"道之花"，没有什么可稀罕的。如果不能看到更深层次的东西，就不能避免"愚之始"，也就是在一开始就愚蠢了。"德经"第一章的总结性语句"大丈夫处其厚而不居其薄，处其实而不居其华。去彼取此"。"处其厚"，厚在其德，只有德性淳厚，心灵才不会被表面东西蒙蔽。道家也并非完全排斥"智"，如《道德经》中也提及更高层次的"智"，即"大智若愚"。

道家、佛教对知识与智慧的辨析及对智慧的重视，是人类哲学反思的重要成果 [50]。中国禅宗更进一步将智慧赋予人性，强调自性般若，并要求在日常随缘的修行中"识自本心，见自本性"（宗宝本《坛经·行由品》）以成佛，这就表现出了与中国道家和儒家的关联。禅宗对"自性般若"的强调，具有融会中、印思想的文化特色，既是对佛教"慧解脱"的进一步发展，同时也融合了道家自然无为的人生智慧，并推进了以儒家性善论为代表的中国人性论的发展，丰富了中国传统的人性论思想 [50]。

在儒家那里，智与慧区别不大，都是讲辨认事物、判断是否的能力，更多的是在智与仁的关系中阐述智，经常仁智并论，如"知者乐水，仁者乐山"（《雍也》），"知者不惑，仁者不忧，勇者不惧"（《子罕》、《宪问》），"好学近乎知，力行近乎仁，知耻近乎勇"（《中庸》）。《论语·里仁》中"仁者安仁，知者利仁"，可直译为"有仁德的人安于仁，有智慧的人利于仁"，讲的是德性和理性在行仁中的作用。孔子并阐述了"仁"与"智"之间的关系："好仁不好学，其蔽也愚"（《阳货》）。意思是若只是爱好"仁"而不通过学习增长智慧，用理性去驾驭，实行起来弊端是愚笨，就好比"东郭先生和狼""农夫和蛇"中的东郭先生和农夫一样。

张子往的《智慧说》这样阐述"智"与"慧"："智，法用也；慧，明道也。天下智者莫出法用，天下慧根尽在道中。智者明法，慧者通道。道生法，慧生智。慧足千百智，道足万法生。"智慧，道法也。慧是智的基础，智是慧的另一种境界。陆墅《悟真篇注序》"邪人行正法，正法悉归邪。正人行邪法，邪法悉归正。"[51]

古希腊哲学家亚里士多德，曾将人的德性分为理智的和品格两种，认为理智德性是通过教育获得的，品格德性则来自习惯性行为实践。他同时认为，这两种德性是密切相关不能分离。古希腊哲学家赫拉克利特关于智慧有一句名言"一个人如果不是真正有道德，就不可能真正有智慧"。

综合上述各家之言，智慧本身具有智能、智力、方法等含义，但不容忽视的是真正的智慧、大智与道德是密切相关的。智慧中的慧强调了人的心态、状态、心境，智慧不止是来源外部世界的学习，也有内心的修为道德，否则难以成就"大智"，就可能成为"伪智慧""小聪明"，经受不了时间的考验。只有外部学习与内心道德的结合，方成真正的智慧，统一于人本身。现在，我们动辄在信息系统中称"智慧"，如"智慧城市""智慧社区""智慧交通"等概念，实非"智慧"的本意，这些只是披了一件智慧化的外衣而已。

3.6 转 识 成 智

知识与智慧的关系问题是近代哲学的重大问题[52]。近代哲学家对此深切关注和进行了深入思考与争论。

"转识成智"[53] 说最先由佛家瑜伽行派明确提出，是唯识学成佛理论的核心。唯识宗创始人为唐代玄奘法师与窥基大师，主张一切唯识。唯识宗主"万法唯识"，宇宙间的一切均为"识"所变现。在原始佛教那里，"识"由眼识、耳识、鼻识、舌识、身识、意识六身识构成。唯识学增设了"末那识""阿赖耶识"展开为"八识"。阿赖耶识被看作根本识，前七识均依第八识阿赖耶识才得以转起。

"转识成智"就是转舍有漏之八识，转得无漏之四智。八识与四智的相应关系是：转前五识为成所作智，转第六识意识为妙观察智，转第七识末那识为平等性智，转第八识阿赖耶识为大圆镜智。"识"是有漏的带分别的认识，有局限、有染污，是成佛的障碍；"智"是无漏的超分别的智慧，究极、纯净，是觉悟之智；转识成智是唯识学的必然要求[53]。

唯识佛学"转识成智"与我们今天所理解的"转识成智"是有区别的。我们今天所理解的"转识成智"是指超越于知识的领域，或说超越于名言的领域，获得对不可言说之域的领悟，即我们常说的获得智慧。在唯识学中，其"识"指的是心识，指的是与人的认识过程相关的思想意识，我们可以将其与现今所说的"知识""常识"做类比，但其转成的"智"可能与如今所说的智慧就有区别。现今的"一智慧"是对形上之域的一种领悟，是一种获得对万物无不由之"道"的认识之后的身心愉悦的感受。而佛教中的"智慧"一词却有更多的含义。而在唯识学看来，其"转识成智"的实现虽然也是在修持实践当中实现的，但它在解说上也有一个先后的秩序，即由识而智、由智而慧。其净慧状态的获得是通过四智与涅槃的相互作用而显得的。冯契先生的理论表明了对佛家"转识成智"过程的超越，顿然之间就可以实现，唯识学所说的智与慧两种状态。

"转识成智"包含两个问题：一是知识转化为智慧是否可能？二是知识转化为智慧的途径如何？

现代社会的发展在带给人类高度物质享受的同时，也带来了更多、更深刻的社会问题，如环境污染日益严重、社会公德伦理观点日渐淡薄、个人崇高理想追求的丧失等，这些问题引起了有志之士的高度重视，他们思考社会发展与科技发展之间的关系、社会发展的终极目的、人在高度发达社会中如何完善自己等问题，在认识上提出了更迫切的需求，期望能得知生活的真谛。通过长期的探讨，人们发现，诸如此类的问题单纯靠知识的积累是无法解决的，它属于形上之域的问题，需要靠人类自身的智慧来把握。"智慧"本身包含很丰富的内容，是一个极不容易解说清楚的领域，但社会的发展已经为人们对它进行越来越深入、越来越具体的认识提供了可能[54]。

一个人即使熟读了智慧学（哲学）之书，在理论上懂得了知识如何转变为智慧，但他还是不能说已"转识成智"，有了哲学智慧。因为智慧是一种能力和德性，它是不可能仅仅通过传授、读书而获得的，它只能在个人生活实践中获得和发展，即在生活实践过程中将所学得的哲学理论逐渐内化为自己的思维能力、实践能力和德性。

当代哲学已经上升到"终极关怀"的高度来讨论知识与智慧的关系问题了，在讨论中他们也借用了唯识学"转识成智"的学说。这种借用，不仅有形式上的，也有内容上的东西，体现了古代唯识哲学"转识成智"理论对现代认识理论的借鉴意义[54]。

庄子哲学中道与物是两个既相联系又相区别的重要概念。二者构成了庄子哲学两个不同的研究对象，对物的研究产生知识，对道的研究产生智慧。在庄子那里，物与道、知识与智慧不是僵硬对立的，知识能够向智慧飞跃。道是可以言说，智慧也可以达到，但却不是知识的途径，而是知识的消解[49]。庄子为此提出了心斋与坐忘的方法。要感受事物的本质，并且要"虚"以待物。由知识所形成的各种偏见都已被抛弃，各种陈言俗见从人的内心被清除，知识的教条不再是人们认识世界万物的束缚。在这种虚怀若谷的状态下，人们才真正明心见性，与世间万物融为一体，一切都顺任自然真性。庄子通过心斋与坐忘而达到智慧的境界并非没有理性知识的前提，而且恰恰是奠基于理性知识基础之上，"吾非不知，羞而不为也"《庄子·天地》。

金岳霖以其《论道》与《知识论》两部重要哲学著作，建构了一个知识与智慧二分的哲学体系，对于"转识成智"，在金岳霖先生那里，对于如何"得"，如何转识成智的问题，没有多加说明，知识与智慧之间有难以跨越的鸿沟[55]。金岳霖曾经明确地给知识下了一个定义："所谓知识，就是从抽自所与的意念还治近与"。这个定义实际上已经隐含着金岳霖对知识的形成及其内在机制的基本观点，即知识的形成，无非是从得自所与的知识材料中抽象出概念，然后又转过来以概念接受、整治新的所与，并化所与为事实的过程[52]。这是一种站在知识论对象范围之外的态度，而在研究元学时保持"天地与我并生，万物与我为一"。正是基于这样一种哲学观，金岳霖哲学才沿着知识与智慧两条不同的路径而双向展开[52]。

冯友兰在《新原人》中根据人对外界事物"觉解"的程度不同，将人生境界由低到高划分成四个境界：自然境界、功利境界、道德境界、天地境界。从自然境界到天地境界，表现了因"觉解"程度的不同而逐渐递进的关系。冯友兰先生提到了"转识成智"，并提出如何"转"的某些环节，主要是从他的"觉解说"和"境界论"出发，认为"转"的关键是通过觉解的自觉解，进入不同境界，从而由知识"转"到智慧。

关于道的真理性认识和人的自由发展内在地相联系着, 这就是智慧 [56]。"智慧" 与 "知识" 不同。冯契认为意见是 "以我观之", 知识是 "以物观之", 智慧则是 "以道观之", 认识的过程是从无知到有知, 从知识到智慧的过程。从早年的《智慧》到晚年的《智慧说三篇》, 冯契先生以始于智慧又终于智慧的长期沉思, 为中国当代哲学留下了一个创造性的体系 [57]。冯契从自己对中国哲学史的研究出发, 把 "转识成智" 置于实践唯物主义的基础上, 在性与天道的交互作用中来实现由知识到智慧的飞跃 [54]。

知识是可以用名言说的, 而智慧是超名之域的。因此由知识到智慧是一个由可说到不可说的一个飞跃, 它包含理性的直觉 [56]。在冯契看来, 由知识到智慧的飞跃是顿然之间实现的, 有点类似中国禅宗的顿悟, 只要机缘凑巧, 就可以在一刹那间把握事物的真谛。冯契认为由知识到智慧包含飞跃是不可否认的事实。这个飞跃是理性的直觉, 也是思辨的综合和德行的自证 [56], 并且理性的直觉与思辨的综合、德行的自证是不能分离的。冯契还提出 "化理论为方法, 化理论为德性", 也就是哲学理论一方面要化为思想方法, 贯彻于自己的活动, 自己的研究领域; 另一方面又要通过自己的身体力行, 化为自己的德性, 具体化为有血有肉的人格。

3.7 认识数据、信息、知识、智慧、道德关系的意义

智慧对于人, 是多与少的问题; 智慧对于计算机是有与无的问题。古希腊哲学家赫拉克利特的名言 "博学, 并不能使人智慧 [58]", "智慧只在于一件事, 就是认识那善于驾驭一切的思想 [58]"。"一个人如果不是真正有道德, 就不可能真正有智慧"。一个人最终对客观外界的判断感悟是基于对他人同情以及利他倾向的基础上, 一个极端自私的人是不可能有智慧的。《道德经》第四十七章:"不出户, 知天下; 不窥牖, 见天道。其出弥远, 其知弥少。是以圣人不行而知, 不见而明, 不为而成", 意思是人要体得真道, 首先要修其身, 坚守自己的信念, 不受外界干扰。从此意义上说, 获得智慧的第一步是反思自身, 其次才是向别人求索。没有修身的基础而向别人索取知识, 所获越多, 疏漏越多。修行要反观内照, 净化欲念, 清除心灵的屏障, 以本明的智慧, 虚静的心境, 不断提高自己的修为。

知识是主体对客体的客观反映, 知识产生后, 就脱离主体而成为独立存在, 具有了普遍性、客观性和永恒性 [49]。知识的这种特性使主体与客体之间实际上处于分裂的状态, 知识也可以以书籍等各种形式保存、传播, 主体也可以通过这些媒介来获取知识, 从而达到对于世界的认识, 这是为学的过程。

在智慧中, 主体与客体不是截然分割开来, 而是处于一种混沌未分的状态 [49]。智慧所要把握的是世界的整体, 作为认识主体也是包括在世界整体之中的, 正如庄

子所描绘的"天地与我并生，万物与我为一"，主体与客体互相融合。这样主体与客体处于一种相互生成状态之中。主体与客体的相互生成，使得智慧具有了当下直接性，因而智慧只能是个别的、当时的，不具有抽象的客观性、普遍性和永恒性。人类可以传授知识，但对于智慧的获得，需要个体的体验与修为。智慧的这种特征要求人们摆脱知识的束缚，抛弃知识所造成的"成心"而"同于大通"，达于智慧。知识通过勤奋刻苦的学习即可掌握，但它或会因为过时而遭淘汰；智慧却不会过时也无法通过学习来"移植"，只可自我生存 [59]。

当前，大量的知识废料和信息垃圾正窒息着我们的灵感智慧，消解着我们的直觉能力，给人类的认知领域造成了严重污染。在错杂的岔路与纷乱的迷雾中，我们需高擎慧灯，审慎前行 [59]。如今，几乎每个领域：我们听的音乐、看的电影、读新闻、网络购物推荐、人脸识别、交通管理、商品营销都少不了算法。然而，这些先进的技术也无法形成人类的目的，实际上，它们只是我们人类意志的一种延伸而已。

人工智能是人类通过了解智能的实质，用机械和电子装置来模拟人的思维活动并产生类似于人类智能反映的行为 [60]。不可否认，人工"智能"在扩展人类的智能工作方面展现出非凡的能力，然而这也只是人类知识的组成部分，是人类知识水平的扩展。从本质上说，人工智能永远摆脱不了模仿人类行为的事实，它只是把人的行为运用到机器身上 [61]。人对客观事物的不同反映形式取决于每个人所特有的主观状态，而人工智能却相反，它只是一种程序化的思维，同一程序对输入相同的信息，其信息量始终是相等的，也不会有质的区别 [61]。智能机模拟意识是可以的，不能说机器有模拟的功能它就有意识，因为世界上再聪明的智能机都是由人类设计和控制的，它不可能成为独立的认识主体 [62]。人工"智能"的发展也是有条件的，需要一定的物质基础的，没有主观能动性、缺乏创造性。正如有人总结说"智慧与智能，没有可比性，前者是自然的流露，而后者却是生硬的做作。应用智慧处世，你会觉得处处都是自在，应用智能处世，你会觉得处处都需解脱。"人工智能在社会生产和生活中占据的份额逐渐增大，动摇了人在自然界中以及人类社会中的主体性地位。文献 [63] 中，制定"以人为本"的发展原则对其进行了发展规划，同时辅以健全评价制度、强化道德约束和完善法规建设，力图消除人工智能发展带来的负面作用，使其更好地服务人类、造福人类。

大数据的核心就是预测。它通常被视为人工智能的一部分，或者更确切地说，被视为一种机器学习，但是这种定义是有误导性的。大数据不是要教机器像人一样思考。相反，它只是把数学算法运用到海量的数据上来预测事情发生的可能性。智慧尚不能从人到人进行复制，又怎么做到从人到机器来复制呢？人的"转识成智"需要人个体的修为、体验，结合道德、心智等因素做到主体与客体的融合，机器又怎能做到呢？对于机器来说，既然智慧不从外部学习、复制而来，也不能"转识成智"，机器的"智慧"从何而来呢？正如美国前副总统戈尔所描述的，人类已僭取了自然和上帝的权力，但又没有上帝那样的智慧 [64]。

人类的发展不仅需要知识做后盾，更需要智慧做指引 [65]。现代人知识有余而智慧不足，人类发展需要大智慧的指引 [66]。冯契主张在广义认识论中获得关于智慧的认识，"智慧是关于宇宙人生的一种真理性的认识，它与人的自由发展是内在地联系着的"。智慧的获得使人自由，自由具体展开为化理论为德性，化理论为方法 [67]。

数据挖掘不是黑箱，不是一个调动数据的方法，也不是整理数据的方法。它实际上需要在思想的基础上做。真正进行跟人相关的大数据挖掘的时候一定要关注人性。观察法是人类研究问题最早期的研究方法。知觉、体验、灵机一动、体会、内省，所有这些看起来跟大数据无关的东西可能恰恰是大数据。

信息的数据化以及计算机的发展、数据总量的暴增丰富了我们研究客观世界的方法，但不会改变数据、信息、知识、智慧、道德以至于人之间的基本关系。相反，现在人类更容易迷失在信息垃圾之中，更加困惑。我们更需要把握人的人性，加强道德修养，培养智慧，进而学习知识，才能应对铺天盖地而来的数据、信息潮流。作为数据管理的工作者，还要能认识到本身的工作在上述关系中所处的位置，认识数据的局限性，不要盲目夸大数据的作用、要踏踏实实做好数据信息的基础工作，重视数据与信息之间的两个转换，以及数据的存储、传播、管理等。大数据本质上还是数据 [68]。

第4章 以数据为中心组织计算

在大数据时代，必然是以数据为中心来组织计算。另外，对于数据自身来说，由于数据质量的差异，不同类型的数据在整个数据体系中也处于不同的地位。结构化数据作为高质量的数据，虽然总量很小，但仍然处于数据体系中的核心地位。这些是大数据时代组织、管理数据的出发点。本章根据数据质量，探讨结构化、半结构化、非结构化数据之间的组织与被组织关系，然后从当前流行的 Hadoop 大数据处理工具展开，阐述以数据为中心的必然，作为大数据时代的各类数据的组织与管理的依据。

4.1 不同类型数据的关系

4.1.1 数据质量

数据质量被定义为一致性、正确性、完整性、最小性在特定信息系统中的满足程度[69]。数据质量提高技术主要涉及实例和模式两个层面。在数据库界，关于模式层的研究很多，主要讨论如何根据已有的数据实例重新设计和改进模式。数据清洗是数据质量提高技术研究的主要内容[70]，主要研究如何检测并消除数据中的错误和不一致，以提高数据质量。数据清洗主要是从数据实例层的角度考虑来提高数据质量，主要集中在几个方面：重复对象检测、缺失数据处理、异常数据检测、逻辑错误检测、不一致数据处理等。关于数据质量以及数据清洗可以参考文献 [69]～文献 [71]。

4.1.2 结构化、非结构化、半结构化数据

在信息社会，数据一般可以划分为两大类。一类能够用数据或统一的结构加以表示，称为结构化数据。结构化是指具有一定结构性，可划分为固定的组成要素，能通过一个或多个二维表来表示的数据。结构化数据一般存储在关系数据库中，具有一定逻辑结构，可用关系数据库的表或视图表示，使用关系型数据库来管理结构化数据是目前最好的一种方法。结构化数据极大地方便了人们的日常工作与生活，数据信息存储在预先建立好的关系数据库中，再把数据按业务分类，并设计相应的表，然后将对应的信息保存到相应的表中。这些表查询统计都非常方便，且操作简单、易于维护。许多应用系统都是基于关系数据库建立起来的。

而另一类无法用数字或统一的结构表示，称为非结构化数据。非结构化数据是

指数据结构不固定,无法使用关系数据库存储,只能够以各种类型的文件形式存放,如文档、文本文件、图片、财务报表、图像、音频和视频等。通常无法直接知道其内容,必须通过对应的软件才能打开浏览,数据库也只能将它保存在一个字段中,对以后的数据检索造成了极大的麻烦。而且该数据不易于理解,无法从数据本身直接获取其表达的意思。非结构化数据没有规定的结构,难以将其标准化,不易于管理,所以查询、存储、更新以及使用这些非结构化数据需要更加智能化的系统。国际数据公司(International Data Corporation)研究报告表明,企业中的数据20%是结构化的,80%是非结构化或半结构化的。实际上,这一现状也适用于政府和个人用户数据当中。随着互联网、物联网、社交网络的发展,非结构化数据量日趋增大。这时,主要用于管理结构化数据的关系数据库的局限性暴露得更加明显。因而,数据库技术相应地进入了"后关系数据库时代",进入基于网络应用的非结构化数据库时代。

除了常规所说的结构化、非结构化数据划分之外,还有半结构化数据概念的使用。半结构化数据是介于结构化数据和非结构化数据之间的一种数据形式,该数据和上面两种类别都不一样,它是具有结构的数据,但是结构变化很大,因为该数据不能简单地组织成一个按照非结构化数据处理的文件,由于结构变化很大也不能够简单地建立一个表与它对应。它一般是自描述的,数据的结构和内容混在一起,没有明显的区分。这类数据最具有代表性的是 XML 文档,它非常适合异构数据之间的交换,带来了非结构化数据与结构化数据的交互使用,使得两者可以自由转换结构,不仅能够满足不同系统对自身文件格式的要求,同时还满足了数据的统一管理。

4.1.3　三类数据的层次关系

前面简单介绍了提高数据质量的主要技术手段。事实上,影响数据质量的主要是管理,而非技术。质量问题的来源是企业的管理,管理不到位才会出现重复对象检测、缺失数据处理、异常数据检测、逻辑错误检测、不一致数据处理等,而这些从管理的角度解决是代价最低的。数据质量的提高也需要从源头上、根本上解决,而不是被动的后期处理;技术手段也应该辅助数据管理,而非作为事后补救。

数据质量不只是对数据本身的要求,还包含数据模式方面的要求。由于结构化数据具有良好的模式,另外,在结构化数据的管理方面,还有严格的数据进出系统的控制,如数据库管理系统的完整性约束,也使得数据本身的质量更高。再有,结构化数据中冗余信息少,符合数据质量定义中的最小性原则。不同类型数据之间,也经常发生类型的转换。例如,从非结构化数据到结构化数据的转换;使用数据库信息检索(Data Base Information Retrieval, DBIR)技术,将结构化数据视为非结构化数据。在这些转换中,从高质量的结构化数据转换到非结构化数据显然很容易，也不会造成信息的损失，也不易出错。而反过来，需要非常小心，否则很容易丢失信息，转换错误，也容易受到冗余信息的干扰。所以，一般来说，结构化数据质量高于半结构化数据。半结构化数据又优于非结构化数据的质量。

这样，存在着质量不同的结构化数据、半结构化数据、非结构化数据，那么几种数据的共存，其对于企业来说是否处于一个层次的管理要求上呢？我们知道，一个企业往往都会有自己的关键业务数据，而这些关键业务数据主要是以结构化数据的形式存放，如政府、电信、电子商务的网站、社交媒体等。外围可能有半结构化数据，乃至非结构化数据。非结构化数据、半结构化数据往往都是围绕着结构化数据组织的。在数据总量上来看，虽然结构化数据只占总量的 20%，甚至不到，但却是关键的、基础的数据，对系统起决定性作用的。而非结构化数据，虽然量很大，却往往围绕着结构化数据组织、展开的。

综上，从数据内容上看，不要简单地将三者看作并列的关系，可将三者看作数据的金字塔，如图 4.1 所示，结构化数据总量最少，位于塔尖；非结构化数据总量最多，位于塔底；而半结构化数据则处于两者之间。人类对于问题的认识是逐渐深入、精确，对质量的要求是越来越高的。这样，一个包含各类数据的信息系统中，信息是从低质量逐渐流向高质量的，趋势是不断提取出高质量的数据为上层系统服务。DBIR 技术实质是将高质量的数据作为低质量的数据来使用，还没有辉煌就已暗淡，也说明了这一点。

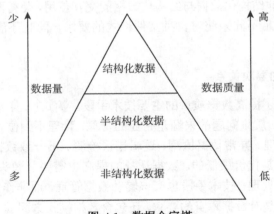

图 4.1　数据金字塔

讨论三者的意义，在于为我们构建信息系统，进行数据处理提供了一个指导思想，也为研究大数据管理系统，完善数据生态系统，乃至明确数据在 DIKW 体系中的地位提供思路。人类理性对物质世界、人类社会和精神世界的认识，其最高境界是智慧，而要达此境界必然经过信息、数据、知识三个层阶。

信息转变为数据、但数据只是其通向知识的中继站。知识，是人类理性认识世界的结晶，是改造世界的基石。培根在《伟大的复兴》中豪迈地预言：知识就是力量。现在，人类终于迎来"知识经济时代"。知识经济，作为人类社会经济增长方式与经济发展的全新模式，其基本特征是：知识运营成为经济增长方式、知识产业成为龙头产业、知识经济成为新的最活跃的经济形态。由此可见，知识不仅是力量，而且是时代最核心、最强劲的先锋力量。但我们同时必须清醒地认识到：大数据与大知识，尚隔两重天。没有质量的数据，很难获取到高质量的知识。而在大数据时代，高质量的数据，只有通过完整的健康的数据生态系统控制才能成为可能，只有不断获得高质量的数据，才能进一步发现真正的知识，创造价值。

4.2　Hadoop 与大数据处理

关系数据库经过 40 多年的发展，已经得到十分广泛的应用，也有很广泛的技术基础。然而随着数据量的增大，以及处理的数据从结构化到非结构化，关系数据库显得力不从心，这主要体现在扩展性方面。当业务量增加时，关系数据由于数据之间复杂的关系，很难拆分到多台计算节点之上做到近线性的水平扩展。而进行垂直扩展所需的高档并行计算机又非常的昂贵，甚至现有计算能力最强的计算机也无法满足数据的快速增长。由于业务发展和数据规模的快速增加，SQL（Structured Query Language）等传统的关系数据库在查询效率上逐渐不能满足需求，而且建设和维护的成本高。全球数据爆炸，使得企业的 IT 投资很难跟上这一步伐。扩展性的约束迫使人们回到文件、批处理的一些基本思想。企业需要一种成本更低，但稳定可靠的解决方案，而开源技术 Hadoop 的出现无疑在技术上提供了这样一种可能，得到广泛的研究与应用。

用 Hadoop 这样的系统，在分析和转换前把所有的数据归档处理，可以根据分析的需要自由地调用。其核心是 Hadoop 分布式文件系统（Hadoop Distributed File System, HDFS）和 MapReduce。HDFS 具有高容错性和高扩展性等优点，允许用户将 Hadoop 部署在价格低廉的服务器上，形成分布式系统；MapReduce 分布式编程模型允许用户在不了解分布式系统底层细节的情况下开发并行应用程序。相对当前应用较多的 SQL 关系型数据库，HDFS 提供了一种通用的数据处理技术，它用大量低端服务器代替大型单机服务器，用键值对代替关系表，用函数式编程代替声明式查询，用离线批量处理代替在线处理；作为编程模型的 MapReduce 将分布式编程分为 Map（映射）和 Reduce（化简）两个阶段，基于 MapReduce 模型编写的分布式程序可以将一项任务分发到上千台商用机器组成的集群上，以高容错的方式并行处理大量的数据集。HDFS 和 MapReduce 共同组成了 Hadoop 分布式系统体系结构的核心，共同完成分布式集群的计算任务。

Hadoop 的 MapReduce 功能实现了将单个任务打碎，并将碎片任务（Map）发送到多个节点上, 之后再以单个数据集的形式加载 (Reduce) 到数据仓库里。MapReduce 擅长对半结构化或非结构化数据进行复杂的分析, 容错能力强而且其基础设施可以灵活扩展。不管是处于商业化的需要, 还是因为用户的需求, 实际上, Hadoop 已经逐渐成为大数据处理的代名词。Hadoop 优势就是支持 scale-out 形式的扩展, 能够适应大量数据的存储和处理。Hadoop 可以处理 PB 级别的数据; 可以扩展到数千个处理大量计算工作的节点; 可以用非常灵活的方式存储和加载数据。Hadoop 得以在大数据处理应用中广泛应用得益于其自身在数据提取、转换和加载 (Extract-Transform-Load, ETL) 方面上的天然优势。Hadoop 的分布式架构, 将大数据处理引擎尽可能地靠近存储, 对像 ETL 这样的批处理操作相对合适, 因为类似这样操作的批处理结果可以直接存储。

Hadoop 核心 MapReduce 方法简单、直接但很实用, 符合当前的大数据现状。当今时代, 虽然各行各业的数据开始增多, 多得我们难于处理, 但大数据还只是数据孤岛, 数据的质量还很低。我们离成熟的信息社会还很远, 我们还面临非常多的数据管理的问题。数据在一致性、及时性、全面性、相关性等方面还存在非常多的问题, 都需要我们解决。另外, 数据是无穷无尽的, 我们真的要将这些数据都存储下来吗? 为存储这些数据所需的代价都是可以忽略的吗? 也许像人类的忘记能力一样, 是人类进化中的一种优化结果。数据再多, 能带来真正的价值吗? 能给我们带来快乐、满足吗? 人类还需要在哲学、人性的角度对大数据进行认识。

4.3　Hadoop 与数据管理

Hadoop 的不足是支持的查询有限, 而且不支持事务, 主要用于数据的分析, 而不能用于联机事务处理 (On-Line Transaction Processing, OLTP) 类的应用。从计算的表达能力来说, Hadoop 比 SQL 差。Hadoop 里能写的计算, 在 SQL 中都可以更轻松地写出来。SQL 是一个直观的查询语言, 适合做业务分析, 业务分析师和程序员都很常用。SQL 查询非常简单, 而且还非常快 —— 只要数据库使用了正确的索引, 要花几秒钟的 SQL 查询都不太常见。

Hadoop 没有索引的概念, 只有全表扫描。这好比在一个大仓库要找一个螺丝钉, 也要将整个仓库翻一遍, 系统的效率可见一斑。除了难以编程, Hadoop 还一般总是比其他技术方案要慢。只要索引用得好, SQL 查询非常快。若要计算连接, SQL 只需查看索引, 然后查询所需的每个键。而 Hadoop 必须做全表扫描, 然后重排整个表。排序通过多台机器之间分片可以加速, 但也带来了跨多机数据流处理的开销。

如果数据并不是像 SQL 表那样的结构化数据 (如纯文本、JSON 对象、二进制对象), 通常是直接写一个小的 Python 脚本或者 Ruby 脚本逐行处理更直接。保存到多个文件，然后逐个处理即可。SQL 不适用的情况下，从编程来说，Hadoop 也没那么糟糕，但相比 Python 等脚本语言仍然没有什么优势。

用 Hadoop 唯一的好处是扩展性，下面看看它在其他地方的表现。

(1) 需要注意的是，Hadoop 只是一个框架，而非一种完备的解决方案。人们期望 Hadoop 可以圆满地解决大数据分析问题，但事实是，对于简单的问题 Hadoop 尚可，但对于复杂的问题依然需要开发 MapReduce 代码。这样 Hadoop 与使用其他编程环境开发商业分析解决方案的方式并无本质的区别。

(2) Pig 和 Hive 都非常不错，但却受到架构的局限。Pig 编程语言简化了 Hadoop 常见的工作任务。Pig 可加载数据、表达转换数据以及存储最终结果。Hive 在 Hadoop 中扮演数据仓库的角色。Hive 在 HDFS 添加数据结构，并允许使用类似于 SQL 语法进行数据查询。Pig 和 Hive 都只是一种工具，用于将常规的 SQL 或文本转化成 Hadoop 环境上的 MapReduce 查询。Pig 和 Hive 受限于 MapReduce 框架的运作性能，尤其是在节点通信的情况下效率更为低下。

(3) 没有软件成本，部署相对容易，但后期维护和开发的代价极大。Hadoop 非常受欢迎的理由在于它是一个开源项目，所以没有软件成本，可以自由地下载、安装并运行。但是一旦进入维护和开发阶段，Hadoop 的真实成本就会凸显出来。

(4) 擅长大数据分析，却在数据管理等领域表现不佳。Hadoop 非常擅长大数据分析，以及将原始数据转化成应用所需的有用数据。但如果事先并不很清楚要分析的问题，而是想以模式匹配的方式探索数据，Hadoop 很快会变得一塌糊涂。当然，Hadoop 是非常灵活的，前提是花费较长的时间去编写 MapReduce 代码。

(5) Hadoop 并行处理的性能极佳，但也不是万能的。Hadoop 可以将数千个节点投入计算，非常具有性能潜力。但并非所有的工作都可以进行并行处理，如用户交互。如果设计的应用没有专门为 Hadoop 集群进行优化，那么性能可能并不理想，因为每个 MapReduce 任务都要等待之前的工作完成。

综上所述，Hadoop 框架可以进行大规模的数据分析，但数据分析工作必须建立在大量的编程工作之上，使用不便。再有，一些问题甚至是不适合或无法使用 Hadoop 来解决的，如下所示。

(1) 最重要的一点，Hadoop 能解决的问题必须是可以 MapReduce 的。这里有两个特别的含义，一个是问题必须可以拆分，有的问题看起来很大，但是拆分很困难；第二个是子问题必须独立 —— 很多 Hadoop 的教材上面都举了一个斐波那契数列的例子，每一步数据的运算都不是独立的，都必须依赖于前一步、前二步的结果，换言之，无法把大问题划分成独立的小问题，这样的场景是根本没有办法使用 Hadoop 的。

(2) 数据结构不满足 key-value 模式的，不适合 Hadoop。结构化数据查询是不适合用 Hadoop 来实现的（虽然像 Hive 模拟了 ANSI SQL 的语法）。即便如此，性能开销不是一般关系数据库可以比拟的，而如果是复杂一点的组合条件的查询，还是不如 SQL 的威力强大，编写代码调用也是很花费时间的。而 key-value 数据存储方式，对于数据间的逻辑关系表达能力非常有限，也限定了其应用范围。

（3）Hadoop 不适合用来处理需要及时响应的任务、高并发请求的任务，这很容易理解，虚拟机开销、初始化准备时间等，即使任务里面什么都不做，完整地运行一遍程序也要花费几分钟时间。

综上，Hadoop 适合"大数据"分析，并不适合通用的大数据管理。在大数据系统中，还有更多的管理、查询、基本分析等工作，这就像传统的关系数据库管理系统一样。Hadoop 距离满足这类要求还很远。

4.4 以数据为中心的必然性

大数据时代，计算模式在逐渐发生转变，从以"计算"为中心组织数据转变为以"数据"为中心构建计算。Hadoop 仍存在大量的自身无法克服的问题，本书认为问题出在 Hadoop 本质还是以计算为中心，而非以数据为中心，这是 Hadoop 存在上述问题的深层次原因。大数据时代迫使人们用数据为中心的思维方式思考、解决问题。以数据为中心，反映了当下 IT 产业的变革，数据成为人工智能的基础，也成为智能化的基础，数据比流程更重要，数据库、记录数据库，都可挖掘出深层次知识。虽然，很多人认识到在大数据时代要以数据为中心，然而在具体认识上却比较模糊，甚至做的还是以计算、以流程为中心的事情。以数据为中心要将该理念贯彻到数据的采集、整理、组织、存储、优化、访问控制、分析处理的各个方面。

有人认为"数据怎么用就怎么存储"，这种想法就很有市场。其实这就是一种以计算为中心的思维。不可否认，这种想法迎合很多人的心理，对于具体的应用往往也很实用。但是，事实真的这么容易吗？我们真的很清楚要怎么使用数据吗？数据之间的语义关系不重要吗？不用考虑数据系统的架构、数据与外界环境的关系吗？数据的演化、变化也不用考虑吗？举个例子，超市里的货物摆放，是根据用户的购物习惯摆放，还是分类管理摆放的。啤酒加尿布的例子充斥各类数据挖掘的书籍，可我们见到哪家超市是如此摆商品了。是简单根据"怎么用就怎么存"的吗？事情远非这么简单。在真实的数据应用中，除了应用本身，我们还要面对非常复杂的后台数据管理工作，这些都会影响数据的存储方式。所谓的"怎么用就怎么存储"很难给予我们真正的指导，是一种典型的以计算为中心，而非以数据为中心的思想。这种做法应对具体的分析应用尚可，但在以数据为中心的时代，是不可能得到好的效果的。

在计算机的发展过程中，经历了主机、PC、C/S、B/S、云计算等多种计算模式。现在也是多种计算模式共存的时代。数据在计算的发展中起到越来越重要的作用。各个单位从计算中心到数据中心，再到云计算中心、大数据中心名称上的演化，可以看出，计算与数据是交替促进、共同发展的。而进入到大数据时代后，计算与数据之间又出现了些新的问题，促使要以数据为中心构建信息系统。本节从使用 Hadoop 进行大数据处理出发，分析以数据为中心的必然性。

(1) Hadoop 是在关系数据库的扩展性不能满足应用快速发展要求的情况下而产生的。众所周知，关系数据库由于水平扩展性很差，不适于像互联网应用那样快速扩张的应用。互联网数据的一个特点是非结构化数据居多，半结构化、结构化数据相对很少，数据之间的一致性、更新、事务需求并不十分突出，大部分的应用在于数据分析。在这个背景下，Hadoop 兴盛绝非偶然。

(2) Hadoop 以计算为中心的思想不适合大数据时代。如前所述，Apache Hadoop 软件库是一个框架，允许在集群服务器上使用简单的编程模型对大数据集进行分布式处理。其本身基于批处理的思想，这本质上是一种以计算为中心的思想。在大数据时代，究竟是应该以计算为中心还是以数据为中心来组织信息社会呢？以 Hadoop 为例，虽然其能使用蛮力解决某些问题，但其遗留的问题仍然很多。这些问题使得这种以计算为中心的模式对于大数据整个生态系统的建设帮助不大，不利于我们发现数据的本质、精简数据、控制数据、管理数据，做数据的主人而非数据的奴隶。大数据时代，必然以数据为中心构建应用、系统、计算、开发。

①大数据时代，必须以数据为中心。大数据的分析应用会有多种，同样的数据集，可以从不同的角度，用不同的方法进行分析，另外数据分析也只是大数据应用的一部分。围绕着大数据，若每个应用都有一套计算程序，即现在的大数据处理系统，而我们知道，大数据正因为数据量大，而构建其上的应用会随着人类认识水平的不断深入，会有越来越多的应用，此时还要每个应用都有一套现在这样的大数据处理程序的话，得需要多少的服务器、存储空间、网络去实施，又得需要多少的人力、物力每次去整合数据。再有，数据会跨越多个系统，没有一个统一的数据管理机制，势必会陷入数据库管理系统出现之前，文件系统处理数据带来的困境之中。不同的是这次硬件更强，但数据量也更大，其他并无本质的区别。数据冗余、一致性、独立性的问题甚至会更为严峻。这也不利于我们认识世界的本质、概念之间的关系。这样客观上要求数据以一种独立于单一应用而存在的方式，也就是以数据为中心，这正如传统的数据库管理系统所展现的那样。

②大数据时代，数据的价值越来越得到重视，数据可能不再会轻易获得。随着法律、法规的健全，安全意识的提高，个人、企业隐私的保护加强，数据的使用在开放的前提下，限制也会越来越严格，获得数据进行任意的计算恐怕也会受到影响。一个解决办法就是，客户要怎么算，提供算法、程序，数据提供商来帮助计算，或在数据供应商控制的范围内进行计算，只提供计算分析的最终结果，并对提供的服务进行收费。这样可以有效地保护用户的隐私。大数据时代，信息安全是头等大

事，信息的开放必须以数据安全为前提。同时，没有网络安全，就没有国家安全；没有数据安全，就没有个人、企业的安全，就没有社会稳定；没有数据的开放，也难以形成大数据应用和大数据革命。

③大数据时代随着数据量的暴增，移动数据工作量相对于传输计算程序本身来说要大很多。现在 GB、TB 级别，甚至 PB、ZB 级别的大数据随处可见，可最大的程序有多大，几 GB 的就已经非常庞大了，况且其核心程序代码要少得多。

④大数据也是动态变化的数据，数据必将源源不断地产生。以大数据为中心，符合对数据及时性、准确性、真实性的要求，否则，获得的数据很容易过时。只有以大数据为中心，构建大数据的生态系统，才能保证计算得到的结论是最新的。

(3) Hadoop 只适于数据分析任务而非数据的管理。数据分析只是数据应用众多任务中的一项。数据管理是利用计算机硬件和软件技术对数据进行有效的收集、存储、处理和应用的过程。虽然现在的大数据处理系统也要数据收集，可这是为了后面的具体计算的收集，本质上与早期没有外存的计算机一样，通过纸带、打孔机进行的数据输入没有本质的区别。数据输入后，并不是形成应用的知识架构，完全是为后面的计算做准备，很实用。管理性的任务还包含增删改查，这些任务很小，可对 Hadoop 系统来说，也要遍历所有的数据，代价是非常高的。所以现有的大数据处理系统需要通过其他的方法来解决这些问题。

(4) Hadoop 这种以计算为中心的模式，对于数据孤岛现象并无实质解决之道。互联网时代，数据孤岛仍普遍存在，数据之所以成为孤岛，并非网络技术不发达、应用不普及。因为还没有从数据本身的要求上进行逻辑的整合，如数据之间的更新、版本变化、一致性。解决好这些问题，研究通用的方法，并且形成一个生态的环境，才能将数据真正关联在一起。

我们知道数据库管理系统是数据库系统的核心与基础，有了数据库管理系统（Database Management System，DBMS）就实现了以数据为中心，那么在大数据时代是否有类似于 DBMS 的大数据管理系统呢？加州大学的 AsterixDB[72] 项目进行了尝试。这是一个大数据管理系统，与大数据分析平台不同的是，它不但能查询、分析数据还能存储管理数据，包括并行关系数据库管理系统、NoSQL 存储，以及基于 Hadoop 的 SQL 数据分析平台。

第 5 章　数据管理的新范式

本章首先介绍数据管理技术前提假设及环境的变化，得出数据管理面临一场科学革命的结论；然后在明确范式概念的基础上，指出大数据时代的数据管理新范式一定是以系统科学及开放的复杂巨系统为主要特征；并对新范式下数据管理再认识；通过现有的数据管理技术的一些调整与变更阐述范式正在转换；最后在系统科学范式下对数据组织与管理进行了展望，将数据纳入多根树这一更粗粒度、更抽象的结构中，进而实行分布式控制。

5.1　数据管理的科学革命

2015 年 10 月 18 日在成都举行的第 32 届全国数据库学术会议的大会讨论上，中国人民大学杜小勇教授提出"这些（大数据环境下）特征颠覆了传统数据库的前提，数据库系统面临一场革命"。本书认为，这里所指的革命就是库恩《科学革命的结构》意义上的科学革命。传统的以数据库为核心的数据管理研究所遵循的范式、前提、假定、世界观等都在发生变化，大数据时代开始颠覆数据管理传统的范式（规范）。

随着信息社会进入到大数据时代，数据管理不论在广度还是深度上都有了新的要求。传统的以关系数据为核心的数据管理的前提发生了很大的变化，导致数据管理技术遇到了许多新情况，我们先看看这些变化。

(1) 从封闭的世界到开放的世界。

在众多新技术应用中，对数据库研究最具影响力，推动数据库研究进入新纪元的无疑是 Internet 的发展。Internet 从深度和广度两方面对数据库技术提出了挑战。从深度上讲，Internet 环境中，一些集中式数据管理的基本假设不再成立，特别是在大数据时代，需要重新考虑在新情况下对传统数据库技术的改进。从广度上讲，数据管理不再限于关系数据库内结构化数据的管理。新问题的出现需要开拓思路，寻求创新性的技术突破。

传统的信息系统以企业自身应用为范围，对于其所辖的数据具有完全的控制，同时也不用考虑外界的信息数据的变化。自身生产的数据如何为其他企业所使用也不用关心。当系统的数据需要更新修改时，通过该系统直接进行管理。企业好比一个封闭的世界环境，信息的管理局限在自身的范围内。或者说，企业与外界交换的信息很少，或频次很低，总体上可以忽略。然而在大数据时代，系统之间的关联越来越密切。同时，大数据计算所需的数据除了企业自身的数据外，还有很多来源于企业外部的数据，这些不可控制的外部数据质量、完整性等方面都不确定，这样使得大数据计算的效果大受影响，所以大数据计算考虑问题所涉及的范围不再限于企业的自有系统，也就是大数据计算要从封闭的世界到开放的世界。这种前提的变化对于数据管理影响最为深远，使得我们要考虑问题的深度、广度都发生变化。进行数据系统设计、管理时要在更为开阔的平台上考虑问题。

(2) 从确定、精确、结构简单、形式单一、少量、关系简单数据到不确定、模糊、结构复杂、形式多样、大量、关系复杂的数据需求。

随着信息化的不断深入，数据不只是传统的关系型数据，信息管理涉及图形、文本、音频、视频等各类结构化、非结构化、半结构化的数据。数据的量级也从 MB 到 GB、TB 量级，甚至到 PB、ZB 的量级。传统的数据管理方法难以应付。数据之间的关系，特别是随着社交网络的发展，也呈现复杂化的趋势，数据之间联系越来越多。这些都是传统的关系数据库管理所难以处理的。在传统的数据库系统中要管理的数据主要是结构良好、精确的数据，而在大数据系统中要管理的数据很可能有各种类型，数据质量参差不齐，数据的一致性、完整性、隐私要求等都可能相差很大。这使得单一类型的、简单的数据管理任务，变得更为复杂。

(3) 从以计算为中心到以数据为中心的数据管理，企业以自有信息系统为运营核心到整个社会以信息系统为运行核心。

如前面章节所述，大数据时代注定要以数据为中心。随着数据成为宝贵的资源，计算必然要围绕着数据展开。数据不只是具体企业管理的核心，也是社会主要活动的核心。社会的活动也必将围绕着数据进行组织与管理。这是比企业以信息系统为核心组织生产活动更高一级的层次。在社会这一宏观的层次上，企业的信息管理只是社会管理的一个节点，是众多链条中的一环。一方面，企业的数据受社会数据管理这一大环境的制约、以其为实现的基础；另一方面，企业也要对社会管理施加自己的影响。企业、各类组织之间的数据不再是松散的耦合关系，必将发生越来越紧密的关系。各级组织信息系统结构中，呈现多中心、层次化的发展趋势。

(4) 从简单系统到复杂系统。

传统的数据库管理系统中的数据管理任务一般只涉及备份/恢复、查询优化等简单的任务，而在大数据环境下的数据管理还要考虑系统的集成、分解、架构、隐私控制、公共云计算、私有云计算、大数据生态环境建设等诸多方面。系统管理方面的复杂程度严重制约了大数据系统的搭建、开发效率。另外，系统的管理是综合的管理，不是各个方面单独的考虑、实现，因为这些方面往往都是结合在一起、相互干扰、影响的。需要有一个通用性很强的系统管理架构，它既能适应绝大多数的系统，又能符合长期以来人类形成的管理思维，便于将数据的一般性管理任务与数据应用任务区分开来，使系统的管理任务更为专业化。复杂系统，特别是复杂巨系统的管理与普通的简单系统的管理不只是数量上的差异，在管理的思维方面也存在很大的差异。

在简单的数据管理系统中，人们关注的主要是应用问题，要解决实际的需要，系统本身由于很简单，不需要耗费太多的精力。而在复杂的系统中，由于系统要素的增多，要想解决好应用的问题，前提是必须解决好数据管理的问题，为应用提供一个方便管理、易于使用的系统。所以，在复杂系统中，系统架构、管理等问题的重要性提升了，甚至成为系统能否成功的关键因素。

上述这些数据使用前提的变化，导致一些数据管理技术不适合新形势下的要求，传统的数据管理技术研究方法面临着挑战。

(1) 数据的一致性。

在传统的集中式数据库系统中，由于数据只有一份拷贝，基本不存在数据的一致性问题。而在分布式数据库中，由于数据的分片、复制导致出现不同的副本，也就有了不同副本数据不一致的可能。在分布式数据库中，通过主版本、事务复制等策略保证、实现数据的一致性。而在大数据时代，随着副本数量的增多，而且很多数据副本的不可控状态，包括网络分割、宕机等原因，严格的数据一致性几乎是不可能的，替代的是数据的最终一致性。在网络环境，大数据时代的一致性，先后有人提出了 BASE、CAP 等理论（5.3.3 节会详细阐述），对一致性进行研究。

(2) 事务的串行化。

在集中式的数据库中，事务的串行化是比较容易实现的，因为集中的事务管理器能够掌控系统内部的所有事务的进程。而在分布式多数据库环境下，分布式事务的串行化实现起来就有一定的难度了，要考虑分布式环境下事务间的逻辑先后顺序，分布式事务死锁等问题。而在大数据背景下，系统中的服务器数量庞大，存在的情况非常复杂。若将可以串行化的事务序列当作正确的事务执行序列，在现实中非常困难。另外，现实世界的各种人类活动，即使限定在特定人群、特定活动，也很少是能够串行化的。只不过大数据时代，串行化的弊病使得传统数据管理问题暴露得更为明显。

(3) 大数据分析中繁杂的数据预处理以及大数据的数据质量问题。

当前，大数据的热点集中在大数据分析之上，即从外界获取数据、清理、分析计算、解释。在整个处理流程上，主要由于数据质量不高，很多的时间、精力、花费被消耗在数据的获取以及清理等预处理之上。即使获取数据后，随着源数据的变化，往往还要重复预处理的过程以满足重新计算分析。这些问题的根源在于，我们还没有建立一个大数据的良性生态环境，没有通过系统的管理手段保证数据的质量。数据质量、一致性、及时性等问题不解决，大数据分析之路就走不平坦。在大数据环境下，还存在多种质量等级的数据问题。有些数据的质量高，而有些数据的质量低，需要构建一种数据管理环境，使得能够将低质量的数据进化到高质量的数据，并且使得高质量的数据能够固化、沉淀下来。

(4) 数据隐私、安全问题。

众所周知，大数据对于隐私的侵害是阻碍大数据发展的一个重要因素。在传统的信息系统中，企业、个人的数据限制在特定系统中，由于系统本身就很封闭，数据外泄情况不是很普遍。而在大数据时代，随着存储、网络、计算等能力的增强，数据隐私问题变得越加突出。虽然随着法律的健全，对隐私的保护会有所加强，但技术方面也必须提出切实可行的隐私保护方案。而且，这种方案应该是集成在大数据常规数据管理之中的。

除了在信息管理领域的这些挑战外，在传统的 DBMS 上，如数据模型、访问方法、查询处理代数、并发控制、恢复、查询语言和 DBMS 的用户界面等也面临着巨大的变化。这些问题过去已经得到大量的研究，但是技术的发展不断改变其应用规则。例如，磁盘和随机存取存储器（Random Access Memory, RAM）容量的不断变大，存储每个比特数据的花费不断降低。虽然访问次数和带宽也在不断提高，但是它们不像前者发展得那样快，不断变化的比率要求重新评估存储管理和查询处理代价。除此之外，处理器高速缓存的规模和层次的提高，要求 DBMS 算法能够适应缓存大小的变化。这只是由于技术改变而对原有算法重新评价的两个例子。

另外，面临挑战的同时，数据管理在新形势下具有很强的动力。数据的来源在不断变化，Internet、自然科学、电子商务是信息和信息处理的巨大源泉。而廉价的微型传感器技术使得大部分物体可以实时汇报它们的位置和状态。这类信息能支持对移动对象状态和位置的监视应用。传感信息的处理将会引发许多新环境下极有趣味的数据库问题。

而在应用领域，Internet 是目前主要的驱动力，特别是在支持"跨企业"的应用上。历史上，应用都是企业内部的，可以在一个行政领域内进行完善的指定和优化。但现在，大部分企业感兴趣的是如何与供应商、客户进行更密切的交流以便共享信息，提供更好的客户支持。这类应用需要安全和信息集成的有力工具，由此产生了数据库相关的新问题。另一个重要应用领域是自然科学，特别是物理科学、生物科学、保健科学和工程领域。这些领域产生了大量复杂的数据集，需要比现有的数据库产品更高级的数据库支持。这些领域同样也需要信息集成机制的支持。除此之外，还需要对数据分析器产生的数据管道的管理，需要对有序数据的存储和查询（如时间序列、图像分析、网格计算和地理信息），需要世界范围内数据网格的集成。

另一个推动数据库研究发展的动力是相关技术的成熟。如过去几十年里，数据挖掘技术已成为数据库系统重要的组成部分。Web 搜索引擎导致了信息检索的商品化，并和传统的数据库查询技术集成。许多人工智能领域的研究成果也和数据库技术融合起来，这些新组件使得我们处理语音、自然语言、进行不确定性推理和机器学习等都要求一个与我们现在完全不同的信息管理架构，并重新考虑信息存储、组织、管理和访问等方面的问题。

近半个世纪以来，数据库研究工作集中在数据库管理系统开发的核心领域上，而数据管理的研究范畴远比这宽得多。如果忽视一些新的应用领域面临的数据管理问题，就会使数据库研究局限于传统的数据管理应用上而失去活力。不管我们是否愿意承认，这些数据管理的前提条件已经发生变化，并且逐步深入。我们所熟悉的数据管理范式在面对大数据时代的挑战时变得漏洞百出。虽然我们也正在对传统的数据管理范式修修补补，然而问题依然存在，是时候考虑迎接一场数据管理领域的革命了。

5.2　数据管理的范式转变

5.2.1　库恩范式与格雷范式

范式是一个非常重要的概念。1962 年库恩在《科学革命的结构》一书提出范式（规范）的概念，图灵奖得主格雷也提出过科学范式。两者有着不同的含义，然而很多人却没有区分清楚，或者虽然认为有区别，却还是没有最终区分开来，仍然混为一谈，放在一起使用。为了探讨大数据研究的新范式，必须对两者进行区分，本节首先阐述两者范式的含义，然后进行区分，并进一步指出两者是完全不同的概念。

如前所述，库恩认为"范式"是从事某一科学的科学家群体所共同遵从的世界观和行为方式。库恩指出了人类社会的物质活动和精神活动是一个无限发展的续进过程，是在量变引起的质变中，不断实现一种新的理论对旧有理论的突破，从而引发理论的不断创新、更替和发展。有了一种范式（规范），才会有范式（规范）所容许的那种更深奥的研究，这是任何一个科学部门达到成熟的标志 [8]。范式的变革不可能是知识的直线积累，而是一种创新和飞跃，一种科学体系的革命。

自《科学革命的结构》出版以来，学术界对于库恩的范式理论一直存在较多的争议，认为库恩的"范式"概念含糊不清。在第二版中的后记中，库恩对自己的范式理论予以了进一步的明确说明，指出范式主要包括以下四个部分。

(1) 符号通式（symbolic generalizations）；

(2) 形上范式（metaphysical paradigms）；

(3) 价值；

(4) 范例（exemplars）。

库恩认为范式更替的本质是一种格式塔转换，尽管新范式可能会有越来越多的经验支持，但这仅仅是一种信念。总的来说，库恩的范式理论可以总结为两点。

(1) 不同的科学范式之间是不可通约的;

(2) 范式的更替是一种格式塔转换。

在库恩那里,不可通约性是与其科学革命概念密不可分的。革命前后的新旧理论或范式之间是有质的不同的,是不能完全还原的,也就是不可通约的。这种质变表现在社会学、心理学和语言学诸多方面,即科学共同体的世界观变化了,科学家个人在心理上发生了格式塔转换,科学术语的意义大为改观。不可通约性强调的正是科学发展中的质变,它是科学革命的鲜明标识,对逻辑经验论的归纳主义的静态的累积科学观做出了强有力的否定。

不可通约性强调了科学发展中的质变。当时库恩从数学中借用这个概念,是用来描述相继的科学理论之间的关系,为了说明科学革命的显著特征是新旧范式不可通约。库恩着重从科学共同体和科学心理学的角度阐发了自己的观点:从科学革命中涌现出的常规科学传统,不仅在逻辑上与以前的传统不相容,而且二者往往实际上也是不可通约的;范式的改变使科学家对世界的看法发生了格式塔转换(革命前科学家世界的鸭子在革命后变成了兔子),科学家在革命后知觉和视觉都发生了变化,他们面对的是一个不同的世界,这个新世界在各处与他们先前所居住的世界彼此不可通约。不可通约性强调科学发展中的质变和革命,但并不意味着科学发展的连续性的中断。

格雷是图灵奖得主,是数据库事务概念的鼻祖,也是一位航海运动爱好者。2007年 1 月 28 日,他驾驶帆船在茫茫大海中失联了。而就是 17 天前的 1 月 11 日,在加利福尼亚州召开的 NRC-CSTB (National Research Council-Computer Science and Telecommunications Board) 大会上,他发表了留给世人的最后一次演讲"科学方法的革命"。该演讲中格雷基于数据密集型计算,提出了四种范式的概念 [73]。

(1) 经验科学:发生在几千年前,其形式是经验主义,描述自然现象。

(2) 理论科学:发生在几百年前,其形式是模型化和普遍化。

(3) 计算科学:发生在前大数据时期,其形式是复杂现象的模拟。

(4) 数据探索性科学:发生在当下,其形式是数据密集型、统计性探索和数据采集。

Microsoft 为了纪念格雷,专门出版了一本关于第四范式的论文合集 [74],详细阐述格雷的演讲 [75],并就相关内容进行了研讨。

显然,大数据为科学寻求新的方法上提供了某种可能性,因为数据能为自身辩护,同时数据驱动的科学影响了现存的科学方法。当然,数据驱动科学的哲学基础有待建立,新范式的理论框架有待建构。

科学从经验科学到理论科学再到计算机科学,现在发展到数据密集型科学。有相当多的人认为,这些是范式的转换。科学范式也相应地从经验范式发展到理论范式然后到计算机模拟范式再到第四范式。然而,这样的看法是有问题的,有人已经认识到这一点：若说是转换，转换的也是我们自己 [76]。另外，格雷的范式与库恩的范式并非相同，前者是在较为广泛的意义上使用的 [77]。

人们往往将格雷的范式与库恩的范式混淆，即使有人认识到两者的区别，也没有将两者完全区分开，还混在一起进行讨论。本书认为虽然两者使用相同的名称，但两者是完全不同的概念。

(1) 格雷范式实质是科学研究的方法。库恩范式是科学研究的世界观、前提、认识结构等综合因素构成体。

(2) 格雷范式不具有前后替换（转换）的意义，即后面的范式不能完全替代前面的，只是科研手段、方法更为丰富而已。库恩范式更替是一种格式塔的转化，发生了质变。

(3) 格雷范式说的是通用意义上的科学研究方法的发展。而库恩范式讨论的是具体学科在科研发展中范式的转变。

(4) 将格雷范式与库恩范式（规范）混淆在一起，既不符合库恩对于其范式（规范）的阐述，也不符合格雷的本意。有很多人认为大数据时代的来临可被视为第四次科学范式转换的契机。但这样的认识是有问题的。在格雷的报告中，也并未谈及"范式转换"，相反格雷认为是"理论科学分支""计算科学分支"，而今天的数据科学是实验、理论、模拟的整合 [73]。格雷的讲稿 [73] 中也根本就没有提及库恩范式，看不出与库恩范式的关联。

本书后面要探讨的是大数据研究本身的范式，也就是库恩意义上的范式（规范）。其为大数据应用环境、外界的一些变化，使得应用的前提发生变化导致一系列变化的综合体，这是库恩意义上的范式。至于大数据作为更为丰富的科研方法手段，对于一般意义上科研的意义，也就是格雷所说的范式，不在本书讨论的范围之内。后面章节中除非特殊说明，所指的范式是库恩意义上的范式（规范）。

5.2.2　数据管理新范式——系统科学范式

系统主义哲学告诉我们，本原、宇宙、自然和人类，一切都在一个统一运转的系统之中。系统主义哲学的基本思想方法，就是把所研究和处理的对象，当作一个系统，分析系统的结构和功能，研究系统、要素、环境三者的相互关系和变动的规律性。系统思想源远流长，但作为一门科学的系统论，人们公认是理论生物学家贝塔朗菲创立的，他在 1968 年出版了专著《一般系统论：基础、发展和应用》[9]。

系统可以定义为相互作用着的若干要素的复合体 [9]。对于要素的复合体，贝塔朗菲进一步指出有三种不同的区分方式：按照要素的数目来区分，按要素的种类来区分，按照要素的关系来区分。在前两种情况下，复合体可理解为各个孤立元素的总和，这样的特征称为累加性特征。而后者，不但要知道各个要素，还要知道它们之间的关系，这一类称为组合性特征。贝塔朗菲认为只有第三种才是系统，才可能揭示事物所具有的整体性存在的性质，因此"整体大于部分之和"才成了系统论的最高定律。

贝塔朗菲看到了先前诸多科学社会历史实践，忽视人的主体价值的缺陷，考虑到了僵化单一的科学可能导致的后果，而提出了许多修改，这体现了贝塔朗菲的科学统一观的独特性和深刻性。贝塔朗菲的一般系统论，始终贯穿着一个思想，就是把人类的价值放在技术、商业、政治价值之上，强调个人尊严及其人是最终目的[78]。他的著述中强烈地表现出对人类本质的理解，对当代科学技术的反思，对价值判断的思索及对人类未来的关注。系统科学反映了人类思维科学和认知方法论的无限性、多层次性、综合性特征及在信息研究中的成就。系统理论的价值不止在于技术"有效性"，还有"人文性"。一般系统论拥有一套完整的价值体系，涉猎人类精神的各个领域，反对人类的机械化，试图为人类失去的支柱提供希望[78]。

贝塔朗菲把一般系统论看作逻辑和数学性质的学科，是科学思维的新"范式"；现代科学思维正由机械的"范式"转变为一般系统论的"范式"[9]。被阐述为一般系统论并应用于人类经验的这一范式构成了一个被称作系统哲学的研究领域[10]。

系统科学是科学中的科学，系统主义哲学是哲学中的哲学。系统主义哲学有五大规律与八大原理[12]，其中，五大基本规律可概括为：①结构功能相关律；②信息反馈律；③竞争协同律；④涨落有序律；⑤优化演化律。系统主义哲学揭示的八大原理可概括为：①整体性原理；②层次性原理；③开放性原理；④目的性原理；⑤突变性原理；⑥稳定性原理；⑦自组织性原理；⑧相似性原理。

系统科学方法论对信息科学的研究主要是应用了系统的开放原则、系统与信息环境的适应性原则、系统的协变性原则、系统的内部涨落原则、开放系统由无序走向有序原则、系统的整体原则等，将信息视作一个巨大组织的整体，即系统。

作为具体学科性的系统科学方法论，它不同于传统分科研究的单独、隔离研究方式，是在具体学科与其他相近学科的交叉联系中开辟和发展的全新的研究途径。注重将外部世界和人类思维的一般运动规律紧密地联系起来，注重将人类的思想和语言转化和建立起数字模型，将人脑思维的"灵魂"以极度的精确性输入到计算机中去。

"系统科学范式"这一范畴日益得到系统科学界重视，走向系统范式是科学发展的必然趋势[79]。系统科学的研究正在深入，系统科学范式的研究正在展开，科学界正在发生着从经典科学或传统科学向系统科学范式的转换[80]。钱学森指出，系统科学的出现是一场科学革命[81]。系统科学的理论与方法在诸多学科中得到了广泛运用，尤其在生物学、经济学、管理学、教育学、地学等学科中运用更为普遍，系统科学作为一种新范式，其影响日益扩大。可以说，系统科学突破了经典科学理论科学的地位，使之向综合科学的方向演化，从而也使得科学的地位逐步超越认识客观世界的目标，向包括认识对象世界和解决世界问题的方向转化 [82]。

近年来信息产业得以如此迅猛的发展，与系统科学是分不开的。可以给系统科学思维形式下这样的结论：信息化时代是数字时代，数字已经和必然成为现实与未来的思想及语言形式，与之相对应的思维科学和方法论形式与内容，只能是系统科学思维和方法论。

信息不仅是物质世界存在的表征，而且是精神世界存在的表征，更是物质世界与精神世界相互联系的中介。人造科技世界包括数据世界和技术世界，它们都是认识世界知识信息输出的结果，因此也具有系统性 [83]。数据世界是一个人类社会可以共享的典型编码知识信息库，它是认识世界中隐性知识信息的输出，但通过在客观世界中的交流、积累和分析处理，使它从整体上更能反映人类社会对客观世界本质属性的正确认识，形成可为人类社会共享和不断完善的科学知识体系，因此更具有系统性；技术世界包括人类进行生产所使用的一切工具和设备，是人类知识信息的物化，技术世界的属性直接表现为人类社会改造客观世界的生产力，生产力是与人类认识客观世界的知识水平密切对应的，是各种相关技术综合形成的能力，因此，技术世界也具有系统的整体性。

系统科学是一门具有极强方法论性质的学科，因此，在经典科学方法面临困境的诸多领域，系统科学方法正在日益成为重要的补充，乃至逐渐占据主体地位。总体上讲，系统科学方法是以系统科学理论为基础构建起来的、处理各种类型系统问题的方法的集合。在某个学科中，一个好的系统科学范式的"范例"，对于相关学科利用系统科学的理论和方法具有重要指导价值，反过来也能促进系统科学范式自身的发展和完善。数据系统，与已有的物理世界、成熟的社会架构不一样，其作为一个人工系统是可塑的，是可以根据人类的认识构建的系统。主动应用系统科学的理论，一方面可以少走弯路，成功应用系统科学范式解决系统管理中诸多问题，另一方面也为其他学科应用系统科学范式做一个示范，对于发展系统科学具有重要的意义。

刘珺将系统科学方法论对信息科学的研究分为三个层 [84]。系统科学方法论对信息科学的研究主要是应用了系统的开放原则、系统与信息环境的适应性原则、系统的协变性原则、系统的内部涨落原则、开放系统由无序走向有序原则、系统的整体原则等。探索了信息系统与子系统的概念、模式、原则、规律；探讨了信息系统的整体性、组织性、综合性、结构性、层次有序性、动态性、相关性及目的性问题。

叶立国指出从经典科学范式到系统科学范式，范式转换视域下方法论的四大变革。方法论目标：从获取知识转向解决问题；方法论基本原则：从还原论转向超越还原论。关注对象：从客体优位转向实践优位；科学性判别标准：从定量转向定性与定量统一 [85]。

科学在理论界发生的转变将直接带来方法方面的重大变革，促使科学方法实现革命性的发展，从而为科学研究打开新的大门。系统科学方法是对经典科学方法的超越，是在包容原科学方法的基础上的发展。在科学史上，理论发展到一定程度必然受到方法的制约，每一次方法论的重大突破都必将带来科学史上新的革命，那么，我们有充足的理由相信，随着系统科学方法在大数据领域的应用，必然引起大数据本身研究与应用的发展。而大数据本身的发展，由于为科学研究提供新的思路，还必将引起整个社会新一轮的科学大发展，从而开拓更为广阔的科学发展前景。

5.2.3　开放的复杂巨系统

客观世界存在着各种各样的具体系统，为了研究上的方便，按照不同的原则可将系统划分为各种不同的类型。钱学森根据系统的复杂性的层次，提出系统的一种新的分类 [13, 86]。根据组成系统的子系统和子系统的种类多少以及它们之间关联关系的复杂程度，可以把系统分为简单系统和巨系统两大类。简单系统指组成系统的子系统数目比较少，子系统种类也少，而且它们的关系又比较单纯。例如，某些非生命系统。若子系统的数量相对较多，如一个工厂，以至于计算机集成制造系统（Computer Integrated Manufacturing Systems, CIMS），可称为大系统。不管是小系统还是大系统，研究这类简单系统，都可以从子系统相互的作用出发，直接综合成整个系统的运动功能，这种直接综合方法来处理简单系统，没有实质困难，至多在处理大系统时需要借助于大型计算机或巨型计算机 [87]。

若系统的子系统数量非常庞大（成千上万等），则称作巨系统。若它们之间的关联关系又比较简单，就称作简单巨系统，如激光系统。常用的方法是将细节略去，用统计方法概括起来，取得成功，这就是普利高津与哈肯的自组织理论，分别称为耗散结构和协同学。在巨系统中，若子系统的种类繁多，并有层次结构，它们的关联关系又很复杂，这就是复杂巨系统。又由于这些系统和环境有物质、能量和信息的交换，所以称作开放的复杂巨系统。这些系统无论在结构、功能、行为和演化、进化方面都非常复杂，以至于今天还有大量的问题不清楚，需要进行探索。开放性指系统与外界有能量、信息或物质的交换。

复杂巨系统在时间、空间以及功能上都存在层次结构，有些层次清楚，有些不清楚，整个系统并非各子系统的简单线性叠加。这些特点，正是开放的复杂巨系统的复杂性所在。从系统科学的观点来看，凡现在不能用或不宜用还原论方法处理的问题，而要用或宜用新的科学方法处理的问题，都是复杂性问题，复杂巨系统就是这类问题 [15]。

开放的复杂巨系统目前还没有形成从微观到宏观的理论，没有从子系统相互作用出发，构筑出统计力学理论 [15]。把处理简单系统或简单巨系统的方法用来处理开放的复杂巨系统，就不会看到这些理论方法的局限性和应用范围，生搬硬套，结果适得其反。原因在于这些理论本身已经把复杂巨系统问题变成了简单巨系统或简单系统的问题了。

开放的复杂巨系统研究需要有新的方法论,一方面要吸收已有的方法论的长处,同时也要有新的发展。钱学森于 1989 年提出了研究开放的复杂巨系统的方法论,这就是从定性到定量综合集成方法(metasynthesis,简称综合集成方法)[88]。1992年,钱学森又提出"从定性到定量综合集成研讨厅体系"思想 [13, 14]。这里提出的定性与定量相结合的综合集成方法,是研究处理开放的复杂巨系统的当前唯一可行的方法 [13, 14]。开放的复杂系统目前还没有相应的完整理论,但有了上述方法论,我们就可以逐步建立起开放的复杂巨系统理论。钱学森指出,要建立开放的复杂巨系统理论,必须从一个具体的开放复杂巨系统入手,只有这样,这些研究成果多了,才能从中提炼出一般的开放的复杂巨系统理论 [15]。对于大数据系统来说,这是信息社会发展的过程中必须要建设的,也是非常紧迫的。

大数据系统作为一个人工系统,人类需要也必须借助于系统的基本理论来构建。同时,也不可能都是定量的构建方法,因为很多的问题还没有搞清楚,还不能预见所有的困难,因此也就需要用人类的智慧自觉地应用定性的方法指导大数据系统的建设。大数据系统的构建与研究为复杂巨系统的机理研究提供了一个良好的契机,是理论与实际相结合的要求。大数据的"大"隐喻了:超出行业组织,甚至行政区域组织的数据获取、存储与处理范畴 [89]。这要求我们在进行数据系统的建设时,要站在社会共享的高度建设自己企业的数据系统。同时,社会上的信息系统需要在一个统一的系统构建模型之下,才能便于将全社会的数据系统融合、数据共享,同时保证企业对自身数据的控制权力。

不同专业的学者也都对大数据进行了很多哲学方面的思考。大数据是云计算技术的根本,是由各种终端设备及其数据、服务所构成的分布式数据系统构成的巨大的、复杂的网络系统,同时大数据系统是典型的分布式系统,是由各自治信息环境、自治通信节点组成的复杂性开放式系统 [89]。虽然受限于计算机学科本身,该文 [89] 没有明确指明大数据系统是开放的复杂巨系统,但开放的复杂巨系统关键的术语都已提及。国际系统与控制科学院院士顾基发明确提出要注意大数据中的系统性与复杂性。他说从系统科学角度看,我们更要注意大数据后面隐藏着系统性的问题,否则把一个大问题用还原论的思想去分解成很多子问题,由于丢失了整体性和系统性而使问题不能真正得到全面的解决,并提及钱学森开放复杂巨系统 [90]。

大数据系统的复杂性,超出了自治信息系统的基本理论与技术方法,是一个复杂的网络数据世界,既具有复杂系统的无序自组织和混沌特征,又具有局部数据的有序组织和确定性特征;其核心是数据、数据结构及其对客观物理世界的逻辑描述与显现。在大数据系统的构建过程中,不但需要理解系统的一般原理、规律,更为重要的是自觉应用系统原理、复杂巨系统的方法论来构建。

5.2.4　数据管理的再认识

大数据需要面向全生命周期处理的系统架构的突破，需要应用系统科学的思想，特别是其中的开放复杂巨系统思想认识并解决这些问题。以 Hadoop 为代表的大数据处理系统将数据不同阶段的处理看成孤立的任务，只关注数据处理的片面特性。这种本质上还是以自身大数据分析为中心的计算模式，没有从数据的全局上考虑问题，没有将自身的大数据分析纳入大数据管理中的一个环节，无法适应大数据时代的挑战。或者说当今社会的大数据环境还未能形成一个良好的数据生态环境，很多的数据还处于失控的状态。正如德国物理学家普朗克所说："科学是内在的整体，它被分解为单独的整体不是取决于事物本身，而是取决于人类认识能力的局限性。实际上存在着从物理到化学，通过生物学和人类学到社会学的连续的链条，这是任何一处都不能被打断的链条。"这反映科学知识的整体性、连续性和统一性。

一个数据系统是一个实际应用系统在机器世界的映像。也就是说，数据系统体现的是实际系统的状态，是以数据形式表达的系统的状态。数据的变化，体现的是实际系统的变化，如企业的管理信息系统。任何一个数据系统，像通常所说的系统一样，要由与之存在实质联系而又不属于该系统的一切对象的总体所构成。系统既有内环境，又有外环境；既有合作环境，又有竞争环境。系统与环境是相互影响、相互依赖的，系统与环境之间要进行能量交换。对于本书所采用的 MHM 而言，一个数据系统，它有自己要管理的数据，有自己的系统边界，也有赖以生存的环境，特别是外环境。其中，被参照的数据就构成该数据系统的邻域，它也要与外部的系统交换能量，当环境中的数据信息发生变化的时候，这些更新也要传播到该数据系统中，从而影响该系统的演化。另外，系统的数据可能也是其他数据系统的环境，这样这些数据更新的时候，其也要传播到其他的数据系统，作为这些数据系统的环境而起作用。

数据系统的构建要以现实系统的管理需求为依据。一个海量数据系统，由于存储量、计算量的需求远高于现有设备，往往也要构建在若干台计算机之上。这时，这些计算机可以存放在地理上分布的位置，当然也可以是集中在一个数据中心之内。对于后者，更像是并行系统，而非分布式系统。差别在于这些节点之上可以没有直接访问的局部应用，每个节点上的数据系统存在的意义完全是为了整个系统而服务的。事实上，每个节点上的数据系统也可以根据业务的性质，对业务进行区分，人为地构建出本地的应用，如基于主要的查询路径对数据进行分割，切割出相对独立的数据模块，仍然按系统的观点来进行组织各个数据系统之间的关系。基于互联网的数据服务，如电子商务一类对于数据管理有很大需求的系统，表面上看是一个系统。实际上，它的数据可以根据销售的产品种类、地域、用户地理位置等条件进行分割，构建含有若干子系统的系统。另外，一类海量数据存储系统，本身就是由地理上若干的数据子系统构成，每个子系统天然地有本地的应用。在这样的系统构建中，主要考虑的问题是如何将各个子系统纳入到一个统一的系统中。

　　构成数据系统的数据，可以从系统的观点来理解。数据的产生都是源于某个系统的，当然该系统对于数据的创建、更新、查询以及其他的使用有着完全的控制权限，而不依赖于其他的系统，在权限许可的范围内得到数据，从而进行该数据的任何形式的使用。对于数据的这种理解方式有以下几点好处：第一，将数据的权属问题，与维护数据一致性的问题分开。由于数据只是属于某个（子）系统的，这是数据的权属。该（子）系统只需考虑系统内部数据的一致性问题，而不需要在数据更新的同时考虑系统外部的其他拷贝、副本与该数据的一致性问题。每个数据系统是在其现有的系统状态，以及给定的数据环境，乃至邻域的情况下演化的。第二，其实在上一点中也有所提及，就是数据系统的安全。数据属于特定的数据（子）系统，这是一种很自然的考虑。数据的私有性质是一种基本的属性，之后才能够谈得到共享数据。没有数据的私有性质，就无从谈起数据的共享问题。在传统的分布式数据系统中，往往没有体现这一点，数据的安全方面的访问控制，往往是作为独立的系统或者模块来实现的。实际上，一些安全相关的信息就体现在数据的关系之中，数据的参照关系就是一种非常有用的，可以利用的语义关系，来体现和实现数据的安全方面的控制。另外组织结构等信息，也是数据本身的，不应该与普通的数据分开，不应认为是完全不同类型的数据。

　　数据系统间数据的传播体现的是系统与环境的关系。不同的数据系统间要通过各自的环境，主要是各自系统的邻域来获得数据的更新。一方面是控制这些数据的系统将变化的数据推送，或者发布到环境中去，供其他的系统使用。另一方面是需要这些数据的系统，主动地从外部环境中获取最新的数据，从而使得本系统的数据计算准确，达到相应的要求。数据的传播是需要时间的。在自然系统中，正如我们所知道的那样，速度是有极限的。各种自然现象传播，系统间的相互作用都是需要时间的，也就是有延迟的。在人工的系统中，如通信网、互联网也是有速度极限的，各种信息的传播也都是有时间延迟的。虽然，在这些系统中，我们可以实现同步的传输，可这是以增加延迟时间为代价的。也就是说，数据的传播过程中不同步、数据不一致性是自然界、人类社会，乃至人工系统的常态，这是我们构建系统的一个基本出发点。一个系统获得外部环境的数据来源可以直接获得，也可以间接获得；可以从一个系统获得，也可以从多个系统同时获得；可以从一个系统获得全部，也可以从各个系统分别获得一部分，最后将各个部分结合起来。这些变化，体现了数据传播的多样性。由于数据在不同系统之间的传播，形成了各个系统之间的关系。若一个系统将自己生成的数据、邻域的数据作为另外一个系统的邻域的数据，这样的关系为父子关系。第一个系统为父系统，第二个系统为子系统，其为第一个系统所包含。一个数据系统中，除了邻域数据外，可能还存在其他的外环境的数据。这些数据是为了满足该系统的一些需要有选择地存在的，在实际的系统实现中，要根据网络带宽、本地存储空间大小、访问的频率、查询等实际情况，设定数据系统的外环境数据。这些数据在权限允许的情况下，来源于其他的系统，可以具有包含关系，或互不相关。

数据系统以及子系统具有很强的独立性，都具有系统的特征。在传统的分布式数据库系统中，以及现在的各类数据系统的构建中，我们关注比较多的是可用性、性能、透明性等指标。这些指标可以通过将数据复制到多个站点上来提高，这时，就存在这些副本数据的一致性问题。为了实现一致性，可能要将这些数据的更新作为一个事务来实现。可若这些事务包含的节点暂时不可用，整个的事务又不能提交，那么就降低了系统的可用性。一个独立的系统，其数据的可用性应该由该系统本身进行管理与负责，并且也是可以建立在可靠的存储之上的，保证数据是可用的。反之，可能会破坏系统间的这种相互独立的本质，混淆系统的界限，使得复杂巨系统的构建困难。

数据系统的扩展性、稳定性反映的是数据间的关系。数据之间存在着各种各样的关系，在进行数据分布，构建数据子系统时必须要考虑这样的关系。海量数据库系统进行扩缩要解决的一个重要问题是数据的去耦，也就是要将数据分割开，尽量将数据作为一个独立的单元，做到块内紧密结合，块间松散联系。云计算为大数据管理提供了基础的平台，各个数据子系统都可运行在云服务器之上。随着数据规模的变化，计算热点的变化，系统之间常要进行分裂、合并。当数据量变大、计算能力不足的时候也可以分裂出一个或多个新的子系统，将相应的计算、存储任务交给其他的服务器来实现。另外，不同的数据子系统可以通过虚拟机临时共用一个物理服务器，也可以合并成一个子系统，从而达到整合。

5.3　数据管理技术的调整与变更

如前所述，数据管理面临一场科学革命，即一场范式的转变。本节进一步从技术的角度论述正在发生的范式转变。首先从数据管理所基于的世界假设谈起，论证封闭式世界假设已经不适于大数据时代的数据管理，提出相适应的本地封闭式世界假设。接着，数据从集中式环境向分布式、多系统环境的进化过程中，传统的强一致性已经很难得到保证，取而代之的是数据的最终一致性，同时介绍 CAP 理论与 BASE 概念。再有，基于可串行化理论的事务管理在大数据时代的数据管理中同样面临挑战、难以适用。

5.3.1　本地封闭世界假设

我们知道，传统的数据库是基于封闭式世界假设的。封闭式世界假设（Closed World Assumption，CWA）[91, 92] 假定对于世界的知识不但是正确的，而且还是完备的，认为不能被证明为真的所有命题都是假的。在集中式数据系统中，CWA 是适用的，但在大规模数据分布式系统中，CWA 会遇到问题。为此，本书引入了本地封闭式世界假设（Local Closed-World Assumption，LCW）。与本地封闭式世界假设相适应，不但可将整个海量数据管理系统视为一个系统，同样将构成该系统的每个节点都认为是一个系统，而不是一个仅用来调用的模块。这样，每个大规模分布式数据系统是一个由若干子系统组成的复杂巨系统 [93]。这些子系统之间的数据有着一定的组织关系以及控制关系。下面阐述本地封闭式世界假设在大规模分布式系统中的合理性，并应用复杂巨系统观点来理解大规模分布式数据系统。

在分布式环境中，由于管理原因或在系统非常庞大等情况下，一个站点不能完全访问、控制其他站点的数据，这时 CWA 遇到一些问题。一方面，一个分布式系统由若干个地理上分散的节点组成，要想让这些站点同时正常工作，并且网络不出现任何故障是不现实的。例如，权威部门对数据的操作不希望被下属部门的操作不断阻止。也就是说，下属站点可以读这些数据，但不能禁止这些数据的修改，即在读取数据时不能对这些数据项加排它锁。因此，完全了解、控制整个数据库状态是非常困难的，即使实现了，也大大降低了系统的可用性。分布式数据库系统越来越大，越来越开放，确定系统的边界也越来越难。另一方面，在一定范围内，封闭世界假设仍然成立。例如，在当前站点的本地数据库中，仍然与封闭式数据库假设一样，完全控制本地数据库中的部分数据。

这样，在大规模的分布式数据库中，如果假设整个数据库世界是完全封闭的，那么会带来实现上的难题，大大降低了系统的可用性。反之，与 CWA 对应的是开放世界假设，也就是说对于世界的知识是不完备的。在这种假设下，对于普遍量化的目标，哪怕是一个简单的目标，如"查看所有在目录/root 下的文件"都不能实现，因为不能够保证对于所有的相关文件都是能知道的，这由于对于外部世界的知识是不完备的。

文献 [94] 介绍了本地封闭式世界假设，文献 [95] 介绍了数据源的本地世界假设。与封闭式世界假设不同，其不是假设每个节点对于整个的数据中其他节点的数据都是事先知道的，当前站点不断地感知或者影响着该节点的外部世界。这样每个节点中关于外部世界的数据虽然不是完备的，但却是正确的。本书基于本地封闭式世界假设，将每个站点上的数据分成两类，分别是控制数据（Controlled Data Set，CDS）和引用数据（Referenced Data Set，RDS）。控制数据只能由该站点进行更新，是该站点完全掌控的信息，其他站点若需更新该控制数据，必须通过该站点的服务器；引用数据只能由该站点查询使用，由其他站点控制，在这些站点更新后通过复制技术传播到本站点。也就是将数据信息看作一个组织的资源，引用数据是从外界环境获取的，该组织不能更新，也不能控制其何时变化。而控制数据是由该组织产生的，由该组织完全掌控，而且可以提供给其他站点作为引用数据。在这样的站点上，对于控制数据仍然是基于封闭式世界假设，尽可能提高了系统的准确性。而对于引用数据，只能读取，是半封闭的，是基于本地封闭式世界假设的。一个数据库服务器就如同一个智能体，有一部分完全能够掌控的信息即控制数据，也有一部分关于外界的不完全但是正确的知识即引用数据。图 5.1 就是这样数据系统的一个例子。

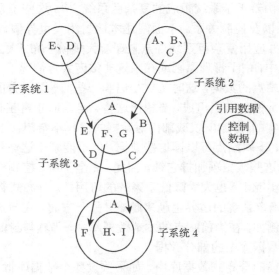

图 5.1　数据系统示例

　　在后面的章节，我们进一步延伸这种假设，以复杂巨系统的观点，理解并组织分布式数据系统。

5.3.2　数据的最终一致性

　　在理想的环境下，数据只有一个副本，只要数据发生变化，其他的观察者都能立即看到这样的更新，这样的数据是具有强一致性的。早期的数据库系统中，都是基于这种一致性进行构建的。在分布式数据库系统中，目的也是在于提供这种一致性，不同的是系统中可以存在数据的多个副本。传统的关系数据库系统主要关注在确保副本数据的强一致性的问题上。在集中的数据库中，数据一般只有一个版本，一致性问题并不突出，在有少量节点的分布式数据库系统中，有的采用同步的事务复制的技术来解决，也有的采用异步的方式来解决这样的问题。数据复制技术已被广泛地用来保证性能以及很高的可用性。尽管其接近这些目标，但还不能很好地以一种透明的方式来使用，在特殊的情况下，用户必须要面对使用这些副本的后果。

强一致性给应用程序提供一个方便的编程模型，但这些系统在扩展性和可用性上是很受限的，是不能处理网络分割的。在大规模系统中，要实现事务的一致性非常困难。因此，一些大规模的存储系统避免使用全局事务，或者只使用单个站点的事务，不再支持跨站点的事务，从而提高系统的可用性。在大规模的分布式存储系统中，为了提高查询的效率，以及增加系统的可用性，往往将数据复制到很多的站点上。这些系统往往是在全球规模，这样的规模也形成了额外的挑战，当系统要处理的请求达到数以万亿计的规模时，即使是非常小的软硬件、网络以及其他类型的故障累积起来都是很惊人的。当要对数据进行更新的时候，所有的副本不一定都是可用的，这样有的数据副本不能得到及时的更新，甚至还会导致当前更新任务的失败。

数据的一致性是一个范围，而不是一个非此即彼的概念。在分布式系统领域，人们定义了各种数据一致性。数据的一致性可以分为客户端的一致性与服务器端的一致性 [96]。前者是从开发者/客户的角度看数据的更新情况。后者是从服务器的角度：数据的更新是如何传播的，系统对这些更新进行了哪些保证。关于数据一致性的综述还可参见文献 [97]。

客户端的一致性要解决的是如何观察到数据存储系统中数据的更新。客户端的数据的一致性可以大致分为两类：强一致性与弱一致性 [96]。强一致性，是更新完成后，后面的客户端看到的都是更新后的数据。弱一致性是系统不保证后续的访问返回的是更新后的值。要想得到这样的值，需要一系列的条件。从更新到系统保证能够给任何观察者提供更新后的值的这段时间称为不一致性窗口。

最终一致性是弱一致性的一种具体形式。该一致性要求在没有更新发生的情况下，最终，存储系统能够对所有的访问返回最新的值。如果没有故障发生，最大的不一致性窗口由通信延迟、系统的负载情况以及复制方案中副本的情况来决定。一个用得较广的实现最终一致性的系统是域名系统（Domain Name System，DNS）。对于域名的更新根据配置的模式进行分布并且与时间控制的缓存结合起来，最后所有的客户端都会看到该更新。

对于最终的一致性，文献 [96] 指出有些可变因素需要考虑。

(1) 因果一致性：只有存在因果关系的写操作才要求所有使用者以相同的次序看到，对于无因果关系的写入则并行进行，无次序保证。

(2) 读所写一致性：意思是进程更新了数据以后，在以后的操作中，应该始终看到的是这个更新后的值。易于得出结论，这是因果一致性模型的特殊情况。

(3) 会话一致性：这是读所写模型的实际应用版本，进程是在会话的上下文中对数据进行访问的。只要会话还在活动，系统都保证读所写一致性。如果该会话由于故障终结，新创建的会话保证与这个会话不重叠。

(4) 单调读一致性：如果一个进程看到了一个对象的特定的一个值，后面的访问不会获得比这个值更为古老的值。

(5) 单调写一致性：系统保证由一个进程串行化写。若不保证这个级别的一致性，众所周知，很难编程。上述的属性可以有一些组合。例如，单调读一致性可以和会话级的一致性结合起来。从实用的观点来看，两个属性（即单调读、读所写）最后在最终的一致性里保留的，尽管不总是需要。这两个属性使得开发人员易于构建应用程序，同时允许存储系统放松一致性来提供高可用性。

服务器端的一致性。在服务器一侧，需要先了解更新是如何在系统中传递的。先定义几个参数：$N=$ 存储数据副本的站点数；$W=$ 在更新完成前，确定的收到更新的节点数；$R=$ 在对数据对象读操作时，要联系的副本数目。

若 $W + R > N$，则写的集合与读的集合会交叉，这可以保证强一致性。例如，在主版本–备份的同步复制的关系数据库场景中，$N = 2$，$W = 2$，$R = 1$。不管从哪个版本读，都能够保证一致性。在异步的备份场景中，且备份可读的情形下，$N = 2$，$W = 1$，$R = 1$。这时，不能保证一致性。

Yahoo 的 PNUTS 系统采用的最终一致性叫作时序一致性（timeline consistency）[98]，所有的副本都要经过更新的时序，并且更新的次序与对于数据库本身修改的次序是等价的。

5.3.3 CAP 与 BASE

很早的数据库复制工作就发现，当考虑处理网络故障时，强一致性与高数据可用性是不能同时达到的 [99]。网络技术、网络应用的快速发展，数据量的快速增长，给分布式数据库的研究带来了许多新的挑战。其中一个重要的挑战是，在 Google、Yahoo、eBay、Amazon 等网络公司的大规模的数据存储系统和云数据库中，传统的 ACID（Atomicity，Consistency，Isolation，Durability）事务一致性模型很难实现。

Eric Brewer 在 2000 年 PODC（Principles of Distributed Computing）会议的主题发言中提出了 CAP 理论。更为形式化的阐述由 Gilbert 与 Lynch 在 2002 年给出 [100]。在共享数据系统中，三个属性，即一致性（data consistency）、可用性（availability）、容忍网络分割（partition tolerance）在系统实现上只可同时满足二点，没法三者兼顾，所以架构设计师不要把精力浪费在如何设计能满足三者的完美分布式系统，而是应该进行取舍，选取最适合应用需求的其中两个属性。例如，MySQL Cluster 设计前显然不知道有 CAP 理论这样的经验，所以 MySQL Cluster 表面看来尽管可提供所有分布式特性，但实际大部分场合都无法提供稳定可靠的服务。如果系统强调一致性，那么开发人员必须要处理系统不可用的可能，如不能完成写操作。如果写操作由于系统的不可用而失败，那么开发人员必须解决如何处理要写数据的问题。如果系统强调可用性，它可以接受写操作，然而在特定的条件下，读操作返回可能不是最新写的数据。那么，开发人员必须决定客户是否总是需要访问绝对最新的数据。有许多的应用程序，特别是大规模分布式系统的应用程序，允许处理有点过期的数据。

然而，针对 CAP，也有很多不同的声音。Eric Brewer 也对 CAP 进行了修正 [101]。首先，由于分区很少发生，那么在系统不存在分区的情况下没什么理由牺牲 C 或 A。其次，C 与 A 之间的取舍可以在同一系统内以非常细小的粒度反复发生，而每一次的决策可能因为具体的操作，乃至因为牵涉到特定的数据或用户而有所不同。最后，这三种性质都可以在程度上衡量，并不是非黑即白、非有即无的。

在很多的大规模分布式数据存储系统中使用的是 BASE（Basically Available Soft-state Eventual Consistency）[102, 103]，即基本可用、软状态、最终数据一致性。ACID 事务往往被限定在一个数据库之中，构建大规模分布式数据存储系统的实践表明，提供 ACID 保证的数据存储，基本上是很差的可用性 [102]。工业界以及学术界都认识到这一点。但是，使用 BASE 来实现系统的时候，对于应用程序的要求较高，程序员必须小心设计。另外，在一些系统中，某些操作拆分成若干个阶段不一定是最好的解决方案，还是需要有全局的分布式事务。这对于习惯于使用传统事务的数据库用户而言，是不方便的。再有，大规模分布式数据库中，没有一个通用的、一致性程度可选择的、灵活的 BASE 模型。

本书认为，在上文介绍的一致性是数据的一致性，与作为事务 ACID 特征之一的事务一致性是两个不同层次上的不同概念。数据一致性是同一数据不同副本之间如何保持一致的概念，而事务一致性是不同的数据如何在事务前后，通过事务的操作保持一致性关系。两者也具有联系：数据的一致性是事务一致性的基础，数据的一致性决定了事务的一致性，为事务一致性提供支持，并限制事务的一致性。在 ACID 中，一致性是指事务开始和结束时，数据库都要处于一个一致的状态，这是事务的语义上的要求。保证事务的一致性是应用程序员的责任，通过定义事务来使得数据库从一个一致状态变化到另一个一致状态。数据库管理系统提供的完整性约束机制来帮助应用程序员实现事务的一致性。

5.3.4 事务

1. 可串行化的局限性

可串行化一直被认为是数据库系统中并发控制事务调度的正确性标准。因为每个事务将数据库从一个状态变为另一个状态，而且事务的串行执行认为是正确的。如果这些事务的交叉执行等价于一个顺序执行序列，那么说这个事务的交叉执行序列也是正确的。这些事务执行的调度序列也被定义为可串行化调度。人们一般认为一组事务的并发执行必须是可以串行化的，这样的调度序列才是正确的。

在数据库系统中，有两个版本的可串行化得到广泛的使用。一个是冲突等价可串行化 [104]。冲突指的是在同一个数据项上的两个操作中，至少有一个是写操作。通过交换不同事务的非冲突的相邻的操作，如果一个事务执行的调度序列可以冲突等价到一个顺序执行的调度序列，这个并发执行的调度序列被认为是可串行化的，是正确的。文献 [104] 证明了一个事务调度序列 S 是可以串行化的，当且仅当根据 S 构造的有向图 D（S）是无环的。许多基于并发控制的研究工作基于文献 [105]，文献 [106] 是一个扩展。

另外一个版本的可串行化是视图等价的可串行化 [105]，它比冲突可串行化更为包容 [105, 107]。然而，除非著名的 P=NP? 难题有肯定的答案 [107]，从理论的观点期待有效的调度器基于视图可串行化是不可能的。另外，视图可串行化并不具备前缀提交封闭（prefix commit-closed）属性，而这是描述事务以及系统故障必须具有的。然而，视图等价在用于多版本系统的并发控制算法时是很有用的。

我们知道，事务的一致性是由数据库管理系统的并发控制机制保证的，而可串行化调度一直被认为是并发控制的准则。也就是说，如果并发控制机制生成的事务操作的调度序列冲突等价或者视图等价为一个串行调度序列，则说该调度是冲突可串行化的，是正确的。然而在实际的应用中，可串行化理论却遇到一些问题，如下所示。

(1) 串行化并非唯一的并发控制的标准。正如文献 [107] 第一章所述，对于控制很多的计算机程序的并发执行，可串行化并非一个合适的目标。串行化只是调度器性能与关于事务的句法信息，数据以及执行操作的语义信息，或者完整性约束信息的折中中的一点 [108]。有人提出了基于树形结构的并发操作的正确性标准 [109, 110]。更进一步，并发控制是多用户系统中的一般问题，大多数的正确标准并非可串行化。例如，通信程序的收发双方可能根本不结束，更不是可串行化了。

(2) 不可能事先定好一个调度序列交给系统来执行。调度往往是操作系统根据系统的负荷情况、各进程或线程的优先级以及执行情况等诸多因素推进的，而非事先约定好交由系统执行；另外，由于事务的随机到达和结束的特性，不可能固定事务次序供系统调度。实际中使用的办法是要求 DBMS 按照一定的协议调度事务，以保证其执行可串行化。

(3) 一个实际的事务调度序列很可能不是可串行化的。例如，在 $W_{i(x)}, R_{j(x)}, R_{j(y)}, W_{j(y)}, W_{i(z)}, C_j, W_{i(z)}, A_i$ 调度序列中，T_j 读了 T_i 写的数据 x，并且 T_j 首先提交，然后 T_i 撤销。实际的数据库系统中，是可以通过设置较低的隔离性级别允许这样的操作的。但显然该事务调度序列并不是一个冲突可串行化的，由于这里有一个提交的事务读了脏数据。如果说含有冲突的调度序列是“错误”的，那么该事务执行的调度序列就是错误的。若这样的调度序列里含有更多的事务，则得出所有的事务执行都是“错误”的结论。该例子表明，尽管这样的事务调度序列在实际中允许，它却不是冲突可串行化的。又如，一个统计的程序可能只需要一个比较精准的结果就能满足要求，从而选择隔离性较低的"read uncommitted"。

在数据库并发控制中，人们发现了多种的并发操作可能引起的异常，包括读"脏数据"[106]、不可重复读[106]、幻象[106]、丢失更新[106, 111]、"脏写"[111]、读偏斜（read skew）、写偏斜（write skew）。对于每个事务，这些异常是通过选择合适的隔离性级别来避免的，数据库应用的实际中，人们也是这样做的。文献 [112] 给出了各种快照隔离性级别。

尽管可串行性被认为是并发控制的标准，实际的系统经常运行在较低的隔离性级别下。例如，Microsoft SQL Server 2000 中，缺省的隔离性级别是 read committed；Oracle 缺省的隔离性级别也是 read committed，而且其最高的隔离性级别 serialiazble 也并非真正意义上的串行化；DB2 的缺省的隔离性级别是 cursor stability。这导致实际中生成的调度序列不可能是可串行化的调度。也就是说，串行化理论与事务调度现实之间存在一个差距。

(4) 在大规模的分布式系统中，实现可串行化调度变得更加困难，甚至不可能。在传统的单机数据库中，数据只有一个拷贝，数据一致性的问题很容易解决；只有一个调度器，便于集中地对所有事务进行并发访问控制，生成可串行化调度。然而在大规模分布式系统中，作为事务一致性前提与基础的数据一致性，在这些系统中得到保证都是一件困难的事情，而基于这样数据一致性来保证事务的一致性就更加困难了。而且，冲突可串行化本质上要求系统有一个中心的调度器或者一种机制，保证所有参与的事务都能够在系统全局上是可串行化的调度。这在技术实现上，以及性能的保证上，都是困难的。

(5) 可串行化的检查是复杂而又耗时的。Papadimitriou 已证明，即使一个事务调度序列 h 中没有夭折的事务，测试 h 是否为可串行化的是一个 NP 完全问题 [113]。这意味着，没有有效的调度器能够输出所有的可串行化调度序列。在分布式数据库中，保持串行化的代价是很大的。在分布式环境中，数据分布在多个服务器之上，为了获得最为有效的数据，事务需要跨越很多的服务器，可这会由于网络的延迟或者站点的临时不可用，降低性能。

总之，虽然理论上可串行化是当前数据库管理系统中并发控制的正确性标准，可在实际中生成的调度序列并非一定满足可串行化，即使能够实现，也在性能等方面做出很大的牺牲。之所以存在这样的矛盾，本书认为有以下几点原因。

(1) 可串行化理论，试图从宏观的角度解决微观上的问题。判断一个事务是否正确得到执行可以是微观的，局部的。而要判断整个的调度序列是否可串行化，这属于宏观上的全局性的问题。事务调度序列的可串行化是从事务的全局视角进行定义的。要对某个事务当前的操作发出允许、拒绝、终止、提交或者延迟等操作，事务的一段调度序列都需要进行检查。在大规模的环境下，用宏观上全局的可串行化理论显然实现起来代价很高, 这既是困难的也没有必要。从单个事务的角度, 解决正确性的问题, 则更为重要。

(2) 没有很好地区分并发控制调度器的正确性以及事务的正确性。在可串行性理论中, 两者都认为是可串行化调度。本书认为, 如果调度器能够在所处的服务器上, 保证每个事务提出的隔离性要求, 从而消除对应的并发操作引起的不一致性, 就认为该调度器是正确的。语法上只要是能得到执行, 达到其预期的效果, 就是正确的。事务的语义上以及语法上的不一致性是不同的, 数据库管理系统中的并发控制调度器本身只能控制语法上的正确性。例如, 在一个转账的事务程序中从 A 账户转出 1000 元, 却只向 B 账户转入 800 元。如果, 该事务得到执行, 结果满足预期。我们说, 该事务的语法上是正确的。而该事务语义上是错误的, 其语义上的正确性, 是程序员的责任。区分了事务的语义上的正确性以及语法上的正确性, 可以进一步明确, 只要 DBMS 的事务调度器按照事务要求执行了该事务, 产生的事务执行就可以认为是正确的。

(3) 可串行化理论的并发控制不但考虑了其他事务对于当前事务的影响, 还考虑了当前事务对于其他事务的影响, 这种双向的考虑使得问题变得复杂, 也不是必要的。我们知道, 事务之间的相互影响, 导致一些异常情况的出现, 这是由于在相同的数据项上, 进行了一些冲突的访问。本书认为只需考虑单方面的影响, 即当前的事务 A 执行时, 只需考虑别的事务 (如 B) 对于 A 的影响即可。而 A 对于 B 的影响, 留到事务 B 中考虑即可。事务间的影响实际上在 SQL-92[106] 中已经体现出来, 就是当前的事务在各种设定的隔离性级别下能够读取到什么样的数据。例如, 对于 read committed 隔离性级别, 能够读取到没有提交的 "脏数据", 也可以读到其他事务已经提交后的数据。在 SQL-92 中, 各种隔离性级别也都是限定读操作, 也就是控制其他事务对于当前事务影响的程度。

"丢失修改"[106, 111] 与 "脏写"[111] 就是从两个方向进行定义的例子。本书认为 "丢失修改" 没有必要定义。"丢失修改" 与 "脏写" 实质上是一个问题的两个方面, 尽管两者有着不同的定义[111]。给定两个事务, T_i 与 T_j, T_i 是否生成异常 "丢失修改" 数据项 x 取决于另外一个事务 T_j 是否对 x 发出 "脏写"。如果所有其他的事务都不 "脏写" 事务 T_i, T_i 也就不会 "丢失修改"。另外, 不考虑并发控制机制的限制, 若一个其他的事务 T_j 故意的 "脏写" 已经被 T_i 修改的数据项 x, T_i 自己也不能保证没有 "丢失修改"。例如, 尽管 T_j 已经在数据项 x 上拥有了排它锁, 可是 T_j 若不申请锁, 直接更新就会导致这种情况的出现。总之, 当前事务能控制是否脏写其他的事务, 而非阻止其他事务对它做 "丢失修改" 的更新。在 SQL-92 兼容的 DBMS 中, 如 Microsoft SQL Server, "丢失修改" 与 "脏写" 是通过在对任何数据项写操作时都发出排它锁来实现的。

当前事务对于其他事务的影响是通过对数据的写操作体现出来的。在 SQL-92

中，不论事务处于何种隔离性级别，它对于数据的修改都是加上排他锁的。其他的事务根据其设定的隔离性级别，读到该数据时选择读取"脏数据"或者等待等操作。从这里也可以看出当前事务对于其他事务的影响是当前的事务所不能掌控的，当然也是不需要当前事务中考虑的。例如，当前的事务 A 修改了某个数据项（如某账户余额）后，还没有提交，另外一个事务 B 要使用该数据（读取或修改该数据），这时事务 B 设定的不同的隔离性级别限制了 B 的不同的操作，而这些操作与事务 A 无关。这个例子也说明，双向考虑事务间的影响使问题变复杂，而且是不必要的。综上，事务间的相互影响，只考虑其他事务对于当前事务的影响就足够了。也使得不同事务间的关系可以分割开，便于从单个事务的角度定义事务以及并发控制的正确性。

综上，在大规模分布式系统中，无论是理论上还是实际应用中，可串行化理论都不能满足。应当从单个事务的角度而非事务调度序列角度定义并发控制的正确性。若系统的并发控制或者说事务调度器，能够保证每个语法正确事务在其选定的隔离性级别下得到相应的执行，就说该并发控制机制或者说事务调度器是正确的。当然也可以说，对于并发运行的多个事务而言，生成的调度序列是正确的调度，因为其中的每个事务都得到了满足。

2. 异常与隔离性级别

在事务处理领域中，人们发现了许多并发操作异常或者现象，同时定义了多种隔离性级别。最初，文献 [114] 定义了四种隔离性级别，分别为 0、1、2 与 3 级。其中，隔离性级别 3 在该文中与串行化是一致的。ANSI SQL-92[106] 明确地定义了三种并发现象，脏读（dirty read）P1，不可重复读（non-repeatable read）P2，以及幻象（phantom）P3。另一个现象丢失修改（lost update）也隐含地使用了 [106]。因此，一个 SQL 事务可以有相应的隔离性级别，分别为非提交可读（read uncommitted），提交可读（read committed），可重复读（repeatable read），或者可串行化（serializable）。其中，丢失修改不能出现在任何隔离性级别的事务中，而其他的异常现象可允许出现在一定的隔离性级别中。

文献 [111] 对现象与异常进行了细致的区分。每个现象如何导致相应的异常，对其他的现象，如脏写以及丢失修改也进行了探究。随后，该文献又定义了其他类型的隔离性级别：快照隔离（snapshot isolation）以及游标稳定（cursor stability）。快照隔离现在获得了大量的研究 [112,115-119]。

在文献 [120] 中，定义了一组新的通用的隔离性级别：PL_1、PL_2、PL_2.99、PL_3。该文献引入混合的串行化图（mixed serialization graph），包含了提交事务对应的节点以及与事务的级别或者强制依赖对应的边。对于混合的调度序列，混合正确性得到了定义。

Fekete[115] 证明了一个简单的基于图的算法，来为每个程序确定最弱的可以接受的隔离性级别来充分利用并发性。非可串行化的应用可以在快照隔离性级别下执行时，他提出了两种方法来实现基于快照隔离性级别的可串行化 [116]。这样，在快照隔离性级别下，非可串行化的应用的程序逻辑可以修改成为可串行化的。在文献 [119] 中，数据库管理系统的并发控制算法修改为在运行时能够阻止任何程序的快照隔离异常，从而提供可串行化的隔离性。强会话快照隔离性级别（strong session snapshot isolation level）[117] 目的在于阻止每个本地并发控制保证强快照隔离性的系统中，事务反转。类似地，通用的快照隔离（Generalized Snapshot Isolation, GSI）[112] 扩展了传统的快照隔离，允许观察到数据库老的快照，使运行在 GSI 的事务产生串行化调度序列的条件，可以参见文献 [112]。

3. 一致性的实现

正如前面的章节所提及的，在大规模分布式系统中，实现 ACID 是非常困难的，为了实现事务，往往要降低系统的可用性。另外，在实际的大规模分布式系统中，都没有采用全局的分布式事务，有的也只是采用在单个的站点上支持事务。为了解决多个站点上的协同操作，一个逻辑上完整的操作被精心地设计成多个阶段，使之在不能继续推进这个逻辑操作时，系统可以进行自动地或者人工辅助地修正。

eBay[121] 系统中，完全没有采用分布式事务的处理，没有两阶段提交，通过状态机以及对操作的精心排序来实现最小的不一致性，通过异步事件或者批量的和解来实现最终的一致性。

Yahoo 的 PNUTS[98] 是一个大规模并行和地理上分布的数据库系统，用于 Web 应用。PNUTS 提供了一个处于串行化与最终一致性两者之间的一致性模型 —— 每记录时间线一致性（per-record timeline consistency）：给定的记录的所有副本以同样的次序应用该记录的更新。每个副本目前只有记录的一个版本。采用 Yahoo 的一个发布、订阅系统（Yahoo! Message Broker）来作为重做日志以及复制机制的实现。

Google 的 BigTable[25, 26] 是一个用于管理结构化数据的分布式存储系统。在系统的级别上，BigTable 可以被看作一个分布的、非关系数据库；BigTable 是建立在 Google 文件系统（Google File System, GFS）之上的，并且由 GFS 通过同步的数据复制来更新在三个不同的服务器上的三个副本。

Amazon 为自己的平台所设计和实现的高可用、可扩展的分布式数据存储是 Dynamo[27]。Dynamo 中的更新是采用惰性传播的方式传播到其他的副本的，使用 Gossip 协议来完成的，使得多数的副本能够相对较快地得到更新，导致最终一致，即所有的数据副本最终会匹配。但是在更新传播的过程中，副本可以是不一致的。在特殊的情况下，副本可能会到达一个最终 "无效" 的状态 [122]。

5.4　系统科学范式下的数据组织与控制

5.4.1　数据的组织结构与数据模型

　　数据的发展过程中，人们对于数据之间的组织结构进行了大量的研究。在大数据环境中，数据之间的结构尤为重要。数据之间的关系不是一团散沙，而是数据所对应的信息语义关系的反映。同时数据的一致性、事务、访问控制等方面都是围绕着数据的语义展开的，是数据语义关系的自然延伸。因为正是这些数据具有特定的语义关系，才可能在应用中需要共同考虑。对于数据的系统管理来说，不断深入发掘数据语义的共同方面，形成通用的系统管理方法，简化应用的实现，才可以使系统更稳定、易于演化、通用性更强。虽然数据的语义关系很丰富，不能穷举，但是系统管理中主要的数据语义关系可以固化，形成数据的模式结构，以数据语法的形式表达出来，如关系模型的参照关系。在对系统管理的时候，可以充分利用这些语义关系。

　　数据结构包含数据的逻辑结构与数据的物理结构两个方面，数据结构是数据存在的形式。物理上的数据结构反映成分数据在计算机内部的存储安排，而逻辑上的数据结构反映成分数据之间的逻辑关系。数据的逻辑结构可分为线性结构与非线性结构。线性结构包括线性表、栈、队列、串，而非线性结构包括树、图。

　　数据结构是数据模型的重要方面，往往决定着数据模型。关系模型的数据结构主要是二维表及其参照关系构成图，关系模式结构构成的图叫模式图，关系数据构成的图叫作数据图。数据图是在模式图的基础上生成的，两者具有一定的构成关系，本书将在后面的章节中进一步讨论。层次模型基于树，网状模型基于图。key-value 数据库的数据结构只有两列 key-value 构成的 Hash 表结构。

　　数据结构决定了数据模型的表达能力。关系模型、网状模型对于数据可以有多重的列的定义，数据之间的一对多、多对多、多对一的关系也都能很好地表达，所以具有非常好的表达能力。而层次模型只适合表达一对多、多对一的关系，对于多对多的关系表达不能很自然。而 key-value 数据库对于数据本身、数据之间的关系表达都不是很好，要求程序员必须通过应用程序才能解析出相关的内容。面向对象的数据库由于将数据都内建在对象之中，数据的属性、之间的关联关系的表达完全依赖于对象本身，其表达能力不稳定，受程序员的影响较大。若程序员的认识水平高，模型的表达能力就好；若程序员的经验不足，模型的表达能力可能就弱。

　　下面目标是选择一种适于数据分布的数据结构。一方面，其数据结构不能太简单。不能像 key-value 存储那样，基本谈不上什么结构，造成表达能力有限。另一方面，数据模型不能太复杂。太复杂的数据模型，不直观，难以符合管理上的简单性要求。这样，线性结构由于太简单，被排除；而图由于太复杂，很多情况下，也不直观，所以也被排除；剩下的就是树这种逻辑结构。树型结构具有良好的表达能力与应用基础。现实中的很多的管理也都是依赖于树的。

我们常用的树，指的是单根结构的树型结构。单根树尚不能很好地概括描述客观世界所需的数据结构[16]。单根树的一个弱点是，它不能很好地表示真正的家族关系。如果用一个节点代表一个人的话，谁都知道无论是男人还是女人，他（她）都不能单独地生育后代，因此用单根树来描述血缘关系（父系、母系）就很不够了。陈永棋[16]、Furnas 与 Zacks[17] 先后推广树的定义，使之既能适应各种复杂的实际情况，又能保持树的基本特性。

5.4.2 多根树

由于传统的单根树不能自然地表达多对多的关系，一个更为自然的数型结构定义为 multitree 或者 multi-roots tree。陈永棋[16] 定义其为多根树（multi-roots tree）。

定义 5.1 在一个有向无环图（Directed Acyclic Graph，DAG）G 中，若任意两个节点间，没有超过一条路径，G 叫作多根树（multi-roots tree）。入度为零的节点命名为根，而出度为零的节点命名为叶子节点。

图 5.2 是关于多根树的例子，其中 (a)(b)(c) 为多根树，而 (d)(e) 非多根树。(a) 是传统意义上的单根树，是多根树的特殊情况。(b) 是不连通的多根树。(c) 是一般意义上的多根树。(d) 因含有菱形，不是多根树。(e) 中含有回路，不是多根树。需要说明的是，图中箭头的方向是从父节点指向儿子节点的，而在后面的数

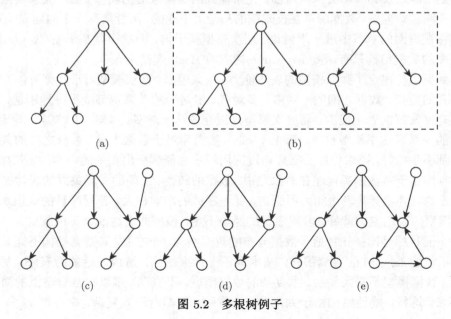

图 5.2 多根树例子

据库中应用多根树时，遵从数据库中的习惯，箭头的方向相反，从儿子节点指向父节点。

在文献 [17] 中，该数据结构通过下面的命题定义为 multitree。

命题 5.1　下面的属性是等价的。

(1) 该 DAG 可以通过在已经存在（或新增加）的不相连完全子树上增加新的树型来构建。

(2) 任何节点及其子孙形成一棵树。

(3) 该 DAG 是不含有菱形（diamond）的。

(4) 任何一个节点与其所有祖先形成一棵倒置的树。

任何满足这些条件的 DAG 叫作多根树 (multitree)。

文献 [17] 对多根树的一些限制也进行了讨论，认为不含有菱形的这一约束可以放宽，从而使得多根树应用的范围更广些。

虽然形式不同，事实上，两者的定义是一致的。在定义 5.1 中，若两个节点间存在两个不同的路径，就是出现了菱形 [17]。命题 5.1 属性 (c) 表明，菱形是不能在 multitree 中的，也就是在 multitree 中两个节点间最多有一个有向路径。这样 multitree 的定义与 multi-roots tree 的定义是相同的。

在计算机科学中，多根树已经得到了隐含的或者是明确的应用。例如，C++ 允许多根继承，Java 允许多接口实现。多根树在存储 [123]、检索 [124]、译码 [125]，以及可视化 [126] 等方面都得到研究与实现。

5.4.3　基于多根树的数据组织

树型结构的好处是非常明显的。子孙节点依赖于父节点，正如枝叶长在树干上一样。折掉一枝，相连的枝叶也一同被折掉取走了。在多根树结构中，由于是多根，进行拆分时要比单根树复杂些，但拆分方法也比数据图中的拆分容易很多。另外，单根树是多根树的特例，对于单根的情况处理起来会非常顺利。再者，多根树中根与根的地位、重要程度以及处理方法会有差异，有些根很深、很粗壮；有些根很浅、很弱，这时进行操作时往往只需关注主要的根即可，这也使得基于多根树的操作容易实现。而对于图数据来说，节点之间的连接不宜看出强弱、粗壮与否等重要性的差别，对于实际的应用来说，缺乏指导的意义。

如前文所述，数据分布是基于数据语义的分布。数据之间的相互引用关系是一类非常重要的语义，体现的是概念之间的一种关系。这种关系既是稳定的，也是非常重要的，如隶属关系、包含关系、支配关系、血缘关系等。另外，数据之间的引用（参照）关系，也是一种语法关系，引用必须满足类型、定义上的兼容。因为参照关系如此重要，本书从参照关系出发定义数据分布模型，以相关联的数据构成数据多根树。既然多根树是一种很自然的数据组织形式，本书采用多根树作为数据的基本组织形式，以多根树组织起来的数据聚簇作为数据分布各种操作的基本单位。

以数据多根树为单位进行数据分布是同时综合多种因素的结果，好处也是多方面的。首先，在传统的分布式数据库系统中，采用关系片段作为数据分布的基本单位，每个片段只来源于一个关系。多根树中可以包含多个相关的关系。这样的结果是数据分布的粒度更大（体现在多个关系的数据一同分布，而非单一关系的数据分布），可以期待数据分布、管理的复杂性更低。另外，语义上相关的数据，也就是将来要进行连接的数据都一起分布了，数据连接不用跨站点执行了，数据的查询效率得以提高。再有，一个企业的管理范围反映到数据上，就是一棵数据多根树，一个下属企业也能映射到该企业多根树上分出的一棵子树上来，这与企业的管理模式相匹配，可以期待易于企业的管理。还有，使用多根树作为数据分布模型也符合开放式系统的基本观点。在一棵数据多根树上，不同的数据所处的作用可以是不一样的。有些数据是属于对应的系统有全权管理的，可以增、删、改、查的，而有些，进入该系统则完全是引用的数据。这些数据在对应的数据多根树中，会出现在不同的位置。这实质上是将数据划分为两部分，一部分是系统内数据，而另一部分是来自于环境的数据，当然也会有处于边界上的数据，这与一般系统论中的要求相符合。再有，基于数据多根树组织管理数据，也易于解决数据冲突的问题。每条元组反映的是现实中的一个概念，可同样的一个概念在不同的系统中可能会是不同的元组。若数据都组织成数据多根树，判断元组的重复与否，就变得容易多了。因为，其树根能辅助这种判断。这样，会利于解决现实中许多的数据不一致性的问题。图5.3 是一个数据多根树的例子，该图反映的是关系模式之间的关系，后面的讨论将要用到这个例子。

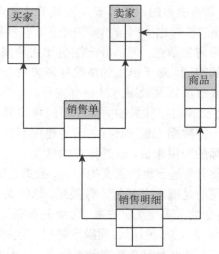

图 5.3　买家卖家模式图

5.4.4　基于多根树的数据控制

每个系统都有自己的边界，所以数据多根树反映的系统也要具有自己的边界，通过边界的划分可以将数据分为来自于环境的外围数据以及系统自身所能掌控的数据。这个边界也是反映数据多根树与现实系统对应的一个着力点，是在对数据多根树进行分布式管理方面控制的一个着力点。通过该边界，可以操作整棵多根树，边界内的数据被完全控制，而边界外的数据由于需要引用也要被适当地提取、使用。鉴于其在控制整个数据多根树中的重要性，本书将系统边界称为控制节点，意为是用于对整棵数据多根树进行控制、操作时的作用点。

在数据多根树中，除了控制节点外，共有四种类型的数据：控制节点、被控制节点、控制节点的祖先节点以及被控制节点的祖先节点。通过几个控制节点可以控制整个关系元组的簇。所有的数据又可被分为被控数据以及参照数据，对应于上述的系统内数据以及环境数据。在图 5.3 中，可以选择“买家”或“卖家”作为控制关系，这样在其对应的数据多根树中，具体的“买家”或“卖家”就会成为数据控制节点。以图 5.4(a) 为例，“买家”作为控制节点，其下属的节点“销售单”“销售明细”就被其所控制，称为被控制数据。控制节点与被控制数据共同构成“控制数据”，而其他的在椭圆之外的数据，是被这些控制数据所参照的，构成引用数据，是为控制数据参照之用的。需要说明，为了讨论方便，本章没有严格区分模式多根树与数据多根树，在后面的章节中会详细介绍并区分。

粗略地说，控制节点、被控制节点的祖先节点是控制节点所控制数据的参照数据，使连接可以在本地执行。服务器可以更新、删除、插入属于该簇的被控制节点。控制节点在一定程度上也能够在本地服务器上更新。然而当前的服务器不能直接在本地更新控制节点的祖先节点，以及被控节点的祖先节点。由于这些节点的存在只是为了控制节点的引用或者更新方便而存在的。

如果需要更新非控制节点，其他的服务器必须参与进来。其实，这种更新是不符合系统的一般需求的，也很少发生。例如，一个企业参照一般公民的信息，包括身份证号、住址等信息。作为一般的企业是无权修改这样的信息的，只能由有管辖权的部门修改后，复制到该企业，供其使用。在允许该企业发起更新的情况下，对于这些非控制节点的更新请求可以沿着服务器多根树，向上传播到控制这些数据的服务器。在这个服务器更新后，然后更新向下复制，最初的服务器就可以被更新了。同时，其他节点上的同一数据也会得到更新。最坏的情形是更新的请求到达一个根服务器。注意，在服务器多根树中，可以有多个根服务器，但对于任何一个数据项，一般只有一个服务器完全控制它。

这样基于数据多根树的数据组织结构可以简化数据的分布并且本地化数据库。数据的分布变成选择一棵数据多根树子树，并从总的多根树上截取出来。数据之间的关系，体现在数据多根树中的关系，而数据多根树之间的关系又对应企业之间的各种多根层次管理关系。数据之间的关系也就自然地由企业之间的关系派生出来，数据之间的管理模式就是企业之间管理模式的自然反映，这些在后面的章节中会进一步分析。同时，这种数据分布具有很好的本地化应用特性。例如，当服务器间网络连接失效时，本地的应用仍然可以查询足够的引用数据，可以更新、删除或者插入控制数据。当然，全局的应用，因为需要其他的服务器合作，在网络恢复前是不能成功的。后面的章节就是围绕着如何进行数据的组织与控制展开的。

　　控制节点可以是单一的一个元组数据，也可以是多个元组数据的集合，也可以是施加在关系上的一个条件，也就是满足该条件的所有元组作为控制节点集。在多根树的操作中，本书会有详细的说明。对于数据的控制方式来说，可以有些变化。在具体的数据分布中，可以根据系统数据的特点、复杂程度进行取舍。

1. 单根控制

　　这是最简单的情形。所有的数据都被单独的一个根节点所控制，其他节点上的数据都是它的副本。这样被控数据进行更新时不需要考虑对其他节点上的同步更新。图 5.4 就是使用单根进行控制的例子。

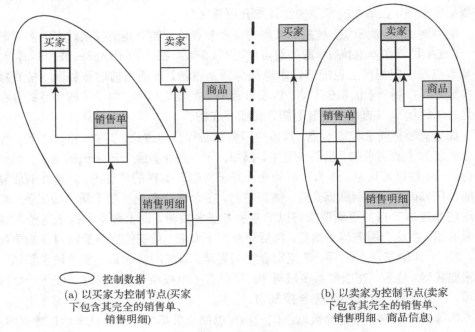

(a) 以买家为控制节点(买家
下包含其完全的销售单、
销售明细)

(b) 以卖家为控制节点(卖家
下包含其完全的销售单、
销售明细、商品信息)

图 5.4　单根控制

2. 多根独立控制

举个例子，买家、卖家、销售单三个表的数据库，买家与卖家都有对销售单控制的需求。在这样的数据多根树中，以买家为基础的控制节点（根据买家的地域、买家类型进行划分）提取的销售单数据多根树中，卖家若没有自己对应的数据多根树，就仍然是单根控制。若考虑卖家管理数据的方便，需要对自己的订单经常性地分析统计，也需要有自己对应的数据多根树，这样也可以抽取出销售单对应的数据多根树，对其进行控制。可是，这样的结果是买家、卖家都可能对于同一销售单数据进行修改，该数据不在一个站点之上，就会导致冲突。这就回到传统的分布式数据库中的事务控制。这种控制方式中，买家卖家所处同等的地位。可以保留实现多根独立控制的方法，但推荐采用后面的多根主辅控制方法来实现。图 5.5 就是进行多根独立控制的例子。

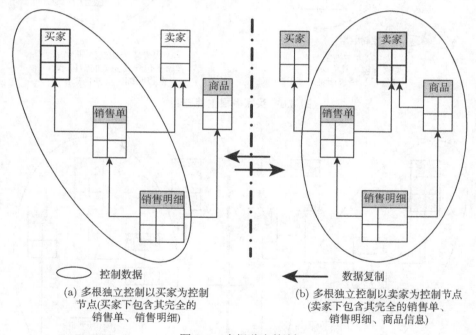

图 5.5 多根独立控制

(a) 多根独立控制以买家为控制
节点(买家下包含其完全的
销售单、销售明细)

(b) 多根独立控制以卖家为控制节点
(卖家下包含其完全的销售单、
销售明细、商品信息)

3. 多根主辅控制

与上面的例子相似，买家与卖家分别都有对应的数据多根树。不同的是，两者有主辅的关系。例如，卖家对应的销售单数据多根树是主树，而买家对应的销售单数据多根树是辅树。那么所有的更新将直接发生在前者的数据多根树上，然后再通过复制传播到后者的多根树上。可见，在这种方式中，买卖双方的地位略微有些不对等。差异可以通过外围的应用程序、流程和规定来弥补。这种控制方式也可以

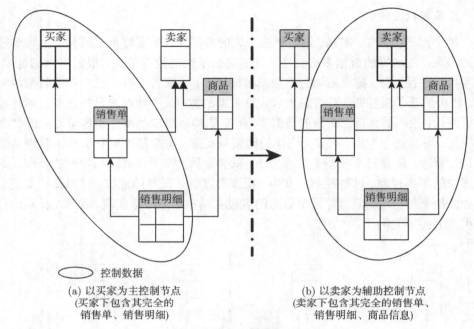

(a) 以买家为主控制节点
(买家下包含其完全的
销售单、销售明细)

(b) 以卖家为辅助控制节点
(卖家下包含其完全的销售单、
销售明细、商品信息)

图 5.6   买家多根主辅控制

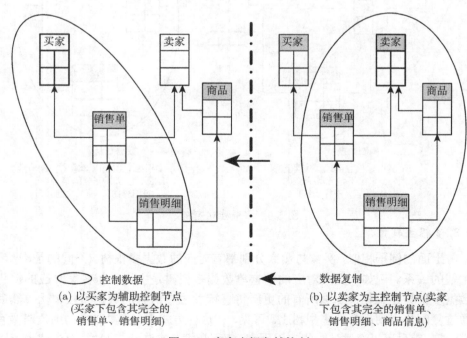

(a) 以买家为辅助控制节点
(买家下包含其完全的
销售单、销售明细)

(b) 以卖家为主控制节点(卖家
下包含其完全的销售单、
销售明细、商品信息)

图 5.7   卖家多根主辅控制

认为是单根控制下有副本存在的特殊情况。与单根控制不同之处在于，该控制方式存在数据的副本。具体的复制路径，是单根控制的节点更新后，更新沿着数据抽取的来源，向根节点所在的父节点复制，到达共同的根节点后，根据数据的抽取规则，下推复制到另外一棵数据多根树上。当然，也可以对复制的路径进行优化，使得直接复制到买家所在的数据多根树，由于在卖家所在的数据多根树中，已经保留有买家的基本信息作为引用，所以找到买家所在的数据多根树是很容易的。图 5.6 与图 5.7 分别是以买家、卖家为主节点控制的例子。

4. 联合并控制

仍以上面的买家、卖家、销售单为例。一些买家与一些卖家联合将所属的订单多根树合并进行控制，也就是只要是给定的买家**或者**是给定的卖家的订单，都要进行控制。

5. 联合交控制

仍以上面的买家、卖家、销售单为例。一些买家与一些卖家联合将所属的订单多根树合并进行控制，也就是只要是给定的买家**且**是给定的卖家订单，都要进行控制。

图 5.8 就是联合控制的例子，具体是并或者交取决于具体的定义。

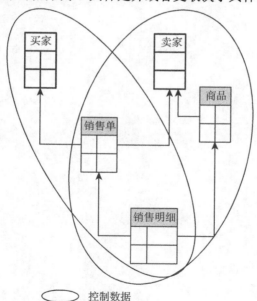

以买家与卖家为联合控制节点(买家下
包含其完全的销售单、销售明细；
卖家下包含销售单、销售明细)

图 5.8　联合控制

　　上述数据多根树的控制，不是非此即彼的关系，各种控制也可以进行组合。例如，在联合并控制的基础上也可以实现多根主辅控制。虽然理论上可以任意组合，但实际中，若对于数据多根树的控制过于复杂，可能会影响系统的效率。

第二篇　数据模型与数据分布模型

　　本部分首先从数据模型谈起，总结常用的数据模型，为提出数据分布模型做准备。接着回顾数据分布，在分析其面临的挑战基础上，总结数据分布在数据管理中的核心作用。最后提出了数据分布模型，并论述数据分布模型的必要性、可能性以及要综合考虑的因素。

第6章 大数据时代的数据模型

本章从现有的数据模型谈起，介绍大数据时代常见的一些数据模型。重点介绍实体关系（Entity Relationship, ER）模型及其表达能力：ER 模型对概念的直接表达，是其他一般数据模型的共同基础，这也为提出数据分布模型奠定基础。本章还讨论了数据模型的选择，选择不同的模型是人为主观上综合多种因素的结果，进而阐述数据分布模型的选择也有类似的考量。

6.1 常用的数据模型

不同类型的数据模型实质上是根据业务复杂程度以及数据之间的关联程度，在表达能力与简单性之间所做的折中。

6.1.1 层次模型

层次模型是一种较早使用的数据模型，它是基于树型结构的。树型结构在计算机科学与工程的很多个领域都得到了广泛的应用 [127]。如索引顺序访问方法（Indexed Sequential Access Method, ISAM）与 B+树，在传统的数据库领域得到广泛的应用。DNS 也是由一个层次分布的数据库所支持的。程序菜单、文件组织成目录以及认证链都是层次结构的。在数据模型领域，层次结构应用于 SDM、RT/M、EVENT、SHM+ [128] 中。在分布式数据库中，层次结构也应用于数据的复制[129, 130]以及并发控制 [131] 中。

树型层次数据模型 [132] 主要在记录级 [133, 134, 135] 上，应用于数据物理组织或者遍历方法。有两种方法实现层次结构中记录的连接 [132]。在父与子记录中，指针可以实现连接。物理连接可以减少指针占用的空间。这两种方法可以结合在一起来实现层次结构。

在文献 [132] 中总结了两种层次语言：树遍历（tree traverse）以及通用查询（general selection）。树遍历意味着用户明确地使用树型结构以特定的次序遍历数据库。通用查询没有明确地使用树型结构来检索记录，但用户还是需要知道这个层次结构的。

传统的基于单根树的层次模型有些限制。一方面，它本质上不提供多对多的关系 [132]。严格意义上，IMS 也不是层次结构的，因为它允许物理父节点与逻辑父节点 [133]。另一方面，该模型主要侧重于数据结构与数据访问路径这一物理实现层次上。事实上层次结构可以更为抽象，置于较高的数据管理层。这也是本书提出的数据分布模型的出发点。

6.1.2　网状模型

第一个网状数据库管理系统是美国通用电气公司 Bachman 等在 1964 年开发成功的 IDS（Integrated Data Store）。IDS 奠定了网状数据库的基础，并在当时得到了广泛的发行和应用。1971 年，美国数据系统语言委员会（Conference on Data System Languages，CODASYL）中的数据库任务组（DataBase Task Group，DBTG）提出了一个著名的 DBTG 报告，对网状数据模型和语言进行了定义，并在 1978 年和 1981 年又做了修改和补充。因此网状数据模型又称为 CODASYL 模型或 DBTG 模型。DBTG 系统可以描述复杂的数据结构，同时由于存取路径明确，因此存取数据的效率比较高。

在现实世界中，事物之间更多的联系是非层次的，用层次模型的树形表示非常不直接，网状模型 [136] 可以克服这一点。它是比层次模型更具普遍性的结构，去掉了层次模型的限制，允许多个节点没有双亲节点，也允许节点有多个双亲节点，此外还允许两个节点之间有多个联系。层次模型是网络模型的一个特例。但是，由于网状模型结构比较复杂，而且随着应用环境的扩大，数据结构就变得更加复杂，不利于最终用户掌握。再有，其数据定义语言和查询语言都比较复杂，不利于用户的使用。另外，记录之间联系是通过存取路径实现的，这样应用程序中，用户必须了解系统结构的细节才能访问数据。正如关系数据库之父 Codd 所说的"这些系统使用许多与系统的数据检索和数据处理任务不相干的概念，迫使程序员在一个不必要的低级结构细节上考虑问题和编码，从而加重了应用程序员的负担" [137]。

6.1.3　关系模型

网状数据库和层次数据库已经很好地解决了数据的集中和共享问题，但是仍有很大欠缺，特别是用户在对这两种数据库进行存取时，仍然需要明确数据的存储结构，指出存取路径，这给应用程序员带来很大的负担，也为系统的优化留下较小的空间。而后来出现的关系数据库较好地解决了这些问题。1970 年，IBM 的研究员 Codd 博士发表"大型共享数据银行的关系模型" [138] 一文以及陆续发表的多篇文章提出了关系模型的概念，奠定了关系数据库的基础。关系模型有严格的数学基础，而且简单清晰，便于理解和使用。但是当时也有人不看好关系数据库，更有人视其为当时正在进行中的网状数据库规范化工作的严重威胁。1974 年，美国计算机协会（Association for Computing Machinery，ACM）组织了一次研讨会，数据库界的这次历史性的大辩论分别在以 Codd 和 Bachman 为首的支持与反对关系数据库两派之间进行。最终市场选择了关系数据库，使其成为现代数据库产品的主流。关系数据模型提供了关系操作的特点和功能要求，但不对 DBMS 的语言给出具体的语法要求。对关系数据库的操作是高度非过程化的，用户不需要指出存取路径，访问路径由 DBMS 的优化机制来完成，程序员只需要写非常少的代码，这大大解放了应用程序员。Codd 以其对关系数据库的卓越贡献获得了 1981 年 ACM 图灵奖。

实际上，现在广泛使用的关系数据库的实例，在更抽象的层次上可以看作一个元组以及元组间通过外键引用连接构成的图。两种类型的图：模式图与数据子图得到了大量的应用，特别是在基于键值的搜索[139−142] 中。

文献 [143] 中，模式图定义为一个有向图，它使用数据库模式中主键到外键的关系。因此，边 $R_i \rightarrow R_j$ 表示的是主键到外键的关系。文献 [143] 假设有环以及并行的边出现在模式图中。在文献 [144] 中，不仅关系，属性也被当作模式图中的节点。因此，两种类型的边存在于这样的模式图中。一种是有向边，它从关系 R_i 指向 $R_j(i \neq j)$，另一种是在关系 R_i 与其一个属性 A_j 间的无向边。

一个数据库的实例与一个数据图对应，其中元组被看作节点，而这些元组间的关系被认为是边[145]。元组与属性值都被当作数据图中的节点，在相应的模式图中，关系与属性也是一样的[144]。文献 [144] 关注等值连接，不限制每个关系的连接数以及每个连接的类型。

6.1.4　半结构化数据模型与XML

存储在数据库中的数据是结构化数据，因为它是以严格的格式表示的。结构化数据和半结构化数据的关键区别在于模式结构（如属性、联系和实体类型的名称）是如何被处理的。在半结构化数据中，模式信息与数据值混合在一起，因为每个数据对象可能有不同的、预先无法知道的多个属性。于是，这种类型的数据有时被称为自描述数据。

近二十多年来，对于半结构化数据，各种基于 XML 的建议、标准，如 XMLSchema、XQuery 有了大量的研究。曾普遍认为 XML 将成为企业间数据交换的标准，各种系统与应用程序软件已经或者准备处理 XML。

XML 推荐标准 1.0 版发布于 1998 年 2 月，之后迅速在全球掀起了 XML 应用的浪潮。XML 是一种描述型的标记语言，与 HTML 同为 SGML（标准通用标记语言，ISO-8879 国际标准）的一种应用。由于 XML 在可扩展性、可移植性和结构性等方面的突出优点，它的应用范围突破了 HTML 所达到的范围。

XML 文件是数据的集合，它是自描述的、可交换的，能够以树型或图形结构描述数据。XML 提供了许多数据库所具备的工具：存储（XML 文档）、模式（DTD、XML Schema 等）、查询语言（XQuery、XPath、XQL、XML-QL、QUILT 等）、编程接口（SAX、DOM、JDOM）等。但 XML 并不能完全替代数据库技术。XML 缺少作为实用的数据库所应具备的特性：高效的存储、索引和数据修改机制；严格的数据安全控制；完整的事务和数据一致性控制；多用户访问机制；触发器、完善的并发控制等。因此，尽管在数据量小、用户少和性能要求不太高的环境下，可以将 XML 文档用作数据库，但却不适用于用户量大、数据集成度高以及性能要求高的作业环境。

而且，对于 XML 本身也有不同的声音。文献 [146] 的作者分析了该模型的两个基本点：后模式、复杂的面向网络的模型。后模式数据库被认为是利基市场的 [146]。并且 XML 是曾经提出的模型中最为复杂的数据模型。XMLSchema 描述的 XML 模型本身是基于树形结构的，正如 IMS 中一样。另外，XML 记录之间可以有指向其他记录的链接，这很像 CODASYL、GEM 以及 SDM。XML 的记录可以有基于集合的属性，像 SDM 中一样。XML 可以像 SDM 中那样从其他的记录继承。另外 XML 还存在一些别的数据模型都因为复杂而没有使用的类型联合，即一个属性值可以是好几种类型。显然这些使得 XML 模式远超已有的所有数据模型的复杂程度。这与"keep it simple, stupid"（KISS）理论相悖。而且 XML Schema、XQuery、以及纯 XML DBMSs 是否会流行很值得怀疑。

6.1.5　面向对象的数据模型

面向对象是一种程序设计方法学，把面向对象的方法和数据库技术结合起来，一方面是从面向程序设计语言的扩充着手，使之成为基于面向对象程序设计语言的数据库，另外一方面是在现有关系数据库中，加入许多纯面向对象的功能。面向对象数据模型适合处理各种数据类型，包括图片、声音、视频、文本、数字等。由于面向对象数据模型结合了面向对象程序设计与数据库技术，因此提供了一个集成的应用系统。由于面向对象的数据模型提供了继承、多态和动态绑定，程序员不用编写特定的代码就可以构成对象并提供解决方案，这样的特性提高了开发效率。支持导航式与关联式的数据访问方式。

但是面向对象的数据模型，没有严格的定义，没有严格的理论支持。面向对象数据模型的思想主要是控制流为主导，也就是通过对象的行为，指引数据的传递。例如，我们都知道对象间的关系有：聚合、组合、关联、继承。但这些不是理论，而是实践结果，不能从理论上推导出这些关系，也就无法实现出支持这些关系的对象数据库。面向对象的数据模型不但较为复杂，而且缺乏数学基础，使得权限管理、查询优化等系统管理难以通用化，也不具备 SQL 处理集合数据的强大能力，层层封装也要消耗很多计算性能。

面向对象的数据库与关系数据库相比，技术上还远远没有成熟。面向对象数据库与对象关系数据库的实际表现与期望相差甚远，与计算机里众多其他的概念一样，热了几年，然后就慢慢归于平淡。当年关系数据库盛行对象扩展时，Informix

收购了 Illustra，DB2 与 oracle 中都增加了对象扩展，实际效果都不理想。

基本上，对象数据库的问题，可以归约为缺少数据独立性，而数据独立性正是数据库管理数据方式的最为重要的优势。在对象数据库中业务逻辑以遍历路径的形式被嵌套于对象模式之中，然而当执行一些特殊查询时，现有的模式将限制这些访问。关系数据库以数据独立性著称，是由于特殊的查询以及部署后可以进行优化的特性。当我们存储信息的时候，不是为一个应用程序，而是为整个的企业存储数据。这样，数据的组织就应该以企业为考虑范围，而非停留在单个的应用程序范围。而对象数据库本质上是以一个个应用来组织数据的，我们更应以一种超越个别应用的视角组织、存储、管理数据。

6.2　典　型　应　用

本节简单回顾一些典型的具有时代特征的数据管理应用，作为对经典数据模型的补充。

6.2.1　数据仓库

在多维分析的商业智能解决方案中，根据事实表和维度表的关系，又可将常见的模型分为星型模型和雪花型模型。在设计逻辑型数据模型的时候，就应考虑数据是按照星型模型还是雪花型模型进行组织。当所有维表都直接连接到"事实表"上时，整个图解就像星星一样，故将该模型称为星型模型。

从查询性能角度来看，在 OLTP-DW 环节，由于雪花型要做多个表连接，性能会低于星型架构；但从 DW-OLAP 环节，由于雪花型架构更有利于度量值的聚合，因此性能要高于星型架构。从模型复杂度来看，星型架构更简单。从层次概念来看，雪花型架构更加贴近 OLTP 系统的结构，比较符合业务逻辑，层次比较清晰。从存储空间角度来看，雪花型架构具有关系数据模型的所有优点，不会产生冗余数据，而相比之下星型架构会产生数据冗余。根据经验，一般建议使用星型架构。因为我们在实际项目中，往往最关注的是查询性能问题，至于磁盘空间一般都不是问题。当然，在维度表数据量极大，需要节省存储空间的情况下，或者是业务逻辑比较复杂、必须要体现清晰的层次概念情况下，可以使用雪花型维度。

数据仓库中雪花模型或星型模型是通过将实时表与维表组织成雪花或星型的形状，因此实质上更为抽象，是聚合多个关系表的数据模型。本书中后面介绍的数据分布模型，也是在数据模型上面构建更抽象、更高层的一种模型，以满足数据管理的需求。

6.2.2　DNS 数据库

DNS 是一个分布式的数据库，这些数据库存放于分布在世界各地的DNS 服务器，它们组成了一棵树，目前在这棵树的顶端是 13 个根服务器（由 1 个主服务器和 12 个辅服务器组成）。这样的一个分布式树状结构的数据库实际上也代表了在整个 Internet 的名称空间上进行查询。DNS 是用于处理方便人类使用的主机名字和由计算机来处理的互联网络地址之间的映射，将人易于记忆的域名（domain name）与人不容易记忆的 IP 地址进行转换。DNS 的主要目标是对资源有一个一致的名字空间，为了避免不同编码带来的问题，DNS 的名字空间不能包括网络标记、地址、路由或其他信息作为名字的一部分。

　　DNS 有两个基本的要点，一是分层的基于域的命名方案，另一个是实现这一方案的分布式数据库系统。DNS 是遍布于全世界的一个分布式数据库。它主要负责控制整个数据库中的部分段，每一段中的数据通过客户/服务模式在整个网络上均可存取。DNS 的数据库结构，同 UNIX 文件系统（或 MS DOS 文件系统）的结构很相似，整个数据库（或文件系统）将根放在顶端，画出来就像一棵倒转的树。为便于管理，Internet 中的域名采用层次结构，并用域名空间来描述在域名空间中把名字定义到一棵倒置的树形结构中类似家谱树，树的每一级定义了域名层次的每一级。树状层次结构上的每一个节点都有一个域名，每一个域名都可通过该节点向上读到根节点，通常根节点的标号为空。DNS 要求每个节点其下的子节点应具有不同的标号。因此这种树状结构保证了域名的唯一性。

　　DNS 数据库之所以获得巨大的成功，主要是基于树型的层次结构设计，符合按层次组织的基本原则，符合人类的习惯思维。同时，DNS 数据库分布在各地，就近分布。而非将所有的数据分布在一个大的数据库中。虽然以目前的技术水平、硬件能力是完全可以将 DNS 数据库集中放置的。当前的分布式 DNS 无疑优于集中存放的方案。其具有以下优点：①DNS 查询响应时间短。系统可以尽快返回查询结果，尽量查询较小的范围。离 DNS 发起点近的节点优先查询，并结合缓存技术改善查询的相应时间。②网络分割时，也能保持一定程度的可用。不是每次都需要访问最高层所在的数据库，因此只要本地的 DNS 可用，就不影响这些地址的解析。③域内独立。每个域具有管理自己域的权限，对于上层是透明的。每个域又是可以直接管理自己的直接子域，不用管理子域的子域，而将其委托给自己的子域管理就可以。这样，分布式管理很自然地实现。④大量的局部应用，释放了根服务器以及其他上层服务器的压力。DNS 查询主要在各级 DNS 数据库中得到查询，能送到根服务器进行解析的请求很少，使得根服务器相对轻松，这得益于下层的 DNS 数据库分担了绝大多数的 DNS 查询。

　　DNS 一般只是查询服务，不包括数据一致性、事务、访问控制。DNS 数据库只是简单的数据记录集合，不是数据模型。但是 DNS 的思想为我们研究大规模分布式环境中的数据模型提供指导，成功之处值得我们借鉴。

6.2.3　几个大规模数据存储管理系统

在传统的基于关系模型的数据库管理系统中，广泛采用数据强一致性、同步复制、事务的 ACID 等，在像云计算这样大规模的分布、并行的环境的应用中，遇到了新的挑战。这些挑战在一定程度上影响了关系数据库在大数据时代的发展。

随着互联网的发展，以及巨量 Web 数据处理的需求，领先的互联网公司构建了或正在构建自己的数据存储系统来满足企业自身和其客户的需要。因为 Web 的数据增长非常快，在这些系统里最为关注的因素之一就是如何使这个系统具有弹性，能够快速地扩展新的服务器，增加计算和存储的能力，同时又不明显地降低性能。这些系统往往是分布的、并行的。本节列出了几个大公司所使用的这样的产品。

1. eBay

eBay[121] 站点上存储有超过 2PB 的数据。eBay 的数据仓库上每天处理 25 PB 的数据。每天执行超过 480 亿的 SQL 为了实现扩展性，在 eBay 的存储架构中：第一，分割所有的事情，包括功能的分段、数据的水平分段，可以根据主要的访问路径、范围、查找来进行分段。第二，异步所有的事情，使用事件队列，以及消息多播的方式。第三，自动化所有的事情，适应性的配置来满足服务等级协议（Service Level Agreement，SLA）。第四，记住所有错误的事情，登录所有的应用程序活动，数据库以及服务对多播总线的调用。第五，包容不一致性。为了保证可用性与容许网络分割，分段立即一致性被牺牲了。

2. Yahoo 的 PNUTS

PNUTS[98] 是一个大规模并行和地理上分布的数据库系统，用于 Yahoo 的 Web 应用。它是基于主机的，集中管理的，并实现自动的负载平衡以及故障转移来减轻运行的复杂性。PNUTS 的主要工作负载是对于单版本记录或者少量的记录进行读写操作。这样，磁盘上数据被组织成一个 B 树的形式，这样是对使用主键进行快速定位、更新，找到单个记录的优化设置。在 PNUTS 中，对于一个应用可以支持多个表，并且支持 Hash 以及有序表。

PNUTS 为了实现高扩展性，参照完整性等都被牺牲了。像许多其他分布式系统一样，PNUTS 通过在一组数据服务器上水平地分割数据来实现高性能和扩展性。PNUTS 给用户展现出一个简单的关系模型，复杂的查询以及决策支持的负载不是它的目标。为了增强扩展性，PNUTS 并没有支持除了主键以外的其他约束，如参照完整性与非键列上的唯一约束。如果需要的话，应用程序可以实行这些约束。对于这些类型的特性限制，其他超大规模分布式数据库系统也是这样处理的 [147]。但是，这样的系统实现，增加了应用程序开发者的工作负担。而在传统的数据库管理系统中，用户是不用直接关心这些内容的，当修改数据时，若违反数据库的这些完整性约束，系统会给出警告并拒绝数据的修改，乃至整个事务的，从而保证了整个事务级别的一致性。PNUTS 像连接、分组这样复杂的查询以及分布式事务也被牺牲掉了。

在 PNUTS 系统中，有两个显著的特性：水平扩展（scale out）数据是通过将数据在服务器间进行分割来实现的，这样很容易增加容量。系统会平滑地将负载传输到新的服务器上。地理副本数据自动在全球进行复制。当开发人员告诉系统要将数据复制到哪里时，系统根据机器、链接，甚至整个细节情况完成复制。另外的一个特性是，PNUTS 为了支持跨 colo 的复制，提出并使用了时间线一致性模型（timeline consistency model），以及相关的用于处理主版本、负载平衡和故障处理的机制。

PNUTS 系统的目标还包括：应用程序员能够将精力集中在应用本身，而不用关心操作数据库的细节工作。因此，系统实现成像主机似的，提供简捷的 API 来给应用程序员进行数据的存取，而不需要调整很多的参数，最好是免维护的。尽管这些目标对于 Yahoo 数据库系统也是重要的，但可以水平扩展、全局复制的两个特性是最吸引人的。

3. Google 的 BigTable

Google 的 BigTable[25, 26] 维护一个稀疏的、多维的、有序的映像并且允许应用程序能够使用多个属性访问它们的数据。Google 使用 BigTable 来为多个工程 [26]，如 Web 索引、Google 地球、Orkut 存储数据。该系统将一个大表水平地分割成多个小表，然后将这些小表散布到服务器上。

BigTable 通过 GFS[148] 的同步数据复制来更新在三个不同的服务器之上的副本，特别是当这些服务器在一个 colo 中时，这个方法很有效，这是因为服务器之间的延迟很小。然而，同步的更新在三个不同的，非常分散的 colo 中的服务器时，代价是非常高的。GFS 最初是为了大文件的面向扫描的负载而设计与优化的。BigTable 通过保留每个记录的版本历史到一个叫 SSTables 压缩的格式来节省 GFS 的空间占用。这意味着，每次读写记录时，数据必须解码或者编码到这种压缩的格式。进一步来说，GFS 的面向扫描的本质使得 BigTable 适于面向列的扫描。BigTable 的一个后续，叫 MegaStore[149]，增加了事务索引和一个丰富的 API，仍然遵从 BigTable 的基本体系。

4. Amazon 的 Dynamo

Amazon 要构建的软件系统需要能够将故障当作正常的方式来处理，而不影响可用性以及系统的性能。在一个包含几百万的组件的系统中，处理故障是运行中的标准模式。在任何的时候，都会有少部分但数目明显的服务器、网络元件发生故障。正因为如此，为了满足可用性以及扩展的需要，Amazon 开发了许多的存储技术，其中 S3（Simple Storage Service）是最著名的。而为 Amazon 自身的平台所设计和实现的高可用、可扩展的分布式数据存储是 Dynamo[27]。Dynamo 用于管理有非常高可靠性以及需要在可用性、一致性、代价有效性以及性能之间平衡的服务。Amazon 的平台上有很多各种的不同需求的应用程序。有些应用程序需要足够灵活的存储技术来让应用程序设计者依据这些平衡做相应的配置，从而在成本有效的方式下，达到高的可用性并能保证性能。

Dynamo[27] 目的是只需满足基于键值访问的应用程序的高可用性需求。Dynamo 有个简单的基于键值的访问接口，可以在明确定义的一致窗口内高度可用，有效利用资源，并有一个简单的向外扩展方案来解决数据量和请求速率增长的问题。Dynamo 是一个设计成满足最终一致性的数据存储，也就是所有的更新要最终达到所有的副本。另外，Dynamo 目的是提供"总是可写"的数据存储，即使是在网络分割的情况下，也不拒绝数据更新。Dynamo 只提供散列表，而不提供有序表。Dynamo 没有注重数据的完整性与安全性的问题，因为 Dynamo 是在一个管理域范围内进行构建的，并且假定每个节点都是可信的。使用 Dynamo 的应用程序，不需要支持层次结构的命名空间或者复杂的像传统的数据库那样的关系模式。再有，Dynamo 是为延迟敏感的应用程序构建的，它们可能需要 99.9% 的读写操作都要在几百毫秒内完成。为了实现这一点，必须避免将请求路由通过多个节点，这也是基于散列表的分布式系统如 Chord、Pastry 的典型设计方案。Dynamo 可以被认为是零跳分布式的散列表，每个节点在本地维护足够的路由信息来将请求路由到恰当的节点上。

Dynamo 中的更新是采用惰性传播的方式传播到其他副本的，使用 Gossip 协议来完成的。在流言协议中，一个更新被传播到随机选择的副本之上，这些副本又传送到随机选定的其他副本。这种随机性对于这种协议的概率保证是必要的，使得多数的副本能够相对较快地得到更新。Gossip 协议自己导致最终一致模型（eventual consistency model）：所有的数据副本最终会匹配的，但是在更新传播的过程中，副本可以是不一致的。在特殊的情况下，副本可能会达到一个最终"无效"的状态 [122]。

5. Amazon 的 SimpleDB

除了 Dynamo 以外，Amazon 也提供其他的存储系统，例如，使用 S3 来存储大对象数据，使用 SimpleDB 在结构化的、索引的数据上执行查询。尽管 SimpleDB 提供一个丰富的 API，它需要应用程序给出数据的分割使得每个分割都限定在一个固定的大小。这样，在一个分区内，数据的增长被限制住了 [122]。另外，Amazon 已经基于 MySQL，实现了 Amazon 关系数据库服务，之后又推出了 SQL Server、Oracle 等关系数据库产品。

Amazon SimpleDB 给那些使用云技术应用软件公司提供了一个存储简单数据的场所。SimpleDB 是 Amazon Web Services—— 也就是 AWS—— 工具套装的一部分。对用户而言，这个产品特别适用于快速查找资料的场合。SimpleDB（与 Google 的 DataStore 相类似）的主要宗旨就是读取速度快。虽然并非全部的网站都需要快速进行资料检索，但至少绝大部分的网站有这样的需求，而且它们对资料检索速度的要求远远高于对资料存储的要求。总而言之，对绝大部分人来说，让他们满意的应该是快的读取速度以及相对来说可能慢一些的书写速度。这些就是 SimpleDB（与 Google DataStore）提供的主要功能。

自从 Amason 推出 SimpleDB，基于 key-value 键值对的分布式数据存储系统受到了广泛关注，类似的系统还有 Apache 的 CouchDB，以及 Google App Engine 的基于 BigTable 的 Datastore API 等，毫无疑问，分布式数据存储系统提供了更好的横向扩展能力，是未来的发展方向。SimpleDB 并不是为了替代 OLTP 数据库而生的，它的 key-value 存储结构更加适用于处理半结构化的数据。SimpleDB 对于过于复杂的查询和条件不定的 Ad hoc 查询没有提供特别的支持，所以 SimpleDB 还不太适合数据仓库等 OLAP 应用。SimpleDB 对写入操作做了优化，调用 API 时只需要写入数据到一台 SimpleDB 服务器即返回写入成功的信息，随后数据会被分布复制到更多的 SimpleDB 服务器上，而在分布完成之前无法查询到最新的数据。因此需要在应用中来处理这种查询延时导致的数据一致性问题。

Amazon 的 SimpleDB 是面向文档的分布的数据库。SimpleDB 有与关系数据库共同的特征，也有一些明显的差异。例如，与关系数据库类似，设计 SimpleDB 来存储相关信息的元组。与关系数据库不同的是，它不提供数据的排序服务，这留给程序员来实现。使用的不是表，SimpleDB 提供的是没有模式的域（domain），它包含与行类似的项（item）来构成。每个项必须有一个唯一的名字（不是由 SimpleDB 生成），并可以包含 256 个属性。每个属性有多个值。在 SimpleDB 中，所有项的名字以及属性值都是字符串。从而，查询中的所有比较都是基于字符串的。这意味着，非字符串类型必须转化为一个单独的、词素一致的表达式来存储。查询的执行用的是客户查询语言。

6. Microsoft 的 SQL Azure

Microsoft 已经建立了 SQL Server 的大规模版本，叫作 SQL Azure，作为其 Azure 服务的一部分，并于 2010 年 1 月开始收费。同样地还是通过水平分片来实现扩展性。SQL Azure 一个不错的特性是通过大量的索引数据以及将 SQL Server 作为查询处理的引擎，可以使用增强的查询能力。然而，SQl Azure 实现该查询的表达能力是通过严格的实行分割：应用程序创建它们自己的分割，并且不能轻易地重新分割数据。这样，尽管可以在一个分割上请求表达性强的查询，若一个分割增长，或者变得越来越热，系统不能容易或者自动地将该分割进一步切分来减轻这个热点。

SQL Azure 支持了大多数的数据类型，也支持了 XML 数据类型，不过有部分数据类型（像是二进制大对象（Binary Large Object，BLOB）型别以及地理数据型别）没有在支持清单中。同时 SQL Azure 也使用了 Transact-SQL 作为内核查询语言。目前 SQL Azure 已支持 ODBC、ADO.NET 以及 PHP 的访问方式，利用 TDS over SSL（Tabular Data Stream over SSL）的方式直接连接到 SQL Azure。

7. 其他

FaceBook 构建 Cassandra[150]，一个 P2P 的数据存储使用一个像 BigTable 那样的数据模型，但是构建在像 Dynamo 一样的体系结构上。它只提供最终的一致性。共享的数据库通过在多个站点上分割数据提供扩展性；然而这样的系统能提供我们所希望的灵活扩展，或者进行全球复制。数据必须进行预先的分配，这和 SimpleDB 中一样。另外，只有一个副本的数据可以是主版本数据、接受更新。

Hadoop[151] 是 MapReduce 框架下的一个开源实现，在大规模数据文件上，提供大规模并行的分析处理。Hadoop 包含一个优化用来扫描的文件系统，这是因为 MapReduce 作业主要是面向扫描的工作负载。

Yahoo 另外一个系统 MObStor 是非结构化存储云，与 PNUTS 是用于单个记录的读写访问不同，这是设计用来存储和服务图像和视频的系统，其目的是为不变化的对象提供低延迟、廉价的存储。

Bayou[152] 架构致力于全球级应用程序的扩展性、可用性与适应性等特征。它允许数据的副本动态的更新，而不用全球的协调一致，问题的关键是使用弱一致性复制。

6.2.4　key-value 存储

1. key-value 数据库

NoSQL 并非始于今日，很多 NoSQL 实现都已经存在很多年了，在关系型数据库处于垄断地位的时代，也有很多数据并非用关系型数据库来组织。有很多原因让它们在如今更受欢迎。首先是信息化程度的加深与扩展，越来越多的领域需要进行数据方面的管理，因此数据的类型、种类、数量、需求都有了长足的发展。其次，关系型数据库系统本身不能够很好地解决水平扩展的问题。特别是满足不了互联网规模的一些应用的数据存储问题，而这些应用与传统的商业数据管理模式还有很大的不同，对于事务、数据一致性等要求不太高，而又非常关注扩展性。这种情况下迫使人们去寻找更高扩展性的解决方案，甚至是不惜牺牲数据管理的其他方面。这两个方面共同促使了 NoSQL 技术和应用的兴起。

NoSQL 是指那些非关系型的、分布式的、不保证遵循 ACID 原则的数据存储系统，其一般分为 key-value 存储、文档数据库和图数据库。其中，key-value 存储备受关注，已成为 NoSQL 的代名词。

对云计算的关注促进了 key-value 数据库的使用，有关这种存储方式最常见的主题便是其伸缩性。Bain 发表了一篇文章，探讨关系型数据库的末日是否已经来临 [153]。他将目光对准关系型数据库和 key-value 数据库的区别，以及从两者选择其一的原因上。根据 Bain 的说法，关系型数据库在伸缩性上会遇到一些挑战：当越来越多的应用程序发布于高负荷（如 Web Service）环境中时，它们对伸缩性的需求将会变得十分明显。首先，它们会迅速增长。其次，它们最终的规模也会非常可观。对前者，我们难以管理单个内部服务器上部署的关系型数据库，如负载一夜之间增加两倍，升级硬件的速度又能有多快？而后者一直是关系型数据库在管理上的难点。他列举了四种选择 key-value 数据库，而不是关系型数据库的原因。

(1) 数据是高度面向文件的。

(2) 开发环境是高度面向对象的。

(3) 数据存储很便宜，并且很容易和合作伙伴的 Web Service 平台集成。

(4) 最先关注的是按需增长、规模庞大的伸缩能力。

如前面介绍，Google[25, 26]、Yahoo[98]、eBay[121]、Amazon[27] 等互联网公司，都有自己的基础的大规模数据存储管理系统。然而这些系统基本上都是基于键值的访问方式，严格意义上，并不是关系模型的，也不提供关系数据库管理系统的若干特性。这些公司之所以没有采用关系型数据库，就是因为：其很难做到随着数据量快速增大，系统很容易地扩展，并且不明显降低系统的性能。尽管像 Microsoft 的 SQL Azure 可以在云中构建出来，但高扩展性仍然是个值得担心的问题。

David Chappell 在他关于 Azure 服务器平台的文件中简单讨论了这个问题。David 提出了在云中使用 key-value 数据库的多种原因，不过他也谈到，Microsoft 的 SQL Data Service(SQL Azure) 更进一步关系化。与 Windows Azure 存储不同，它构建于 SQL Server 之上，使得这种发展更加自然。无论这种模型是什么样的，该技术的目标是不变的：提供一种伸缩性更强、更可靠、成本更低的云数据库，并适合各种类型的应用程序。

key-value 存储可细分为 key-value 型、key-document 型和 key-column 型 [154]。key-column 型是 key-value 对的典型扩充。由于 key-document 型适于文档型数据，本部分不予介绍。

1) key-value 型

key-value 对数据模型实际上是一个映射，即 key 是查找每条数据地址的唯一关键字，value 是该数据实际存储的内容。key 是该数据的唯一入口，而 value 是该数据实际存储的内容。典型的 key-value 数据模型是采用 Hash 函数实现关键字到值的映射，基于 key 的 hash 值直接定位到数据所在的点，实现快速查询，并支持大数据量和高并发查询。key-value 因其简单以及具有灵活的可扩展性而广泛被云系统所采用。目前，已有一些 key-value 数据库产品都是面向特定应用构建的，支持的功能以及采用的关键技术都存在很大差别，并没有形成一套系统化的规范准则。

2) key-column 型

key-column 型数据模型主要来自 Google 的 BigTable。目前流行的开源项目 Hbase 和 Cassandra 也采用了这种模型。Column 型数据模型可以理解成一个多维度的映射，通过多层的映射模拟了传统表的存储格式，实际上类似于 key-value，同样需要通过 key 进行查找。

key-value 严格来说是数据的存储模型，不是数据模型。key-value 数据之间的关系被打破，只能通过应用程序重建。已有 key-value 数据库产品大多是面向特定的应用自治构建的，缺乏通用性；支持的功能有限（不支持事务特性），导致其应用具有一定的局限性；已有一些研究成果和改进的 NoSQL 数据存储系统，都是针对特定应用，很少从全局考虑系统的通用性。

数据是信息社会研究与分析的基础。一定要有高于数据之上的思想和理论框架，人类才能在大数据时代建起数据大厦，而不是数据沙漠[36]。key-value 数据库，恰恰是为了扩展性，忽略数据之间的联系，甚至将已经能够连成块的数据粉碎变成 key-value 对，好比是将砖块碾成沙子，这样对于大数据的管理来说，会是有益的吗？对于今后漫长的数据管理的发展来说，会是趋势吗？

2. 基于键值的数据库与传统关系数据库的区别

传统的分布式数据库与以 key-value 为特征的大规模存储具有非常不同的特性。本节对大规模分布式系统与关系数据库进行一些比较，从而揭示两者的优劣之处。虽然这些大规模数据存储管理系统取得了很好的应用，能够满足业务快速增长的需要，具有很好的扩展性、灵活性，但是在通用性、减轻程序员工作、数据独立性、查询语言的丰富性等方面与传统的关系数据库相比还存在很大的不足，关系数据库仍具有活力。

(1) 两者数据模型不一样。在传统的分布式数据库系统中，一般是基于关系模型的。而在大规模存储中，为了实现扩展性，往往都是基于键值的存储方式。虽然有的也是表格的形式，从严格的意义上，这样的存储并不是基于关系模型的数据库系统。

(2) 数据的一致性模型不同。在传统的数据库以及分布式数据库系统中，数据一般是强一致性。在大规模分布式存储系统中，即使网络分割、单个硬件老化、软件错误等的故障概率很低，由于涉及的节点数量非常的庞大，发生软硬件故障的总概率还是会很高，甚至是常态。大规模的分布式存储系统需要无缝地扩展到数以千万计的服务器，以及多个大洲，构建这样的系统不仅需要一些工程的技术。所以，为了满足可用性的要求，需要在数据一致性等方面做一定的牺牲。因此大规模数据存储系统中，往往是采用最终的一致性，即临时允许数据处于一个不一致的状态。而随着时间的推移，更新会传播到所有的副本上来。这样的处理能够提高系统的可用性，即使出现网络分割，也能够保证系统一定程度的可用性。

　　传统的分布式数据库系统中，数据的一致性恰恰是个基本的假设，许多工作都是基于一致性数据的。也就是，即使在系统中有多个副本的数据，这些副本之间应该是同时进行修改的。尽管一些分布式数据库系统中支持异步的数据复制，即在事务之外，对数据的其他副本进行修改，这一般也是对同步数据复制技术的补充。在大规模的分布式系统中，为了提高可用性，实现较高的可扩展性，传统的分布式数据库技术都做了很大的修改，数据一致性也是一样的。尽管可以相对容易地放弃ACID，可是我们必须开发出一些东西来替代它。例如，在 Yahoo 的 PNUTS 中，开发了时间线一致性模型。

　　(3) 两者操作数据的粒度不同。传统的事务型数据库一般每个事务操作的数据集都比较小，也就是说事务的粒度比较小。例如，转账、消费结账等事务，这些具体的事务涉及的数据都只是很小的一部分。当然也可以同时支持较大范围的数据检索，如统计查询。而对于这些大规模数据存储系统而言，一般只能满足基于主键的少量数据的检索，设计同时能很好地满足两者的系统，比较困难。我们希望，在一个理想的数据管理系统中，可以满足各种粒度的计算。若一个操作的本身所需的工作量非常大，将该操作分解成若干个操作，可以使得当前的操作得到快速的响应，即进行并行的运算。例如，搜索引擎可以很快得到响应，就是因为后台有非常多的服务器共同为该请求服务。然而，若操作所涉及的计算量很小，在单台普通计算机上都能得到及时响应，满足客户的需要，这时再将该操作分布在非常多的节点上由多台计算机来完成，尽管还能进一步降低系统的响应时间，但必要性不大，而且这样的处理还会大大地降低系统的效率，从而降低系统的吞吐率，这就是分布式的计算。例如，有些 Web 应用要访问的数据也很少，如一些电子商务中的操作，涉及的数据可能也会很少，这样单独的操作也可以在一个节点上完成。这样，将并行与分布计算结合在一起，两者没有一个完全的界限，目的是提高计算能力的同时又提高系统的利用率。

　　(4) 两者对所处世界的假设不一样。在分布式数据库系统中，每个节点对于查询的执行结果，都是基于该系统所有的数据做出判断的。这就是基于封闭式世界假设。而在 Web 环境下，或是在像云这样的大规模数据的存储系统中，基于所有的节点给出结果是不现实的。我们只能获得有限的信息，每个节点只能使用少数几个节点来生成查询的结果。

(5) 两者支持的语言不同。传统的分布式数据库系统提供的接口语言主要是 SQL。而现有的以 key-value 为代表的大规模存储系统都属于专有的存储系统，为了提高系统的性能、扩展性，牺牲了通用性，只是为了满足特定的需求而实现的。一般不再支持 SQL 语言，而是一些特殊的查询接口。这使得这些专用的存储系统很难作为通用的模型，像关系数据库管理系统那样得到广泛的普及和易于部署，并易于程序员的开发。例如，在 PNUTS 中，复杂的查询并不是其主要的目标，支持单表上的选择与查找，更新与删除必须通过指定主键来实现 [98]。BigTable 不支持 SQL，它支持的是 Google 设计的叫作 Sawzal[155] 的语言来描述服务器端对于数据的过滤。这些存储系统只提供简单的查询语言。随着开发者在这些系统上面使用、构建真正的应用，认识到一些查询负载是更为复杂的，这成为选择一个存储系统的主要障碍。若不开发出解决这种查询的机制，开发人员必须寻求一些其他的方法，要么在应用程序中实现复杂的逻辑（如嵌套循环连接），要么经常将数据导出到外部索引来支持它们的负载。该领域现在处于云数据管理的早期阶段，这在许多正在设计与部署的系统中有所体现。

(6) 对于程序员的要求不一样。基于分布式数据库存储系统的开发，只要程序员熟悉传统的数据库理论就能够开发应用系统。分布式数据库管理系统为应用系统提供了良好的透明性、数据的独立性。而在大规模存储系统中，所需的开发经验与基于分布式数据库系统不一样。因为，传统的数据库原理，如事务、数据的一致性、参照引用、完整性约束等多数被牺牲掉了。很多的工作要留给应用程序来实现，也就加重了程序员的负担。

(7) 基于散列与基于索引。在传统的数据库管理系统中，大量使用以 B+ 树为代表的索引技术。这种树型索引取得了巨大的成功，然而在大规模分布式数据系统中，基于散列的技术却被广泛地采用，而树型索引却使用得很少。使用树型索引虽然可能要多耗费一些存储的空间，但这样的索引结构不但支持基于索引键值的查询，还支持基于范围的检索。然而，对于基于散列的索引，或数据分布只能基于关键字的检索，不能支持范围检索。

(8) 两者实现中采用的其他技术也有很大的差别。在传统的分布式数据库中，ACID、同步复制、分布式查询优化、全局串行化、索引等技术得到广泛的研究与应用。很明显的是，数据库系统中许多广为认可和长久以来一直使用的技术都需要重新考虑。为了实现能够水平扩展以及大范围的复制，关键的一点就是只对简单、便捷的操作进行数据的同步复制工作，大量的代价昂贵复制都是通过后台的异步复制方式进行的。

现有的像基于云计算的海量数据管理系统中，有许多功能是为特定应用而开发，虽然高效，却不一定能够推广。要想真正获取、组织、管理好像 Web 规模的数据，仍然有许多亟待解决的问题。因而，在"云数据库"这样的数据管理系统中，实现原有数据库系统中丰富的查询功能、高效复杂的索引以及强大的事务处理功能，都是非常具有挑战性的难题。虽然现在 Google 的 BigTable 以及 Yahoo 工程师所支持的 HBase 在一定程度上完成了对这些海量数据的管理，但是这些系统还只是"云数据库"的雏形，要在这些系统上支持更加丰富的操作以及更加完善的数据管理功能，以满足更加丰富的应用，仍然还有很长一段路要走。我们希望一个易于管理、用途广泛、多穴（multitenanted）的云数据库管理系统，来给应用程序提供弹性的、有效的、全球可用的，并且是相当健壮的数据后台。

综上，本书认为现在还处于云数据管理的早期，因此就预言关系数据库不能满足扩展性的要求，从而断言关系数据库的末日，还为时尚早。另外，关系数据库已得到广泛而深入的研究与使用，不可能轻言放弃。至少，关系数据库及其相关的理论、ACID 事务处理的理论和方法还会在特定的环境中得到应用。近几年来云数据库的发展也说明了这一点。

6.2.5　大数据数据模型

在大数据时代不同的应用领域在数据类型、数据处理方式以及数据处理时间的要求上有极大的差异，在实际的处理中几乎不可能有一种统一的数据存储方式能够应对所有场景[30]。大数据可以分为结构化、非结构化、半结构化数据，大数据服务需要能够同时支持这三类数据。由于系统复杂度高，大数据系统的类型非常多，很多公司针对自己的应用场景设计了相应的数据库产品。这些产品的功能模块各异，很难用一个统一的模型来对所有的大数据产品进行建模[30]。

另外，上述断言并未阻止人们探索大数据通用管理之路。对于结构化数据而言，其本身采用数据模型，半结构化数据也已经有进行建模的方案，同时对于这两类数据的检索、分析技术也相对成熟。对于非结构化数据而言，其具有格式各异的特征。目前已有的数据模型大多是针对特定数据类型，极少数的通用非结构化数据模型注重对数据本身特征的标识，这就为非结构化数据的识别带来较大困难，更增加了面向非结构化数据的大数据服务的应用复杂度。为此，文献[156] 从数据产生背景和相关用户主体行为入手，提出了轻量级、包含用户特征、支持复杂检索的通用非结构化数据模型，为非结构化数据服务构建奠定基础。另外，也出现了通用的大数据管理系统 AsterixDB[72]，对于统一的大数据模型进行了重要的探索。AsterixDB 是一个崭新的拥有完全功能的大数据管理系统，有一个灵活的 NoSQL 风格的数据模型、查询语言、可扩展的运行机制、分区、基于 LAM 的数据存储以及各种索引，像支持内部数据一样支持外部数据，支持模糊、空间、时态类型以及查询、事务机制等。AsterixDB 相对于 Hadoop 来说，不只是数据分析的平台，也是数据管理的平台。

6.3　ER 模型及其表达能力

ER 模型 [157] 又称实体关系模型，将现实世界抽象成实体以及实体之间的关系。ER 模型是概念模型。概念模型是各种数据模型的基础，它比数据模型更独立于机器，更抽象，从而更加稳定。描述概念模型的有力工具是 ER 图。基本的 ER 模型包含实体、联系、属性。ER 模型得到了广泛的应用，人们在基本的模型上进行了扩展，包括分类扩展"ISA"、基数约束、部分联系"part-of"、强实体和弱实体概念。表示 ER 图的方法有多种，不同的教材和不同的构建 ER 的工具软件略有差异。

ER 模型的出现使得关系模型的规范化 [158–162] 更为容易。在没有 ER 模型时，直接设计关系数据库，导致很多数据冗余，从而带来插入异常、删除异常、更新异常的情况。规范化理论成熟后，ER 模型被提出来了。ER 模型出现后，设计的 ER 图能够自然反映现实世界，转化为关系模型后，一般都能达到 3NF 的规范化程度。人们从使用规范化理论指导数据库设计转变为使用其校验数据库规范化程度。ER 模型的抽象程度很高，将现实世界抽象成实体和实体之间的联系。

在 ER 模型的实际应用中，实体、联系、属性并没有严格的界限。这些完全取决于系统应用的需要与具体的设计，反映人们对于客观世界认识的不同与认识深度上的差别。实体与属性没有严格的界限，实体可以简化为属性，属性也可以实现成实体。例如，进货人一般包含姓名、身份证号、联系方式等属性信息，从而实现成实体。若应用允许，可以在进货单中实现为属性–进货人，这时只使用姓名实现了简化。同样，实体与联系间并没有严格的界限。联系可以实现成实体，实体也可以实现成联系。

在大数据的背景下，数据的时间跨度、空间范围都达到前所未有的程度。数据管理的边界发生了质的变化，所关注的不再局限于特定的一个企业、部门、行业，往往需要考虑更为广大的范围，也要求数据模型对于时间、空间方面具有更强的表达能力。ER 模型反映的是实体之间稳定的联系，对于实体、联系的属性更新变化的情形，只能反映最新的情况，而对于历史数据就没有记载。这对于数据更新频繁、数据累计跨越的历史可以很长的大数据时代，不太适合。为此需要补充此方面的表达能力，也就是多版本 ER 模型。另外，在关系数据库中，不论是实体、联系还是属性，最终都反映到关系中。也可以将关系的元组实现成多版本的，在需要的时候可以提供旧版本的数据。对于文档、图片、音视频等数据也都有版本控制的问题。所以，考虑多版本的数据管理具有重要的现实意义。

在 ER 图中，时间是一个比较特殊的概念，一般可以实现成属性，也可以实现成实体。例如，在两个实体读者-图书的借阅关系中，不引入时间就不能自然地表达一个读者可以多次借书的事实，或者不能表达同一时间只能有一个读者借阅的事实。倘若在产生的联系中，直接增加时间属性，必须将其定义为主键属性，如图 6.1(a) 中联系"借阅"所示，本身不符合 ER 模型的基本规定。为此，将引入时间作为一个单独的实体，具有属性时间。这样原来的联系就变为读者-图书-时间三元联系了，如图 6.1(b) 中"借阅"所示，从而联系中就可以自然引入时间的属性了。生成的数据库物理模式如图 6.1(c) 所示。然而对于时间的实体，由于时间的无穷特性，也没有必要在关系模型中存储时间这个实体。将时间实体去除后如图 6.1(d) 所示。这与直接在联系中加入时间属性，特别是在关系模型中直接修改，生成的数据库一致，但更易于理解。

  ER 模型不但对于结构化数据、半结构化数据，乃至非结构化数据都具有表达能力。完全非结构化的数据是不存在的，一张图片、一段视频也有其附属的文件名称、大小、产生日期等一系列具有一定结构的数据。这些信息在 ER 模型中，能以常规类型的属性形式出现，对于非结构化数据本身，也可在 ER 模型中通过扩展数据类型，如大文本、BLOB 等得以实现。至于主码，可以是自定义，也可以是根据非结构化数据本身生成的摘要。

  综上，通过扩展，ER 模型除表达结构化数据外，还可以表达半结构化，乃至非结构化的数据。ER 模型具有很强的表达现实世界的能力。这也是我们信息化的一块基石和出发点，也是在信息-数据-知识-智慧这一层次结构中的起点。现存有多种数据模型，都是为了便于机器世界的表达的，而 ER 模型这种概念模型，是客

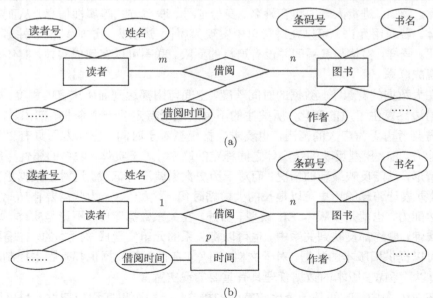

(a)

(b)

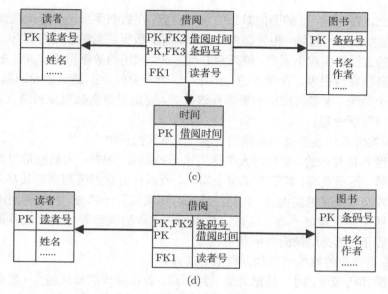

图 6.1　ER 图中的时间

观世界在头脑中的反映，比数据模型更能反映信息之间关系的本质。ER 模型可以映射到各种数据模型，它是各种数据模型的共同基础。

6.4　影响数据模型选择的因素

前面已经阐述了在数据库历史上出现的几种典型的数据模型。本节就大数据时代需要什么样的数据模型，以及应该如何选择进行讨论。

众所周知，数据模型要想被人们广泛接受，需要满足三个条件[163]：①能够比较真实地反映现实世界；②容易被人所理解；③便于在计算机上实现。现有的数据库系统都是基于某种数据模型的。

本节讨论影响数据模型的其他因素。

(1) 数据的独立性。

这是数据库系统相对于文件系统管理数据的一个重要的里程碑。它包括逻辑数据的独立性与物理数据的独立性。物理独立性实质用户的应用程序与数据库中数据的物理存储是相对独立的。逻辑独立性是指用户的应用程序与数据库的逻辑结构是相互独立的。数据与程序的独立把数据的定义从程序中分离出去，加上存取数据的方法又由数据库管理系统负责提供，从而简化了应用程序的编制，大大减少了应用程序的维护与修改工作量。

面向对象数据库与关系数据库的问题，实质是面向对象思想与分层、模块化的思想的对立。前面介绍过的面向对象的数据模型，在数据库系统中并未最终确立起来，一个重要的原因就是：根据面向对象的思想，数据被封装在对象之中，数据与访问数据的方法之间过于紧密，缺乏独立性。一个应用的数据很难被其他的应用所使用，数据独立性很差。在现实中，例如，一个企业的数据是该企业的基本数据，企业的多个系统、很多的应用都要访问该数据，而由于数据被对象封装其内，很难被其他的应用所使用。

(2) 现实世界的复杂性与思维的直观、简单性的折中。

现实世界是复杂的，受当时人类认识水平的局限。另外，人们也希望数据模型尽量的简单，便于理解，便于在机器上实现。所以任何数据模型都有其局限，都不可能完全真实地反映现实世界，只能是反映客观现实的一部分、一个侧面或人们在特定的问题中感兴趣的一面。这就促使人们在使数据模型表达现实世界足够满足应用的前提下，选择尽量简单的数据模型。

(3) 数据操作的粒度影响数据模型的选择。

数据操作的粒度越小，数据处理就越复杂。数据操作的粒度越大，数据处理就越为简单。层次模型、网状模型、面向对象的数据模型是面向记录的，而 key-value 模型也是面向记录的，对于 key-column 型的数据模型，其实质是面向列的，即其操作的单位为具体记录下面的列。关系模型是面向集合的，每次数据操作的单位是集合，具有更大的粒度。

(4) 扩展性。

一般认为，关系数据库的扩展性很差，这也就导致了 NoSQL 数据库的大量出现与使用。扩展性问题是系统规模增大所带来的众多问题中的一个，随着数据规模的增大，管理性、数据一致性、事务一致性、查询优化等多方面都遇到了新的问题。

目前对数据管理的研究中，仅因为当前关系数据库的扩展性差，就放弃关系模型，为时尚早，关系数据库在数据一致性、查询优化、SQL 语言等方面还有很大的优势。现实中，关系数据库仍大规模使用，特别是在一些关键应用系统中的使用，更加说明了这一点。倘若关系模型的扩展性问题得以缓解，关系模型仍不失为一个重要的选择。

(5) 过程化与非过程化访问语言。

本质上这并非数据模型本身的问题，而是对于数据模型使用上的问题，但现有数据库能够提供何种访问方式却影响数据模型的选择。在关系模型中，人们可以不用关心数据的具体位置，不用引导整个数据检索的过程，大大减轻了程序员的压力。在层次、网状、面向对象、XML、key-value 数据模型中，程序员必须关心数据的访问路径，查询优化的任务必须主要由程序员来考虑。而在关系数据库中，查询优化主要是由数据库管理系统来完成。也正是因为关系模型数据库能够提供更高的开发效率，使得关系模型最终确立起来。

(6) 数据一致性、事务、可靠性等其他方面也都影响着数据模型的选择。

综合以上因素，本书认为数据与行为的分离，对于大多数通用的系统来说仍是较好的选择，也就是数据模型本身还是回归到只考虑数据语义，不用封装对于数据的访问方法。对于其他类的应用场合，根据问题的复杂程度、使用方式选择数据模型。在大数据时代，我们不能缺乏一个统一的、整体的思路，仍需系统地解决数据管理多方面的问题，而非盯在一点。

第 7 章 数 据 分 布

本章首先从数据分布的单位说起，接着讨论现有数据分布方法面临的挑战，指出现有数据分布方法的局限性，然后通过讨论依赖数据分布的数据管理因素，强调数据分布的重要性及其在数据管理中的基础地位，为提出数据分布模型概念进行铺垫。

7.1 数据分布的单位

数据分布是伴随着数据的出现而逐渐出现的。人类早期的数据很珍贵，存储数据的手段较原始，总量也很少，但各类各级机构典藏、数据的统计汇总也是按照数据分布的思想进行的，现代计算机技术的发展促使数据分布技术进一步发展。

7.1.1 数据分布以文件为单位

文件曾经被认为是数据分布的单位。文件分配问题（File Allocation Problem，FAP）的研究可以追溯到文献 [164] 和文献 [165]。基于全连通网络环境下，每个文件都有特定数目的副本的假定，FAP 问题被形式化成一个非线性 0-1 规划问题，并且通过增加额外的约束条件，进一步归结为线性 0-1 规划问题。

然而，不管是无冗余的还是多副本的分配都是 NP 完全的 [166, 167]。解决 FAP 确定性的算法即使对于小规模尺寸的问题也是相当笨拙的。因此人们提出启发式策略来处理 FAP 问题 [168]。

7.1.2 数据分布以片段为单位

FAP 忽略了分片的问题，片段被当作分布的单元来解决数据分配问题（Data Allocation Problem，DAP）[169−171]。在数据库领域，人们先后提出了许多数据模型，包含层次模型 [132]、网络模型 [136]、关系模型 [138, 172, 173]、ER 模型 [157]、面向对象模型 [174]，以及半结构化模型 [175]。在这些模型中，关系模型应用最为广泛。关系模型是数据库系统有效分布的前提 [176]，大多数的数据分布研究都是基于该模型 [177]。

在分布式数据库设计中，一般而言，是假定基于关系模型的结构化数据库分解的方法 [178]。水平分解 [179]、垂直分解 [180]、最优水平分解 [181]，以及基于连接的分解 [181] 都得到研究。数据分配问题也是 NP 完全的 [166]。也有人提出来进化算法与启发式查询算法 [182]。在面向对象的数据库中，面向对象的分布 [183−186] 将对象看作基本的分布单位。然而,将对象分布设计算法移植到关系的算法非常困难,由于它们语义的不同 [185]。文献 [187] 定义了基于高阶数据模型的数据库,即它含有复杂的值,包括面向对象的以及基于 XML 的。

7.1.3 数据分布以 key-value 对为单位

使用键值(key-value)对存储数据库,这是一种 NoSQL (非关系型数据库)模型,其数据按照键值对的形式进行组织、索引和存储。key-value 存储非常适合不涉及过多数据关系、业务关系的业务数据,同时能有效减少读写磁盘的次数,比 SQL 数据库存储拥有更好的读写性能。

key-value 存储不是严格意义上的数据库,只是一个简单快速的数据存储功能。key-value 数据对本身并不反映数据之间的关系。key-value 分布式存储系统查询速度快、存放数据量大、支持高并发,非常适合通过主键进行查询,但不能进行复杂的条件查询,因此可以方便地进行数据的分布、索引、提取、存储。同时也存在一个重要的缺陷,语义上相关的数据没有在一起存放,对基于范围的检索支持不够好。

7.2 数据分布面临的挑战

长期以来,数据分布主要是研究数据分布的方法,不论是工业界还是学术界都忽略了对数据分布模型的研究 [188]。作为分布式系统中的一个关键问题,数据分布包含基本的数据分布单元,以及将这些基本的数据单元分布到何处。前者是由分片来解决的,后者是通过分配与复制来完成的。Bachman[189] 将在分布式环境中如何分割进程以及数据看作是分布式系统中的一个关键问题。而数据的分布可能比处理的分布更为重要。由于现在的系统越来越庞大,拥有多个、几千、几万甚至更多的子系统(服务节点)的系统越来越多,管理这些庞大系统的数据也越来越复杂。没有相应的数据分布模型标准,这些子系统间的耦合变得越来越复杂。往往是解决了这个问题,而忽略了另外的问题。数据分布模型是数据密集型系统的基础。数据的去耦合、数据的抽取方法、更新策略、模式演化、系统集成、数据的扩展、数据的缩放、性能监控、系统的整体优化、数据站点的本地优化、分布式查询优化、应用的不同的隔离性级别的选择、数据一致性程度的保证、系统内部各个组织的安全控制、最终用户的访问控制等各个方面,都是基于数据分布的。没有一个统一的数据分布模型,要想解决上述多个问题乃至所有问题,并且是作为一个通用的解决方案,而不只限于某个或某几个具体应用的解决方案,几乎是不可能的。传统的分布式数据库系统是将数据分布的具体任务交给系统管理员或是在系统的整体设计阶段完成的。这种实现增加了系统管理员的负担,对于拥有非常多的关系和很多计算节点的系统，这样配置的工作是非常烦琐和易于出错的。另外，系统管理以及运行后根据负载、应用的变化进行配置调整也是非常困难的。

在云计算环境下，最需要的特性莫过于可扩展性（可缩放性）了。可扩展的目的是根据负载的情况，动态地调整所需的计算资源，从而节省电力、计算资源、存储资源等。在现有的海量数据系统中，为了实现扩展性，大量地使用了 Hash 技术，目的是将数据分布在多个站点之上。另外，为了便于系统的扩展，虚拟的桶数可能远大于实际的节点数目。这样在需要扩展时，直接将部分的虚拟桶转到新添加的节点即可。采用这样的办法确实可解决海量数据的存储问题，但并不是把语义上相近的数据放在一起。这样的办法适合并行的计算，可如果希望子站点上的服务器支持局部的应用，就很难满足需要了。Hash 方法对于访问控制等需要数据语义的一些操作支持也不是很好。这就好比，对于仓库物品的管理，不分门别类，直接登记造册，选定存储的货架，然后直接存放，每次找货物都是根据列表找到物品的位置，然后直接取货。我们知道，很少有仓库是这样管理物品的，那么数据有多大的理由这样存放呢？

本书围绕数据语义，将相互关联的数据去耦合，使得数据子系统间的联系尽可能地小，实现数据系统的独立性。云数据库这样的大规模数据系统，对于数据库的扩展性要求更为强烈，为了满足性能以及其他管理因素的要求，我们希望数据能像模块一样，进行组装与分割，从而适应扩展性的需要。这样，各个服务器都看作数据模块子系统。

系统架构设计者、程序员，以及数据库管理员都期待这样一种更为便捷的数据分布。

(1) 对于系统架构师。数据库作为企业信息的核心与基础应当是弹性的，能随着企业的变化进行合并、拆分、重构，并且应当易于在不同企业间抽取、集成、共享。期待数据像软件模块一样，方便地扩充与集成。

(2) 对于程序员。分布的透明性也是必要的，正如对于终端用户的透明性一样。软件的开发人员也希望不用关心数据分布。

(3) 对于数据库的管理员。数据库服务器之间的关系应当易于配置，访问控制、审计也应该方便地由本地的系统来分别配置；新的服务器应当透明地加入来增加计算能力或者存储容量；数据库模式的演化也应当很容易地实现。

简而言之，在像云数据库这样高度可变的系统中，传统的数据分布方法不能满足数据模块化，以及分布式数据管理人员便捷使用的要求。它引起理论与实际应用的差距主要体现以下几个方面。

(1) 进行数据分配的粒度太小。Apers[166] 曾建议用片段而非关系来作为分配的单元，从而减少站点间的网络流量。本书认为对于大数据管理而言，片段仍不是理想的数据分配单元，因为片段太小，没有综合考虑相关数据一同分布，从而不便于数据分布管理。

(2) 数据分配算法的复杂程度太高。已证明有多个副本的文件分配问题是 NP 完全的 [167]。非冗余的最小总传输代价的分配问题依然是 NP 完全的 [166]。进一步而言，数据分配问题也会是 NP 完全的。

(3) 基于数据分布的大多数研究工作者都是面向性能方面的。"过度的优化是魔鬼"，这导致了一些限制，一方面，事先获取数据的使用情况明细来进行优化是非常困难与棘手的。另一方面，作为优化目标的最低代价，随着业务的不断变化，数据库会变得不确定。

(4) 其他的管理方面的因素被忽略了。每个分布的企业通常来说已经形成了一个成熟的管理模式，在数据分布中可以充分利用该模式。在实际的数据分布中，这些非技术的原因可能主导数据的分布，特别是在当前企业有较高的计算能力下更是如此。不幸的是，很少有数据分布算法利用这些前提。

如果关系数据库解决不了可扩展的问题，它也就不能在云计算的环境下得到广泛的应用。正是因为关系数据库在扩展上的困难，在大规模存储系统中，为了提高扩展性，这些系统主要是采用了基于键值的数据库。这种非常简单的存储，为使数据能够轻松地被分割，进而分布在各个节点之上，人为地割裂了数据之间的关系，牺牲了数据的表达能力。这种数据的存储格式，对于有非常复杂数据关系的应用程序而言，不能很好地表达数据之间的语义关系。另外，由于数据之间的联系被割裂开来，若要查询这些相关的内容，必须由程序员重建查询，而且相关的数据还可能不在同一个站点上。

综上，数据分布是技术问题，更是系统管理的问题。在大规模数据分布式系统中，之所以没有一个数据分布模型，本书归纳为下面的一些原因。

(1) 在对数据分布的研究中，数据之间的关系有所考虑 [181]，但并没有明确作为数据分布的依据。本书没有检索到基于语义关系的数据分布单元的研究和应用。相反，在一些海量数据系统中，却在人为消除这些语义联系，构建基于键值的数据系统，从而将复杂的数据联系变为简单的数据结构。这种方式，虽然有利于系统的扩展，但对数据语义却是很大的破坏。

(2) 系统的观点在海量数据管理系统中，没有得到充分的体现。一个海量的数据管理系统，不适合再看作单一层次的系统，而应该看作若干个具有一定关系的子系统构成的复杂巨系统。开放的复杂巨系统方法可以帮助我们组建这样的系统。这样，一些假设、前提发生了变化，当然一些在集中式数据库管理系统下有用的方法，现在却不再有用了。例如，传统的数据系统的封闭式世界假设，由于系统变得非常巨大，就很难满足了。另外，随着系统越来越大，也越来越开放，与外部系统之间的信息交换也越来越频繁，如何界定系统的边界，如何将该系统纳入其他的系统中来，或者将一些已有的数据系统，包容到该系统中来，都是我们要考虑的问题。随着信息系统的不断集成，系统规模的不断变大，可以想象将来数据本身也像互联网那样，有机地连接组织在一起，而不是一个个的数据孤岛。这种数据的连接，不再满足于应用层面上的交换，而是在数据层面上的更为紧凑的整合。

(3) 在已有的系统中，往往将安全、数据分布、一致性、复制等问题割裂开来进行研究，而很少统一考虑。这也使得一些算法在理论上很好，可在实际的应用中却遇到较大的困难，造成理论与实际脱节。数据访问控制等相关的语义信息在对系统数据建模的时候，就应该能够与数据构建在一起，而不是作为安全管理子系统进行构建与管理。因为这些语义信息对于数据的分布、节点的部署都具有重要的指导意义。数据的分布不仅与查询处理密切相关，与安全管理、访问控制等也是密切相关的。在安全性要求较高的环境下，这些因素甚至是决定性的，而不仅仅是为了满足性能上的需要。

(4) 数据可以看作一种资源，是属于某个（些）子系统、某个（些）组织，或者是某个（些）人的。这些主体对于数据有更新和处置的权限，既然这样，这些主体对于数据客体的更新时，不应受其他子系统、组织、个人等的限制。原因很简单，既然数据归我所有，我就有随时更新的权利，而不用考虑别人是否在使用。至于其他的数据使用者，也只能是在权限许可范围内读取数据。不应该强加给数据的生产者，在形成数据时考虑别人的使用。当然，在一个子系统的内部，是允许多个组织、个人完全共有数据的，在集中式数据库管理系统中，采用的并发控制机制就是为了解决这样的问题。

7.3 依赖于数据分布的管理方面

几乎数据管理的所有方面都依赖于数据分布，在大数据背景下更是如此。数据分布的方法、策略决定这些数据管理方面实现的难易、强弱。

7.3.1 查询处理

在关系数据库中，查询处理一般可以分为 4 个阶段：查询分析、查询检查、查询优化和查询执行。在传统的分布式数据库系统中，数据的分片、分段对于查询优化、查询处理的执行方案影响非常大。不同的数据分片、分段策略对于最终的查询效率影响非常大，当需要进行数据的连接操作时，可能需要执行连接或半连接操作。这使得网络上的数据传输量变得庞大，大大影响事务的吞吐率。

在传统的基于片段的数据分布策略中，前提假定几乎所有的数据分片、数据分段在各个站点，以及各种连接都是可能的。加上分片透明性以及分布透明性的要求，导致查询优化变得复杂，查询优化本身消耗的时间代价也会比较大。

一个启发式的策略是，尽量避免在多个站点之间进行连接操作。为避免这些连接操作，在数据分布时，就应考虑将这些数据尽量分布在同样的一个站点之上。也就是，语义上相关的数据尽量分布在相同的站点之上。

7.3.2　数据一致性、事务的实现

　　数据分布不只影响查询处理，对于数据一致性、事务的实现，也有很大的影响。数据的分片、分段以及分配问题，导致数据系统中存在若干的数据副本。在数据的更新过程中，保证这些副本"同时"更新，实现这些副本数据的一致性，是一件很困难的事情，往往要通过事务来保证，而代价又很高。若放松对数据一致性的要求，又可能会出现一些不可预料的"脏读""不可重复读""幻象"之类的问题。

　　同样数据分片、分段理论上的各种可能，导致数据一致性、事务的实现要么代价非常高，要么就作为被牺牲的方面。好的数据分布会将语义相关的数据一同分布，结果是事务也会相应地在局部得以完成，即使是必须跨多个节点才能完成的事务，也应尽量减少参与节点的数目，从而降低事务的执行代价。

7.3.3　安全访问控制

　　在系统中，访问控制经常是被作为一个独立的功能模块来实现的。好处是，访问控制不用关心数据库的结构、数据分布，统一地进行访问控制。然而，访问控制本质上是与数据的语义相关的，特定的用户属于特定的部门、公司、地区等访问，应该在其管辖范围内，行使数据的访问权限。这些与数据的关联信息，本质上也是数据信息的一部分，而非属于安全访问控制部分，不一定要独立实现。

　　由于数据可以被分布到各个站点之上，结果是不能保证这些语义相关的数据被分配到一起，这使得安全访问控制实现起来有一定的难度和复杂性。另外，由于法律法规的限制和安全方面的考虑，有些数据是不能任意分布在其他的站点之上的。例如，涉及主权方面的数据是不能分布到其他国家的服务器之上的。

　　在一个安全有严格要求的系统中，不但对用户进行访问控制，站点服务器之间也有可能要进行访问的约束。这里的约束一般不是对数据结构的约束，而是数据内容的保护。既要允许一定权限的访问，同时也要进行访问审计。这些限制也都涉及数据的分布。也就是说，安全原因不允许数据的任意分布。当前，限制云计算发展的一个重要原因就是数据的安全。

7.3.4　扩展性

　　正是由于当前关系数据库不具有良好的扩展性，人们才转而求助于 NoSQL 数据管理技术。对于像 key-value 数据库，数据由于被认为割裂各自的关系，导致可以忽略数据之间关联，从而进行任意、方便、快捷的分布，当然具有良好的扩展性。而对于关系数据库来说，数据之间的关系丰富，数据分布时，切割比较困难，结果就是分布很困难，难以进行扩展。

但是像 key-value 这样的数据存储,将数据关系的获取交给了上层计算,结果是应用程序中必须关心这些联系,由应用程序负责数据关系的重建。另外,对于 key-value 这样的应用,往往不需要处理数据之间的这种复杂关系,从而可以具有良好的扩展性。反之,若同样具有复杂的数据关系,上层应用对于 key-value 数据对的频繁访问,势必也会降低系统的性能,导致扩展的困难。

实际上,若数据分布时,语义上相关的数据放在一起,数据片段之间的连接操作,就不会由于数据拆分到不同站点,随着站点数目的增加导致网络流量的暴增,也是可以具有良好的扩展性的,扩展性取决于数据分布的好坏和难易程度。

7.3.5　并行处理

分布式数据库主要特征是有局部应用,而并行数据库强调的是应用的整体性。在并行数据处理中,由于存储、计算、网络带宽多方面的限制,也需要将数据分布到多台计算机上。由于最容易扩展,成本也最低,share-nothing 结构最为流行,这种模式也更像分布式处理。数据分布对于查询处理等的影响与分布式数据库也非常相似。

在并行数据库中,也会有子任务。若这些子任务能够在很少的站点上执行,不但可以降低网络数据的传输量,也可提高系统的整体效率,从而具有良好的扩展性。问题的关键还是数据分布得是否合理,即语义上密切相关的数据是否自然地被分配到同一个站点之上,并行处理离不开数据分布。云数据库系统实现离不开分布式计算与并行计算,同样也存在如何将数据分布到各个节点上的问题。

7.3.6　可用性

可用性是在某个考察时间,系统能够正常运行的概率或时间占有率期望值。数据的不同分布策略也会影响到系统的可用性。若相关的数据分布在一起,当单个站点出现问题时,可能只有该站点不可用,而其他的站点不会受影响,仍然可用。反之,若数据的分布没有做到这一点,如根据轮转法或 Hash 方法将数据分布在所有的站点之上,一个站点数据的失败影响的范围将更广,多个站点的执行任务可能均会受到影响。可用性影响的范围就可能会很大,而且不易控制失效站点的范围。

7.3.7　其他

数据库系统随着时间要进行模式的演化,演化的过程也要围绕着数据分布模型。当企业进行合并、拆分等业务时,对应的数据系统的重组、重构也需要有数据分布模型的支持才能更为简洁。不同子系统之间针对数据访问,进行独立计算时,数据分布模型也有助于该任务的实施。例如,根据数据访问量进行计费时,很容易基于数据分布在查询访问的服务器设置计费程序。

第8章 数据分布模型

基于前面对数据分布的介绍，本章提出数据分布模型的概念，目的是将数据分布方法固化，形成统一的数据分布前提，以便最终形成大数据管理的生态环境。本章首先讨论当前没有数据分布模型造成的数据管理中的困难，即从反面论述数据分布模型的必要性，然后讨论构建数据分布模型的可能性，最后讨论构建数据分布模型要考虑的因素。这些讨论为后面章节提出一种数据分布模型 —— 多根层次数据分布模型做铺垫。

8.1　没有数据分布模型的困难

数据模型是数据库的核心与基础，数据库是信息系统的核心与基础。我们可以进一步说，数据分布模型是大数据管理系统的核心与基础。正是因为几乎大数据管理的各个方面都与数据分布相关，所以定义数据分布模型也将影响其管理的各个方面。大数据管理中遇到的大部分问题根源在于缺少系统级的数据管理模型，本节从反面阐述数据分布模型的重要性。

8.1.1　系统通用性变差

数据库之所以在数据管理历史上辉煌，完全得益于数据模型，特别是关系数据库与关系模型。有了特定的数据模型，一方面，可以优化数据库的各个模块从而统一到该数据模型上来。另一方面，应用程序的设计也围绕这一数据模型进行，同一应用程序也很方便地迁移到不同的数据库管理系统上来。更为重要的是，数据模型使数据库管理系统的设计与应用程序的设计完全分开，分别优化，提高系统整体的实现效率。否则应用程序员还要关心系统底层的实现，繁杂的数据管理，必然会降低系统开发的效率。

类似地，若没有数据分布模型，分布式数据管理不能对数据的位置、关联关系做更多的假定，由于各系统中数据分布差别很大，很难开发出适合多种分布式数据系统的管理软件，往往只能就现有的系统来解决问题，缺乏通用性。系统的迁移也非常困难，因为数据与系统之间缺乏共同数据分布基础。现在，大型的数据系统，像社交媒体网站、电子商务网站、大数据系统等，其管理软件虽然能有效解决自身的管理，但是通用性很差，不能简单地应用，一般也不能直接互用。这样的趋势是，系统越来越具有个性化，系统管理、人员培训、社会资源的共享等方面代价是比较高的。虽然，很多人认为 "one-size-fit-all" 已经不适合大数据时代，但是系统的内在统一性不断促使我们最大可能地发现、综合各个系统的共同特征，同时，这也不能阻止我们以一个统一的视角来认识世界。换句话说，若能探索到统一的管理软件、平台或方法不是件幸事吗？

8.1.2　应用系统开发效率低下

由于在层次数据库、网状数据库中应用程序员要关心数据的存取路径，系统的开发效率低下。相比之下，关系数据库应用系统的开发效率却很高，因为在关系系统中应用程序员不需要关系数据的具体访问，只需要写相对很少的代码。

在当前的大规模数据系统中，大量的工作同样被消耗在系统管理之上，应用开发不能聚焦在业务本身，在处理数据一致性、事务控制、数据之间的关联上，需要程序员更多的工作。例如，虽然 Hadoop 扩展性非常好，开源、易于构建，可后期的维护、开发的代价却是非常庞大的。key-value 数据库虽然数据分布简单、易于实现，可牺牲了数据之间的关联关系，这些数据关系的重建都留给了应用程序员，增加了应用程序员的工作量，也降低了系统的开发效率。除了使得应用系统的开发效率低下外，也导致系统的通用性差。

若基于数据分布模型，系统管理、访问路径、数据一致性、事务一致性等这些非业务本身相关的一般数据管理工作从应用开发的任务中分离出来，成为公共的任务，一方面，可以像关系数据管理系统那样，对该软件优化，使得管理效率比缺少经验专用开发、管理更成熟、更稳定、部署更快、总成本更低。另一方面，使企业与程序员将精力集中在业务本身之上。

8.1.3　跨系统管理困难

随着信息化的深入，信息系统的应用也越来越广泛，信息系统的应用水平也在不断地深入。很少有系统不从外界获取信息，并将信息以及计算的结果输出到其他的系统中。系统之间也发生越来越广泛而深入的联系，这些联系本质上都是数据之间的关联，系统也就都是开放意义上的系统，系统之间的边界呈现模糊的表面特征。以电商系统为例，一个交易的完成，最终需要商品选择、库存调配、第三方物流配送、第三方支付、短信通知等多系统的配合。同样的一组数据以不同的侧重点，在不同系统中呈现并跨越系统发生关联。

开放也并非所有数据完全意义上的与外界完全共享，对其失去控制。开放是对于系统之间数据的互操作的程度要进行控制、监管、设计、计费等管理。这些问题自然就涉及系统内哪些数据可以共享，如何共享，还有哪些属于私有，不能被外界所访问的。

同一数据在不同的系统中处于不同的地位，体现不同的作用。跨系统地考虑这些数据，特别是数据的一致性、事务管理、数据版本之间的变化、不同系统对不同数据的不同控制能力、尽量只给子系统必要的数据从而保证安全等，这些数据管理方面都与数据分布相关。若没有一个数据分布模型，单独考虑这些因素之后再形成一个系统，具有相当大的复杂性与困难。

在当前的数据管理领域，存在各种类型的数据管理系统，如事务处理型、数据仓库型、电商数据库、移动数据库、文档数据库等。不可否认，每种数据库都有其特点，以及存在的理由。可是，太多类型的数据管理，人为造成了很多割裂，系统越分越细，人才也越来越专业化，每个人生存在狭小的专业领域内，对于全局的把握越来越不明晰。这就是我们所想要的吗？不是，这些不同类型的数据管理系统中，肯定存在更为高层的、统一的一面，它给予我们统一的数据视图。贝塔朗菲的一般系统论，已经论证了不同系统的相似性，何况都是数据管理系统呢！

8.1.4　系统进化困难

数据系统是一个活的系统。人类社会进入信息社会后，一方面信息系统为人类提供了巨大的支持与帮助，另一方面也客观要求信息系统能够随着人类认识水平的提高不断地演化。系统是在不断进化的，每时每刻都像个生命系统一样在推陈出新，有数据进入，有数据输出。既有渐进的变化，也有突变式的变化，下面考虑三种突变式的变化。

数据的模式需要演化。长期来看，对于一个包含非常多的子系统的庞杂信息系统，随着人类认识水平的提高，所关注问题的深入变化等因素可能需要更改已有数据模式。对于一个庞大的系统，几乎不可能有时间窗口来统一更新数据结构。若没有一个轻重缓急、有计划、有步骤的演化策略，对于应用来说，可能会造成很大的混乱。

系统内管理模式逐渐演化。信息系统必须反映现实中管理模式的变化，要求信息系统能够及时反映，随着管理方面的整合、拆分而动作。系统在运行的过程中，数据量、数据访问频次在不同的时期可能有很大的变化，信息系统要想适应这些变化，需要调整内部结构，不断进行优化重组。当企业及其部门间进行简单的合并、重组等操作时，系统的数据模式本身不需要进行变化，但是没有一个统一的数据分布模型，每次数据的调整都会带来很大的工作量，数据的冗余、矛盾数据、数据的不同版本、相同数据项的合并确认等的工作量都非常大。

系统间发生变化。例如，一个企业可能会合并外部的企业，将其纳入本企业的管理范围。这时需要对信息系统进行整合，数据系统的整合是一个最为彻底的整合方案。一方面，数据模式可能要发生变化，另外，数据本身也要进行整合。没有一个统一的可以跨越系统的数据分布模型，这些整合只能完全由程序员针对特定的问题进行处理。有了数据分布模型，数据以及模式的整合可能只是常规的管理性任务，这会大大节省劳动成本并减少出错的概率。

8.1.5　大数据管理系统难以落地

当前，大数据计算主要是进行数据分析，其目的是从大量的数据中分析出知识。其实，大数据时代的数据分析理应是建立在数据管理基础之上的。因此有人提出关于大数据管理系统的概念，希望构建类似数据库管理系统的大数据管理系统。也有人持反对意见，认为在大数据系统中，具有结构化、半结构化、非结构化的各种数据，想将各种数据模型的数据统一在一起，几乎是不可能的，也难以构建此类系统。从信息社会发展的角度来看，数据系统本身必将越来越成熟、越来越稳定、越来越有组织，这也是一般系统发展的规律，数据系统本身也不能例外。难以想象，若未来的数据系统中，数据之间没有更为进一步的组织，信息系统能够构建得多稳定。所以，大数据管理系统是必然的趋势，数据必然走向更高层次的组织形式。

本书认为大数据管理系统更为主要地是解决"大"数据系统中系统级管理的复杂性问题，这与集中式数据管理系统中主要通过数据模型作为数据表达手段不同。对于系统管理中的复杂性问题，要借用系统学的基本原理构建系统，核心还是从数据的语义出发，综合多种因素，按照数据的语义进行数据的分布，并规范在这一语义数据集上的操作。从而系统内、子系统间、系统间的操作接口上，有了规范、统一的接口，系统的构建、组织也就可能变得更为容易，大数据管理系统的落地也就成为可能。

8.2　构建数据分布模型的可能性

数据分布模型处于大规模数据管理中的核心与基础位置，决定了大规模数据管理的各个方面。第 7 章探讨了数据分布对数据管理的重要性，本节进一步讨论构建数据分布模型的可能性。下面先讨论数据分布模型的特点，从而与数据模型区别开来。

8.2.1　数据分布模型特点

数据分布模型不是另一种数据模型（如关系模型），它与数据模型具有不同的含义。

(1) 两者表达内容是不一样的。

数据模型目的在于表达客观世界，从而便于在机器上实现；数据分布模型是基于数据模型构建一个语义的数据集合作为系统级操作的基本单位，目的是实现数据分布，便于系统的管理。

(2) 两者抽象程度是不一样的。

数据分布模型是在数据模型之上构建的，更抽象。

(3) 两者的操作粒度不一样。

在网络模型、层次模型中，数据的操作基本单位是记录；在关系模型中，数据的操作单位是元组的集合；而在数据分布模型中，数据的操作单位是具有一定语义关系的来自不同关系的元组的集合。

(4) 两者的操作内容不同。

在数据模型中的操作处理的是数据访问，直接查询、更新、插入、修改数据，而在数据分布模型中，操作是在系统级上，为站点间的合并、拆分、数据一致性等数据管理操作。

综上，数据分布模型不是作为数据表示的手段，其本质上是一种数据系统管理模型。它构建在数据模型之上来帮助构建、管理数据系统；有了数据分布模型，系统的组织、构建就可以围绕着它进行。同时期待它能够符合、模拟系统一般组成原理，易于应用系统原理，从而便于数据系统管理。

8.2.2　ER 模型是数据模型的概念基础

在信息系统中，存在多种数据模型，如关系模型、面向对象数据模型、XML 模型、key-value 模型、图模型等，这些模型目的在于反映数据之间的关联关系。而这些模型是离机器世界、具体实现更为接近的数据模型。表达现实世界、更为抽象的模型是概念模型 —— 实体关系 ER 模型。

概念模型由概念组成，而概念可以帮助人们认知、理解、模拟模型所表达的信息。概念模型也可指经由概念化或一般化所形成的模型。概念模型常用来抽象现实事件中物质与社会的事物，具有真实世界的相关性。该模型可以代表一个事物（如长城），也可以代表一类事物（如汽车），也可以是非常广大的领域（如物理世界），或是不能直接反映在头脑中的一般与抽象的数学模型。

随着系统越来越复杂，概念模型的角色也明显地扩展，因此概念模型表达系统本质的有效性得到认识，从而产生不同种类的概念模型，这些技术可以应用于多个不同的学科。概念模型的种类与范围取决于使用它的目的。一些常用的概念模型方法包括数据流建模、ER 模型、事件驱动过程链、联合应用程序设计、Petri 网、状态转移模型等。

并非所有概念模型都适合数据库建模，其中用于数据库建模的数据模型有 ER 模型，也有通过域模型（domain model）对 ER 模型的扩展。域模型是一类概念模型，用于刻画元素的概念结构以及其在兴趣域（或称问题域）中的概念约束。域模型包含各种实体、它们的属性以及联系，加上管控包含在问题域中结构元素的概念完整性。域模型中也可能包含许多概念视图。与 ER 模型相似，域模型可用来对概念、现实世界对象与事件建模。

　　ER 模型建模后可以向关系模型、网络模型、层次模型、XML 模型等数据模型转化，从而更为有效地在特定的系统中实现数据管理、存储。可见 ER 模型是各类数据模型的概念基础。倘若从概念本身上来说，概念是具有分布特性的，是可以分布的，那么转换成的数据模型中，数据也是可以据此进行分布的。这样，在 ER 模型的概念层次中，考虑数据分布，即紧密相关的概念在考虑分布时也放在一起，就构成了概念语义上的聚集。前面提及的域模型有类似的概念。不同的是域模型中只是针对兴趣、问题设定域，而现在是根据元素的语义关系设定域，抽象出语义的聚簇，更为客观。这样也可以认为，本书提出的数据分布模型的概念是在域模型的基础上的自然延伸。

8.2.3　现实世界是分布式存在、层次管理的

　　从空间上讲，现实世界的事物都是具有一定分布、层次的，物理系统如此，社会系统如此，人工系统更是如此。物理系统中，宏观上是形成层次的：宇宙、银河系、太阳系、地球；微观上有分子、原子、原子核、质子、夸克等。生物有机体本身是分布存在的。以人为例，人体包含运动系统、神经系统、内分泌系统、循环系统、呼吸系统、消化系统、泌尿系统、生殖系统。系统下包含器官、器官下有组织、组织下有细胞。政府机构是分布存在的，分为中央、市、县（区）、乡镇（街道）、村、户等管理层次。人工构建的计算机，可分为软件与硬件系统，软件系统包含固件、操作系统、应用软件等，而硬件系统包含机箱、板级、模块级、基本电路等。

　　从时间上来说，现实事物也是沿着时间进行变化的，物理系统中的对象如此，社会系统中的对象如此，人工系统中的对象也是如此。物理系统中，宇宙在膨胀、银河系在变化、地球的生态在恶化等。对于人体来说，随着时间推移，各个系统、器官直至细胞都要新陈代谢、生老病死，不同的时间上体现不同的状态。政府机构随着时间的推移也要发生变化，组织架构重组、管辖地区重新划分等。计算机的软件、硬件更新换代。这些都是随着时间变化的，有的变化快些，有的变化慢些，同一事物有时变化快些，有时变化慢些。对于宇宙变化，一般可以取月、年、几十年甚至几百年的观察间隔。对于人体可以取天、月、年的时间间隔。对于细胞可能要以分钟甚至更短的时间间隔。对于软硬件，可以按硬件版本反映时间的间隔。不同的对象、不同的目的、信息存储的能力、变化的快慢等综合因素，决定我们观察的时间间隔。

　　现实世界也都是分层次进行管理的，社会系统长期来就是这样的，人工系统也是这样实现的。对于人体组织来说，损失一块肉的伤口，一般只会影响所在的组织、器官、系统，而不会对其他部位造成显著影响。对于政府管理来说，一个自然村落的消失，也只需乡镇内部管理上的变化，而不会影响其他机构。对于太阳系，黑子的变化可能也只能影响太阳系本身的活动，对于其他星系的影响可以忽略。计

算机系统中的内存条更换，也不会影响其他的部分。层次管理的好处显而易见。

虽然现实世界中事物的普遍联系是网络关系、非层次的，然而仔细地想一想，联系所处的地位是不一样的。这些关系中起支配的关系往往还是分布的、层次结构的。处于层次关系上的联系是稳定、重要、关键的，而其他的往往是暂时、次要、可一定程度上忽略的。例如，人还有亲属关系，可在政府社会组织中管理的主要还是管理户籍关系、工作关系。对于不同的系统，这些关系的重要程度是不一样的。若进行遗传学方面研究，亲属关系就是主要的关系，户籍、工作等就退居到次要关系。不管两种中的哪一种，都是分布的、层次结构的。

信息系统客观上要求是分布的、分层次进行管理的。信息系统反映的是现实世界，是为管理现实世界服务的。现实世界本身是分布的、层次管理的，那么很自然，信息系统也应当是本质上分布的、层次管理的。作为信息系统基础的数据系统，本身也应是易于分布的，并且是可以进行分布的，这对数据系统提出了客观的要求。

8.2.4 复杂信息管理系统的核心与基础

我们知道数据模型是数据库系统的核心与基础，而数据库系统又是信息系统的核心与基础。那么在大数据时代的复杂信息系统中，什么才是关键的因素呢？本书结论是数据分布模型是复杂信息管理系统的核心与基础。

当人类进入大数据时代，信息管理变得越来越复杂，很多问题都纠缠在一起。信息查询、访问控制、事务控制、扩展性、可靠性、恢复、管理、数据一致性这些管理问题对于每一个信息系统都是要考虑的公共问题。现在技术研究却人为割裂各方面，在具体的研究中常常只针对单个的方面进行研究，缺乏综合性。另外，研究的基础只是一般意义上的数据模型，没有数据分布方法的基本前提假设，缺乏针对性。前面章节已经介绍了上述管理方面与数据分布密切相关，数据分布的策略影响这些方面的实施。

数据分布模型从数据语义出发，将紧密相关的数据聚集成一个单位，在系统管理中以这种聚集为单位进行数据分布。规范化系统级、站点级的操作，便于数据从系统的角度实现数据的拆分、组合。有了数据分布模型后，就有了数据分布的基础，就知道数据是如何分布的；哪些相关的数据都分布在一起；可以完全控制哪些数据；哪些数据是来源于系统外部，被本系统所访问的；本系统完全控制哪些数据，可以对其更新处理，可以推送到外部系统中。有了数据分布模型，数据复制的单位也发生变化，也以数据分布模型为基础进行分布，一次复制一个逻辑上、语义上紧密结合的数据集。有了数据分布模型，在信息查询中，语义相关的数据已经被分配到同一个站点上，连接操作会自然地映射到每个站点上，因基本不需要半连接操作，查询的代价很小。对于事务控制来说，不同的操作往往也一定程度反映语义的要求，也由于数据是根据语义进行分布的，这样事务就可能在较少的站点上得到实现，从而减少事务跨站点的数目，事务的执行效率得到保障。有了数据分布模型，对于系统其他的一般性管理任务，如增加节点数目、合并节点、企业并购、系统结构演化等多方面会变得简单。

对于应用程序来说，数据分布模型可以是透明的，即并不需要知道数据是如何进行分布的。应用程序可以假定数据是任意分布的，或者说是处于一个大的数据库之中的。数据如何分布并不需要最终用户、普通应用程序员关心。这也进一步说明数据分布模型与数据模型的区别。两者的目的是不一样的，服务的对象是不一样的。

8.2.5　社会发展的必然结果

人类文明发展的历程可以用"三化"来概括，即农业化、工业化、信息化。信息革命是一场关于人类信息、知识的生产和传播的革命，开始了人类"信息化"的进程。从人类文明发展的历程来看，农业化、工业化、信息化不是相互排斥、"有你无他"的发展过程；也不是一先一后、互相"断代""你方唱罢我登场"的关系，而是一个相互渗透、相互融合的过程，是一个渐进、发展、由表及里、由浅入深的过程；促进三者的相互融合，就是人类文明发展的永恒主题。信息化也不会结束，因为人类"信息和知识的生产和传播"永远不会结束。

信息化推进的结果将导致人类进入信息社会，关于这一点，全球政治家已经有共识。联合国在 1998 年出版的《知识社会》一书中指出：信息化"既是一个技术的进程，又是一个社会的进程。它要求在产品或服务的生产过程中实现管理流程、组织机构、生产技能以及生产工具的变革"。

我们知道，数据库是信息系统的核心与基础，而作为数据逻辑组织方式的数据模型又是数据库系统的核心与基础。可见，数据的逻辑组织对于信息社会发展的重要作用。人们对于数据的逻辑组织的认识，最终固化成为一定的数据模型，也正是数据模型的定义、规范、研究与应用，为信息化过程做出了卓越的贡献。信息化是一个不断深入的进程，我们对于数据本身的本质认识也进一步加深。数据之间的这种逻辑关系也可以帮助我们进行系统的管理，显然这些逻辑关系与数据模型之间的联系并无本质上的差异，但是，我们关心的却是这些关系形成的更为全局、更为综合的方面。通过将语义上比较独立的数据作为一个单位，赋予了其在比一般数据处理更为抽象的作用 —— 系统管理。

打个比方，若数据好比人体内的细胞，数据之间存在相互的关系。若将人体看作由细胞组成，当然没有错误，问题是会对我们认识人体、研究人体带来诸多的不便。在细胞与整个人体之间还有不同层次上的概念，许多功能相似的细胞形成组织，而不同组织又可形成具有一定功能的器官，进而构成系统，构成人体。对于数据系统也是如此，若只是将数据看作细胞层次的数据，由其构成数据系统，而认识不到由数据之间联系抽象出的其他层次的概念。我们对于数据系统的认识,也将停滞,信息化的深度也将停滞,信息社会就难以发展。

社会分工促使社会效率的提高,那么数据的一般管理需要与数据应用区分开来,也是正在发生的事情。我们说数据应用是指对数据进行查询、修改、挖掘信息为目的的数据活动,而数据的一般性管理是通过数据存储、组织等变化以提高系统性能、稳定性、可靠性、恢复性等为目的的活动,是区别于数据应用的。将两者分开的目的是提高效率,一方面应用程序的开发将更有效率,另一方面,通过专业化的设计与研究使得系统的性能等方面更为优化。当年,关系数据库之所以能够战胜网状数据库,从而最终确立起来,就是因为在关系数据库的平台上,程序员只需要写比原来较少的代码。一方面,劳动量大幅减少,另一方面得益于关系系统的查询优化。对于现今的大数据时代的信息系统来说,系统方面的工作量太大,并且与应用区分的还不够。结果就是系统的开发效率较低,系统管理方面也有很多的问题,如扩展性。

虽然一般性管理与数据应用看待的是同一组数据,同样的逻辑关系,但看数据的角度是有区别的,关心的抽象程度是不一样的。对于管理任务来说,数据的单位数量越少,管理的复杂性就越低。反之,数据的单位数量越多,管理的复杂性就越高。为此,就需要在基本的数据关系之上,抽象出另外的数据单位概念,辅助系统的管理。而且,正如组织、器官、系统等不同层次的概念一样,在数据系统中也可以抽象出不同层次上的概念,用于不同层次上的管理。这些也就是本书中介绍的数据分布模型的概念。可以期待在考虑系统级别的管理时,以分布模型(如器官、组织)为单位要比元组(如细胞)要便捷、直观、效率高很多。

随着信息系统越来越复杂、数据量越来越大、数据类型越来越多,没有数据分布模型这样的概念,对于数据的组织来说将是不可想象的。社会信息化水平的提高与发展必然导致数据分布模型或类似概念的出现。

8.3 数据分布模型要考虑的因素

模型的好处与危险是众所周知的。模型的好处在于它是创建理论的一种方式,即容许从前提推导、解释和预见,常常收到意想不到的效果,其危险在于过分简化。为了概念上可控制,我们不得不把客观实在简化为概念骨架,问题在于我们这样做是否像解剖那样会砍掉了活力部分。越是现象种类繁多复杂,简化的危险就越大。数据分布模型的选择也面临类似的情况。

8.3.1 性能

众所周知基于数据分布的大多数研究工作都是面向性能方面的,以性能作为衡量文件分布、数据分布、片段分布的优劣。正如经济非社会发展的唯一动因，性能也非数据分布的唯一动因。

首先，预先估计数据访问模式很困难，也难以准确。应用需求是不断变化的，数据的访问模式也是在不断变化的，导致所谓的最优数据分布不是最优的。系统要经常根据数据及其访问模式进行重新的优化及数据分布。

其次，作为性能优化目标的最低代价，由于系统的一些不确定因素，并随着业务日益变化，数据库会变得不确定。如传统数据库中，优化都是假定数据在硬盘上的，若数据已经在缓冲区中，数据优化的准确性就要打折扣。所谓的最优只是针对数据访问的，在数据系统中还有大量的管理方面的访问，结果是所谓的优化效果大打折扣。例如，数据一致性更新传播，事务控制、并发访问、灾难恢复等也要对数据进行访问，而这些访问是传统的数据分布算法所难以考虑的。

再次，数据分配算法的复杂程度太高。尽管关系数据分布获得了大量的研究，并取得了很多的成果，在数据分布方面存在理论与实际的差距[190]：理论很难直接地在实际中应用。分支界限、启发策略[166]以及进化算法[182]都被引入到这些数据分配算法中来。这样的结果就是导致理论研究是一回事，而实际应用中又是另外一回事。对于小规模的分布式数据库系统还可以满足，但对于大规模的分布式系统，数据分布变得复杂而耗时，矛盾更加突出了。

最后，影响数据分布的因素绝不只有性能。例如，因为安全问题，企业很少愿意将其关键业务数据存放在第三方的平台上。由于法律法规的限制，数据也不是能够任意分布的。

性能不是唯一要考虑的因素。图灵奖得主网络数据库之父 Bachman 早在 1978 年就数据分布曾列了两个要考虑的因素[189]。其中一个是一些公司喜欢物理地持有自己的数据库，从而减少大罢工或恐怖袭击中的不确定性。另外一个是数据库的大小与计算机的能力要相匹配。

随着信息社会进入大数据时代，以性能作为系统单一目标的思维方式，已经不能够驾驭复杂巨系统了。必须用人类的智慧综合考虑多种因素，以开放的复杂巨系统的观点来确定数据的分布。

虽然性能不是数据分布唯一的动因，但最终使得数据分布模型确立的仍然还需要性能的保证。只是，不能要求一个刚刚破土的幼苗过多。举个例子，在蒸汽机刚刚发明，与马车比赛时，速度还跑不过马拉的车。可是，不能因此否定蒸汽机的进步意义。随着不断的改进，还会有人认为蒸汽机落后于马拉的车吗？

8.3.2　多种因素的平衡

性能不是数据分布的唯一原因，数据分布模型的构建是多种因素综合的结果，它应该是平衡数据管理多方面的考虑。

虽然性能不是数据分布的全部原因，但依然是影响数据分布选择的一个重要因素。倘若数据分布的结果导致非常差的性能，系统是缺乏生命力的。这要求我们在设计数据分布模型时一定要考虑数据的访问方式。我们知道，连接的代价很高，那么连接相关的数据需要尽可能地放在一起。另外，也要给数据分布模型留下优化的空间，即数据分布在满足模型定义的情况下，也能够根据数据访问进行优化。

扩展性是数据分布模型要考虑的另外一个重要因素，对于当前的数据管理特别具有现实意义。扩展性实际上也是与性能相关的，非关系数据库的火热从反面说明了传统的关系数据库在扩展性方面的不足。传统的关系数据库具有良好的向上扩展，可是在水平扩展时性能却不如人意。对于数据分布模型来说，目的是大规模数据存储，水平扩展性是必须要考虑的一个重要因素，基本思路就是数据分布的高内聚、低耦合。这样会使得节点之间的通信尽可能地少、任务尽量在较少的节点上完成，甚至使得水平扩展达到近线性。

数据分布模型要尽量满足系统的可用性。可用性是在某个考察时间，系统能够正常运行的概率或时间占有率期望值。在大数据这样的巨系统中，若想任何时候所有的节点都可用，从而定义系统可用，要求过于严苛。更为实际的是，系统可能一部分出问题，影响使用，但是系统的大部分还可以使用，包含局部的应用，也可以是一些全局的应用。为了达到这样的目的，故障的影响范围应该是越小越好，也就是数据越是高内聚越好。对于按 Hash 方法分布数据的系统来说，若没有数据的多副本情况下，一个节点的故障会导致所有需要该节点数据的应用都失效。若考虑到一个应用要访问很多的节点，那么系统的可用程度会非常差。这好比，一个手指受伤，其他手指受感染，那么整只手都不能用了。反之，若应用访问的数据主要集中在一个或很少的节点之上，此时由于其他的数据完整，绝大部分节点支撑的应用还可以正常运转。这好比，一个手指断了，但其他的手指没有被感染，还能正常使用。

数据分布模型要考虑将访问控制的一些要求集成进来。对于最终用户来说，安全限制主要来自于两个方面，一是他能做什么类型的操作，二是其访问的数据范围。访问的数据范围完全是与数据分布相关的。数据的分布本身就是一定范围内的数据一起进行分布，这可以为访问控制的实现带来便利。数据分布模型的数据分布要能符合日常工作生活习惯，从而便于数据的访问控制。

数据分布模型要考虑数据一致性的实现。数据不只是只读的，不是采集来就不用更新的，不是修改后就不顾及其他系统的使用的。随着信息社会深入发展，哪怕最不经常变化的数据也会随着时间推移发生变化。数据的不一致性给人类带来的损失是非常巨大的。为此，在设计数据分布模型时，也要考虑数据一致性的实现。由于系统中多个数据副本的存在，数据的同时更新是非常困难的，也即保证数据的强一致性是非常困难的。替代强一致性的是数据最终一致性，也即允许在数据更新区间存在数据的不一致性，但最终随着时间的推移是一致的。设计的数据模型要易于数据一致性的实施，也要给应用程序留下选择的空间，通过事务控制选择隔离性级别，将不一致性控制在可接受范围内，实现在性能与准确性间的折中。

数据分布模型要便于系统的管理，这本是建立数据分布模型的目的。系统的管理一方面要与人的思维习惯一致，便于系统管理员手动进行数据的分布操作。系统管理员通过系统的监控，可能发现一些性能的瓶颈，一些节点的存储、计算接近饱和，可以提前进行手动的处理，将数据节点拆分，或将部分数据分布到较空闲的节点之上。另一方面，数据分布模型也要适于程序化的自动数据分布等操作，这对于大型的信息管理系统是必需的。系统管理中，很多的工作已可以由机器来进行优化，自动地进行数据分布，从而改善系统的性能。

数据分布模型要符合多种计算模式。当前数据管理系统中多种计算模式共存，有基于主机的计算、B/S 模式、C/S 模式、云计算模式、移动计算模式。数据分布模型需要同时适用于多种计算模式，数据以及基于数据的应用系统能够通过外围系统、本节点或上层节点的管理，方便地在不同的计算模式之间迁移。

数据分布模型要能够从不同的数据模型的共同特征中抽象出来。现在的数据类型有结构化、非结构化、半结构化数据。数据模型有关系、层次、网状、面向对象、key-value、语义数据模型等。数据分布模型具有与数据模型不同的目的，其主要是为了数据分布，而数据分布本身仍要依赖于数据模型本身，而非额外增加要求。这样一方面是减小分布时对于系统管理员的工作量，不用人为刻意定义数据如何分布，另外这也是顺应数据自身、自然而然的选择。唯一需要我们注意的是在系统设计时，要将与分布有关的语义含义表达在数据模型之中。这也要求我们定义的数据分布模型，要具有很强的一般性、适应性，能从各种数据模型中提炼出来。这其实是要求数据分布能够最接近客观事实，才有可能在各种数据分布模型上提炼。

综上，数据分布模型涉及数据库管理的多个方面，选择数据分布模型也要从数据管理的多个方面进行考虑，综合各方面、平衡各个方面来选择数据分布模型。传统的数据分布是从性能的角度来进行考虑的，对于数据管理的其他方面都具有一定的局限性。同样，仅从上面所列因素中的一个或少数几个方面来选择数据分布的方法也是具有局限性的。

8.3.3 数据的语义

该从何种角度来选择数据分布模型呢？本书综合上述因素，得出的结论是从数据语义确立数据分布模型，原因如下。

(1) 要想数据分布模型针对上述介绍的各种因素中表现都比较好，数据的分布必须是根据数据语义来进行。通过数据的语义联系，相关的数据才能够很好地组织在一起，一同分布的数据才能形成数据聚簇，具有高内聚、低耦合的性质。不管是性能、扩展性、访问控制、一致性都是语义基础上的一定的功能。

(2) 只有通过语义才能构建数据分布模型，才能将数据分布模型与各种数据模型关联在一起。前面提到过的数据模型有多种，而数据分布模型要在各种数据模型基础上都能抽象出来。这也要求数据分布模型具有反映现实世界的本质特征，否则是很难做到这一点的。因此，数据分布模型要能够反映数据的基本语义关系，并且只使用这些基本的语义关系，才能保证其一般性、普适性，整合多种数据模型。

(3) 数据分布模型遵从数据的语义关系，体现应用与数据分离的思想。即只需从数据的角度进行数据的分布，而不用盯在数据的个别应用。显然这种想法与当前的一些具体做法会有些冲突。当前根据具体应用组织数据的做法很实际，目的是解决眼前的问题，提高当前某个应用的性能，可是信息系统的生存周期会很长，应用又是不稳定的，会经常地发生变化，结果数据的分布仍会频繁地调整。另外如前面所述，系统管理的其他方面可能会变得困难。数据与应用分离的好处是：数据本身是稳定的，其语义关系也是相对稳定的。不管应用如何，也都是围绕着这些基本的语义关系展开的。数据模型本身表达的是这些基本概念之间的关系，所以很稳定。上述根据具体应用组织数据的方法，用于小系统、简单系统尚可；但对于复杂系统，由于系统间边界越来越不清晰、难以割断、数据交换越来越频繁，会带来挑战。只有从数据基本的语义出发构建数据的分布才能更为稳定，更具有适应性。在现实的数据库程序开发与分布系统中，很多时候也是淡化具体应用程序本身，直接设计数据库，并且进行数据分布的。当然，这并非说完全不管应用程序的影响，而是以一种超越个别应用的角度，从整个企业、社会的角度综合所有可能的应用来组织数据。

(4) 数据分布模型要遵从数据的语义，这也是要以"数据为中心"而非"以计算为中心"的体现。现在的一些大数据系统，还停留在"以计算为中心"的模式下，从外界收集数据来进行处理，应用水平的不断深化必将对此带来深刻的影响。众所周知，现在的计算涉及的数据量越来越大，已进入到了大数据时代。此时，更为可行、实际的计算模式是计算找数据，数据在所属的站点、服务器，或区域，或部门，很少移动，是计算程序迁移过来，计算后取得需要的结果。而以前的方式，经常是收集来自各方的数据，然后送到计算节点上来运算，产生结果。在大数据时代，一方面，传输、存储数据都需要相当规模的资源，数据移动不易。另一方面，数据作为宝贵的资源，数据拥有者可能不再允许数据交给别人而失去控制。

8.3.4　系统学的基本原理

在前面章节中，本书提出用系统科学范式指导数据系统构建，对于数据分布模型的构建也是如此。数据分布模型作为大数据管理系统的核心与基础，理应符合复杂系统的基本原理，从而便于应用复杂系统的成果。

系统学的基本原理包含涌现性（整体性）、层次性、开放性、目的性、突变性、稳定性、自组织性和相似性。

(1) 涌现性原理。系统由若干要素组成的具有一定新功能的有机体，各个要素一旦组成系统整体，就具有独立要素所不具有的性质和功能，形成新的系统质的规定性，从而表现出整体的性质和功能不等于各个要素的性质和功能的简单加和。数据分布模型产生数据分布，数据并非简单的叠加，有些数据会是重复的，有些会是节点独有的。数据合并时，如何合并；数据拆分时，如何分布哪些数据都不是简单的操作。另外，数据拆分后要满足一定的数据一致性，一致性如何保证，这些都要确保原来的系统的整体性，不能拆分数据，破坏系统的整体性。整体性是涌现性的又一种说法。另外，对于整合的系统，通过整合，会获得原来没有的一些特性，例如，数据一致性得到更好的解决，也就涌现出了新的原有系统不具有的功能。再考虑应用系统的整合作用，出现新的未曾有的功能是非常可能的。所以，数据分布模型要能在拆分数据时，尽量保证系统的整体性，而在整合数据时又能涌现出新的功能。

(2) 层次性原理。由于组成系统的诸要素的种种差异以及结合方式上的差异，从而使系统在地位与作用、结构与功能上表现出等级秩序性，形成了具有质的差异的系统等级。系统的层次犹如套箱，层层嵌套。数据分布模型也应能反映此项需求，层次是相对的，一个系统之所以称为系统，是相对于其子系统来说的，它本身也可能是上层系统的一个子系统。层次的相对性非常普遍，层次也是不可穷尽的。层次之间又是相互关联、相互影响、相互制约的。层次也具有多样性的。数据分布模型也要能反映这样的要求。

(3) 开放性原理。系统的开放，一般说是向环境开放。可系统会有很多不同的层次和不同的子系统，并非每个子系统都向环境开放，可能会向系统内其他的子系统开放。这也就是开放的相对性。系统与环境之间又竞争又合作。系统向环境开放，使得内因外因联系起来，也有两者间的辩证关系。对于数据分布模型而言，还要能反映系统开放程度，哪些是系统数据，哪些是环境数据，两者之间的关系以及如何保证这些关系。忽略这一点，数据系统的构建就混淆了系统与环境的关系。

(4) 目的性原理。系统在与环境的相互作用中，在一定程度、范围内，表现出其发展变化不受或少受条件和途径经历的影响，坚持趋向某种预先确定状态的特性。对于数据分布模型来说，不管怎么分布，当数据发生变化时，最终系统的数据趋于最终的数据一致性。对于外界环境来说，就如同一个数据版本一样。在设计数据分布模型的时候，要考虑这种影响。

(5) 突变性原理。系统通过失稳，就会由一种状态进入另外一种状态，这是系统演变的一种基本形式，突变方式多种多样，同时系统还存在分岔，从而有了质变的多样性，造成系统发展的多样化。根据数据分布模型进行的数据分布，会随着数据量的变化、访问方式的变化造成存储、计算、通信方面与硬件的不匹配，系统失稳、需要进入到新的稳定状态。这需要在原有数据分布基础上进行重新分布，不是完全地重新分布，只是调整。由于现实情况的多样性，这种调整也是多样的。

(6) 稳定性原理。在外力的作用下，开放系统具有一定的自我稳定能力，能够在一定范围内自我调节，从而保持和恢复原来的有序状态、结构和功能。系统的稳定性是动态中的稳定性。系统的稳定性关心的是系统整体的稳定性，它不仅关心某一层次上的稳定性，还要关心多个层次耦合起来以后的稳定性。对于数据分布模型来说，这种模型要能够体现稳定性，能够在动态中保持稳定，能够进行一定范围内的自我调节，根据数据访问情况，平衡数据的分布，同时保持结构的稳定。要能够在数据分布的各个层次上，各个节点上都保持动态的稳定。当出现失稳的情况下，进行调节，重新稳定。

(7) 自组织原理。现实的系统都处于自我运动、自发形成组织结构、自发演变中。当然，由于系统的层次性，自组织与他组织是相对的。耗散结构理论、协同学与原理、突变论、混沌与分形等理论使我们认识到，系统的自组织演化中，充分开放是前提，非线性作用是动力，涨落是原始诱因。对于数据分布模型来说，要能形成一个自组织体，将涨落、进化、协同、突变等多种情形结合在一起。这一方面要由数据分布模型提供基础，能够根据系统的变化进行调整、组织。另一方面还要上层数据管理系统、应用系统的共同作用。

(8) 相似性原理。系统具有同构和同态的性质，体现在系统的结构与功能、存在方式、演化过程上具有共同性，这是一种有差异的共性。正是因为如此，也使得依据系统原理构建数据系统、提出数据分布模型成为可能。同样，我们在综合信息系统相似性、不同种数据模型相似的基础上，提出数据分布模型。

数据分布模型还要符合开放式复杂巨系统的思想。一是要体现开放的特征，对于数据系统来说，与环境进行交换的主要是信息，而非能量、物质。首先是与外界环境的数据关系，还有就是子系统数据与内环境，即其他子系统形成的环境之间的关系。二是要体现分布并非分解的概念，不是试图用还原论的方法解决复杂型问题。三是体现巨系统的概念，要从支持层次概念上，不论是子系统的类型还是数量以及子系统的关系上都要能体现"巨"的概念。

总之，数据分布模型也是应用系统学基本原理的一个媒介，便于大数据系统中的数据管理。

8.3.5　可变性

数据语义是相对稳定的，但这并不是说明数据分布模型是死板、不能变化、不能调整的。数据分布模型应该可以具有不同大小的粒度、具有弹性、能够构建在多种数据模型之上、易于扩展，包括向上扩展、水平增量扩展，也要包括向下扩展、水平减量扩展。这是数据分布模型应用于大数据时代数据管理的一个必须的条件。

多层次、多粒度的数据管理是必不可少的。数据分布模型本身的粒度必须是可以选择、调整的，根据管理的范围不同，可以选择不同的粒度。数据分布模型不能因为所使用的粒度不同，而存在本质上的差异，其符合的语义应该是同样类型的。这样，定义在该数据分布模型的各类操作、完整性约束才能保持稳定。

数据分布模型要具有能够根据数据来调整、改善系统的弹性。当数据分布不均或数据访问的变化造成存储、网络通信或计算之间的不平衡时，就需要通过重新分布数据来进行调整，例如，在满足响应时间的情况下，合并访问量不足的站点提高利用率；对于成为瓶颈的站点，通过拆分数据来将计算、网络访问分配到不同的站点之上从而减少等待时间，改善性能。同时在大数据系统中对于数据分布模型来说，要能够适应各种计算能力的节点，包括从高性能的服务器主机，到可能只有基本存储、计算、通信能力的传感器网络节点。只有具有这样的弹性，才能形成统一的、从上到下、从大到小、从复杂到简单都能管理，同时基本控制方法一致的系统。

数据分布模型要能构建在不同的数据模型之上。随着信息社会进入到大数据时代，一个系统使用多种数据模型的数据越来越普遍。分别使用不同的数据的管理方法可能会造成系统管理的混乱，若能够统一地进行管理，将是一件幸事。只要数据分布模型能够构建在不同数据模型之上，数据管理以数据分布模型为前提，统一的管理就成为可能。

数据分布模型要具有灵活性。数据分布模型应允许系统管理员对分布的数据进行裁剪，既能减少冗余的数据，从而减少为满足一致性的代价；也能允许保留一定的冗余数据，从而增加系统的查询效率；同时数据分布模型要能够为数据系统的智能管理留下足够的空间。数据一致性、事务、访问控制、性能优化、数据访问记账管理等方面都应从数据分布模型中受益。

8.3.6　简单性

前面讨论了构建数据分布模型不要单纯从性能出发，要综合多种动因，要从数据的语义出发，定义的数据分布模型要有弹性，还要符合复杂系统的基本原理。看起来，要同时满足这些条件的数据分布模型会很复杂。但是恰恰相反，数据分布模型一定要简单。我们不能困在无关紧要的细节上，必须学会观察和把握事物总的场景，必须"减少复杂性"[11]。

(1) 上述众多要求是一个问题的多个方面，实质是万法归宗，道法自然。只要从数据语义出发，就能抓住数据分布的实质，很多问题可以迎刃而解。在关系数据模型中的语义方面有实体完整性、参照完整性、用户自定义的完整性约束。而前两者因为地位重要、要求较高，被称为关系的不变性，数据分布时以两者为基础就是从数据语义出发。高内聚、低耦合是分布式系统设计所优先考虑的，在定义数据分布模型时，关注点在于利用数据的相关性使得数据聚簇高内聚、低耦合。这样，网络结点间交叉访问量也必然会减少，计算的性能与系统的效率、综合性能也会得到保障。

(2) 数据分布模型简单，是系统管理的客观要求。如前所述，数据分布模型是系统管理的核心与基础。不难想象，若数据分布模型非常复杂，系统管理很难简单，客观要求数据分布模型要简单。另外，数据管理是社会管理、人的管理思维的自然延伸，也要便于人的理解，何况有些数据管理的操作还需要人工的参与与实施，这样也必须要简单，越简单的才越有生命力。

(3) 数据分布模型简单，是构建在数据模型之上的客观要求。一方面，数据模型本身的数据结构一般都比较简单，抽象出的都是简单的概念、数据之间的关系。在这样的数据模型基础上，易于构建简单的数据分布模型。另一方面，要在多种数据模型上构建数据分布模型，若数据分布模型复杂，映射到数据分布模型势必变得复杂，影响数据分布模型的使用与推广。

8.3.7　定性与定量的统一

在经典科学范式下，衡量方法是否科学的主要标准是定量特征，但随着系统科学范式的形成和发展，这种态势开始有所转变。在经典科学范式中定性方法并非没有地位，而是相对于定量而言硬度比较低，定量特征可能是衡量其硬度的首要标准。定性问题虽然也有其地位，但相对而言很低，正像卢瑟福所言："定性概念无非就是定量性极差的概念"，这一流行于 19 世纪的思想是当时科学思想的真实写照 [191]。

随着系统科学的发展，系统科学诸多方法也开始展现容纳定性方法的特征。在经典科学中，"硬度"不足的定性方法在系统科学中具有了合法地位。传统系统方法太硬，用于处理结构比较好的系统问题尚可，而对于那些有社会因素、主观性强的、特别复杂的问题就显得无能为力了，因此有人开始重视软系统方法。钱学森创立的综合集成方法的首要特点就是"定性研究与定量研究"的有机结合。顾基发等研究发展物理–事理–人理系统方法 [192, 193]，在物理、事理的基础上，重视人理，研究人–机结合和人–人结合的方法，实现了定性和定量结合的方法。这些问题及其回答明显具有很强的定性特征，甚至在某种程度上定性的地位高于定量。当前比较流行的系统工程方法非常注重定性方法与定量方法的结合，定性描述和定性模型也逐渐具有了科学基础，并确立其合法地位。在经典科学范式下，定量是科学的必备特征，随着系统科学的形成和发展，定性问题逐渐进入科学界内部，并确立其合法地位。或者说，正是随着系统科学的发展，定性研究才逐渐得到科学界认可，定性方法开始在科学研究及其应用领域占据重要地位，从而实现了对定量的超越 —— 定量与定性的统一 [85]。

　　如前所述，大数据时代的数据分布，不论是文件分布，还是基于片段的数据分布都是 NP 完全问题。随着系统规模、数据规模、数据访问等各种影响数据访问性能因素的增多，数据分布的复杂程度可想而知，显然单纯定量方法是很难解决大数据时代的数据分布的。必须引入定性的方法，将人类的智慧融入，与定量方法共同实现数据的分布。

　　本书提出的数据分布模型，就是引入了定性的方法。传统的数据分布策略根据最小访问代价将数据分布在各站点，而本书提出的数据分布从数据语义的角度出发，将相关的数据尽可能地放置在一起，可以通过减少查询中的连接操作来减少查询的代价。对于站点间的查询的平衡，不是立足于总的平均数据访问总量，而是立足于从单独的节点承担的数据访问量的大小进行调整。当某站点数据量大时，承担的通信、计算自然就大，当大到不满足服务质量时，通过拆分数据来降低该站点的数据访问量。并且某站点数据访问量降低到一定程度，造成该站点系统利用率严重不足时，通过将类似的站点上数据合并或重组，将站点的数目减少，实现弹性的计算。显然，进行服务质量判断时需要计算，这些不断进行的关于服务质量、利用率的计算依然是定量的方法，这同时也实现了从定量到定性与定量的统一。

第三篇　多根层次数据分布模型 MHM

　　本部分提出一种数据分布模型 —— 多根层次数据分布模型。首先，研究将数据图近似理解成数据多根树方法，阐述了该模型的适用性；其次，给出数据完整性约束，使多根树数据在迁移的过程中也能保持语义上的完整；再次，定义了多根树操作，同时阐述这些操作在分布式环境下的实际意义，还通过例子演示如何使用MHM 进行数据分布；最后，讨论 MHM 如何体现系统科学范式的要求。

第 9 章　MHM 的提出

9.1　基于多根树的 MHM

虽然要求数据分布模型本身要简单，但构建一种数据分布模型却非简易之事。如前所述，要综合，要语义，还要符合系统原理等诸多要素。现实中的情况千差万别，系统之间都会存在一定的差异，构建数据分布模型与数据模型一样，既有其一般性也有其特殊性，不见得一种数据分布模型对于所有的系统都适用。我们所追求的是尽量适应，广泛的适用程度，同时还要保持模型的简洁，要能够取舍。相关联的数据最好被一起分配，这样数据之间通过外键值关联在一起，可以减少连接时的通信代价。基于这样的假定，在数据分布中，数据之间的关联应当给予很好的利用。关键在于，是否有一种将关联的数据去耦的方法，生成相对独立的数据模块，与其他的数据模块联系尽可能少。相互关联的部分，即为每个数据模块的邻域、外环境的数据，作为构建此数据模块的可选部分。这构成了数据分布模型的数据结构。

ER 模型的提出者美籍华裔科学家陈品山 [157] 将数据模型（视图）分为四个级别，不同级别的数据模型有着不同的目的。将网络模型构建在关系模型之上的动机可以追溯到著名的 1974 年数据库界的大讨论 [18]。许多类型的数据，如网页、XML 文档以及关系数据库都可以被视为图（网络）。然而，图数据库模型（graph database models）[135] 在实际中处理起来过于复杂，而树型结构更为自然与简单。在自然界以及人类社会，层次结构非常常见，关于世界的认识通常组织成层次形式 [132]。从系统科学的角度来看，层次是系统科学的重要概念，从某种意义上讲，系统科学就是研究层次之间相互联系、相互转化规律的 [194]。如果数据分布是层次的，可以期待数据分布得到简化，这和其他的复杂系统一样。以层次的思想组织数据、管理数据符合系统层次原理，同时也正因为层次结构很自然，人们很早就提出了使用层次结构的数据模型 [132]。传统的层次数据模型由于采用的树型结构（只有一个根），有其局限性。本书应用比单根树更为一般的数据结构 —— 多根树（multitree[17] or multi-roots tree [16]）。在这样的数据结构中，一个节点可以有多个父节点。

在本书给出的数据分布模型中，是以多根树作为数据分布的基本单位的。我们知道，基本的数据处理单位在 IMS、CODASYL 中是记录；在关系数据库中，关系操作的单位是集合。在早期的数据分布中是以文件作为单位进行分布的，而传统的分布式数据库中，是以关系的片段作为分布单位。现在，关系数据库由于应用的需要变得更为复杂与庞大、数据之间通过外键参照关系存在着各种联系。数据的分布中，对于这些联系应给予充分的考虑，因为这些关联的数据往往要在一个查询中，通过自然连接进行访问。若不复制到一个站点上，在查询的时候，站点之间就需要进行数据的传递，实现数据的连接。若系统进行这样的操作太多，会消耗网络带宽，降低系统的性能。本书给出的数据分布单位就是将语义上相关的数据以多根树形式组织在一起，每个多根树来自不同关系的元组集。从而以这个数据集为单位，进行数据的分布。由于这样的数据集涉及多个关系的若干元组，其引用、操作起来不方便。故本模型中，每个数据集都是由一个或少数几个元组所控制的，通过这几个节点来进行数据分布等系统级的操作，包括数据的抽取、复制等。这种使用少数节点控制其他节点的方法可以追溯到数据结构集（data-structured set model）[195] 或者拥有者耦合集（owner-coupled set）[18]，通常称为网络模型。其使用一个记录作为数据结构集（data-structure-set）的定义，包含 0、1 或者更多的成员记录关联到该主记录 [195]。

关系模型是使用最为广泛的数据模型。采用多根树来组织数据，将语义上相关的数据聚集，同时兼容关系模型。本书后面的工作也主要是基于关系模型展开的。采用多根树可尽量保持数据之间联系上的完整，而非人为地割裂开。这也就使得数据像软件模块一样，高内聚、低耦合，从而便于数据的分布、复制、迁移等管理。不难理解，经过这样的数据分布，不同站点、服务器之间的数据语义上的耦合关系尽量的简单。下面在关系数据库的基础上定义多根树的数据组织形式，从而定义多根层次数据分布模型 MHM。

给定一个包含有关系集 $R = \{R_1, R_2, \cdots, R_i, \cdots, R_n\}$ 的分布式数据库。每个关系 R_i，以 $C_{i1}, C_{i2}, \cdots, C_{ip_i}$ 为主键，有 m_i 个属性，分别为 $C_{i1}, C_{i2}, \cdots, C_{ip_i}, \cdots, C_{im_i}$。在相应的模式图中，一条边 $R_i \rightarrow R_j$ 意味着 R_i 的一个外键参照到关系 R_j。不失一般性，R_i 与 R_j 可以是同一关系。

关系 R_i 有元组 $r_{i1}, r_{i2}, \cdots$。在数据图中，一条边 $r_{ik} \rightarrow r_{jl}$ 意味着 r_{ik} 通过外键值指向 r_{jl}。很明显，在对应的模式图中，关系 R_i 参照到关系 R_j。在模式图中的一个路径表示为 $P(R_i, \cdots, R_j, \cdots, R_k)$，类似地在数据图中一个路径表示为 $p(r_{ix}, \cdots, r_{jy}, \cdots, r_{kz})$。

不管是模式图还是数据图，本书的定义与文献 [143] 和文献 [144] 中的定义略有区别。首先，本书中，模式图与数据图是纯有向的。在模式图中每个顶点表示一个关系模式，并且儿子顶点表示参照到该关系的关系模式。因此，每条有向边是从子关系到父关系的参照连接。在数据图中，节点表示元组，而有向边表示的是这些元组间的参照。其次，本书允许环路的存在，也就是一个关系可以直接参照到自己。

关系数据库的模式多根树 $MT_s(R, E_s)$ 与数据多根树 $MT_d(r, e_s)$ 分别定义如下。

定义 9.1　关系数据库的模式多根树（schema multitree）是这样的一个多根树 $\mathrm{MT}_s(R, E_s)$：① R 是数据库模式中关系模式的集合；② E_s 中的有向边 $R_i \to R_j$ 表示 R_i 通过外键参照到 R_j。

定义 9.2　关系数据库的数据多根树（data multitree）是这样的多根树 $\mathrm{MT}_d(r, e_d)$：① r 是数据库元组的集合；② e_d 中的有向边 $r_{ik} \to r_{jl}$ 表示元组 r_{ik} 参照 r_{jl}，其中 r_{ik} 来自关系 R_i，元组 r_{jl} 来自关系 R_j。

定义 9.3　对于关系数据的多根树视图以及将要研究的操作以及完整性约束定义为多根层次数据分布模型（multi-roots hierarchical data distribution model），简称多层次模型（Multi-Hierarchical Model，MHM）。

根据多根树严格的定义[16, 17]，菱形与回路是不包含在多根树中的。因此严格意义上，一个关系数据库通过外键关系构成的图不是多根树。所以需要将数据图近似到多根树，或者放宽多根树的定义，这些在后面章节进一步讨论。

9.2　从图到多根树

9.2.1　数据图中的菱形与回路

由于回路的存在，阻止图成为有向无环图（DAG），菱形的存在阻止 DAG 进一步成为多根树[17]。将两者从模式图与数据图中消除，才能将图近似为多根树。在消除回路和菱形前，首先看看为何会产生这样的结构。本书通过图 9.1 的例子来演示这些结构，需要说明的是，该图关系中只标出了必要的字段用于举例。

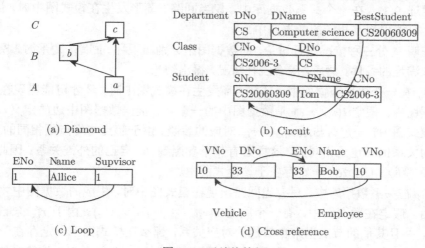

图 9.1　子结构特征

例 9.1　　图 9.1(a) 是菱形的一个例子，因为在数据节点 a 与 c 之间有两个路径。对该菱形的一个合理的解释是元组 a 的关系 A 存在一个可以推导出的引用。由于 A 含有两个外键分别参照到 B 与 C，关系 A 参照 C 的外键是冗余的，因为可以从另外的一个外键推导出来，所以它的存在可能只是为了性能的原因，这样该外键可以在关系的模式中移除。

例 9.2　　在图 9.1(b) 中，来自关系 Department、Class 与 Student 的元组形成了一个回路。

例 9.3　　在图 9.1(c) 中，关系 Employee(ENO, Name, Supvisor) 以 ENO 作为主键，外键 Supvisor 参照到该关系自己。通常意义上，在生成的数据图中，每个元组的外键一般参照到该关系的其他元组，环是不会产生的。但是，如果该外键 Supvisor 不允许为空，作为公司最高领导的经理可能要填上他自己，这样环就产生了。

例 9.4　　在图 9.1(d) 中，属性列 VNo 与 ENo 分别为两个关系的主键，车辆 Vehicle 与员工 Employee 相互参照。在这样的结构中，每个员工 Employee 最多有一个车辆 Vehicle，并且每个车辆 Vehicle 最多由一个员工 Employee 拥有。因此，每个 Employee-Vehicle 对形成了一个交叉引用的回路。这样结构的好处是给定一个员工的信息，车辆 Vehicle 的信息可以直接地获得，反之亦然。显然，两个中的任何一个参照都可以被无损地删除，从而消除回路。

9.2.2　模式图与数据图之间的关系

由于数据图是根据相应的模式图产生的，两者有一定的因果关系，本小节通过一个定理阐述这样的关系。

定理 9.1　　在一个关系数据库中，仅当回路、菱形发生在模式图中时，回路、菱形才可能出现在相应的数据图中。

证明　　分三种情况进行讨论，即数据图中分别出现环、回路、菱形时，模式图中应该满足的条件。然后，综合三种情况，得出结论。

(1) 在一个关系数据库中，只有当环发生在模式图中时，环才可能出现在生成的数据图中。假定 $l(r_{ik}, r_{ik})$ 是数据图中的一个环，根据数据图中边的定义，在相应的模式图中，一定有与边 $r_{ik} \to r_{ik}$ 对应的参照。由于起点与终点是相同的元组，它们的关系也一定是相同的，这样必有一个参照到 R_i 自己的外键关系。因此，一个路径（环）$L(R_i, R_i)$ 一定存在于该模式图中。

(2) 在关系数据库中，只有当回路出现在模式图中时，生成的数据图中才能出现回路。假定在数据图中，有一个回路 $c(r_{ik}, \cdots, r_{jl}, \cdots, r_{ik})$。由于 r_{ik} 来自关系 R_i，并且其他的节点也来自其他的对应关系，那么在模式图中一定存在一个路径 $C(R_i, \cdots, R_j, \cdots, R_i)$。由于该路径的首尾来自同一个关系 R_i，该路径构成一个回路。环是回路的特殊情况。

(3) 在一个关系数据库中, 只有当菱形或者两个相切的回路出现在模式图中时, 菱形才可能在相应的数据图中产生。假定在节点 r_{ix} 与 $r_{kz}(i \neq k)$ 间有两个不同的路径 $p1(r_{ix}, \cdots, r_{jy}, \cdots, r_{kz})$ 与 $p2(r_{ix}, \cdots, r_{lw}, \cdots, r_{kz})$。很明显路径 $R_i \rightarrow \cdots \rightarrow R_j \rightarrow \cdots \rightarrow R_k$ 与 $R_i \rightarrow \cdots \rightarrow R_l \rightarrow \cdots R_k$ 存在于模式图之中。这样在关系 R_i 与 $R_k(i \neq k)$ 间存在两条路径, 也就是一个菱形存在于模式图中; 否则, 如果 $i = k$, 关系 R_i 与 R_j 在模式图中是相同的关系, 这样 R_i 一定是在两个回路之上, 是两个回路的切点。

综上, 当菱形、回路不出现在模式图中, 它们也不会出现在数据图中, 故原命题得证。

9.2.3　将数据图近似成多根树

根据小节 9.2.2 中的定理, 如果回路与菱形不出现在数据库的模式图中, 它们也不会出现在产生的数据图中。我们所要做的是在数据库的设计阶段, 删除一些回路以及菱形中的参照连接。通常情况下, 要删除的连接应当是冗余的或者不是非常重要的连接。这样, 通过进行反复移除操作, 模式图最终能够变为模式多根树。

大多数这样的移除并不减弱模式图的语义。对于交叉引用而言, 删除其中的一个引用只是降低一点效率。关于环, 如果该外键允许为空, 环也可以在数据图中避免。回路也可以在不降低表达性的同时消除, 正如例 9.5 所示。

例 9.5 在图 9.1(b) 中有个回路 Department-Class-Student 在模式图中, 显然 Department 参照到 Student 的引用, 并不如其他的重要, 因为对于每个 Department 而言, 有一个 BestStudent, 而每个 Department 却有多个班级 Classes, 每个班级 Class 又有许多 Students。因此外键 BestStudent 应当从 Department 移除, 代价是不能从 Department 直接访问 BestStudent 了。但是, 该语义也可以通过在 Student 增加 BestStudentIn 外键列, 参照到 Department 来保留。从而可以通过引入一个菱形来消除。进一步而言, 如果增加的列为 IstheBestStudent, 表示该学生是否为当前 Department 的最好学生, 则菱形也不会出现在模式图中了。

另外, 一些回路和菱形不能在保留语义的情况下消除。例如, 在 10.2 节的图 10.1 中, warehouse 与 orderline 之间的菱形就不能在保留语义情况下移除。这样, 尽管 MHM 不建议回路与菱形出现, 也并不绝对禁止它们。文献 [17] 提出节点的虚拟复制方法来使多根树允许菱形。在 MHM 中, 通过外键的关联进行数据的分布, 当这些外键构成回路时, 可能会导致数据的重复分布。需要做的就是避免关系元组数据重复地加入到后面介绍的基于数据多根树的操作结果中。也可采用虚拟节点方法（virtual node method）将整个图全局上看作一个多根树。该方法将参加到一个回路或者菱形的所有节点与边当作一个虚拟的节点。详细的过程如下: 第一步假定所有卷入到回路或者菱形的节点为 $(a_1, \cdots, a_n)$，把这些节点替换为一个虚拟的节点 A；第二步，更新连入或连出到节点集 $(a_1, \cdots, a_n)$ 中节点的边到 A。这时，数据图可以被视为一个数据多根树了。

9.3　祖先完整性与控制完整性

正如前面章节所述，一个数据库大体上可以视为一个数据多根树，在 MHM 中分配与复制的单元也是多根树。当一个元组被分配到其他站点上时，与其高度相关的元组最好被一起分配，简化参照完整性、数据复制、访问局部性管理，从而降低网络流量。基于这样的考虑，本章进一步探讨 MHM 的参照完整性。

9.3.1　祖先完整性

定义 9.4　祖先完整性（ancestral integrity）。不管一个元组位于何处，它所有的祖先节点都应该在本地的站点（服务器）能够访问到。为了强调这种参照完整性约束，本书定义其为多根树中的祖先完整性。

这样在任何站点的本地都能够访问这些祖先的节点，查询中需要连接的时候，就可以在本地进行，从而消除全局的连接或半连接操作，消除这一部分的网络传输需求。另外，这样做还可以简化站点本地中的数据对于其他数据参照的管理，站点本地数据更新时，可以尽可能在站点本地进行参照完整性校验。再有，这种保留节点祖先数据的做法，在大规模分布式系统中，也便于处理叶节点数据的定位，也就是，根据树根在数据库的全局定位。

9.3.2　控制完整性

在进行数据的分布、复制时，我们主要感兴趣少数特定的关系的节点。同时为了保证相关信息的完整，这些节点的后代也都需要一起分配，从而简化这些后代节点的分布。但是在分布式环境中，数据有时分，有时合，有时迁移，就可能产生数据语义上的混乱。首先，先看看孤立点的例子，然后通过一些定义进一步阐述。

例 9.6　允许外键为空，这在数据分布时可能会导致两难处境。正如图 9.2 所示，关系 Employee 参照到 Department，该外键允许为空。如果一个员工 Emp$i$，刚刚加入该公司，正在培训，还没有指定到一个具体的部门 Department，这样他的外键值 Deptno 只能为空。

此时，不管是否将 Emp$i$ 与 com1 一起分配，都将陷入困境。一方面，如果 Emp$i$ 不一起复制，Emp$i$ 信息就不能在目标站点上获得，这意味着正在培训的员工不属于 com1。通常意义上，这是不能接受的。相反，如果该元组 Emp$i$ 与 Branch com1 一起复制，可在目标站点上还包含其他子公司的数据，Emp$i$ 属于哪个子公司就说不清了。

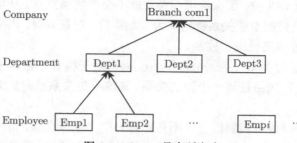

图 9.2　Emp*i* 是个孤立点

假如 Employee 参照到 Department 的外键是强制的，这个两难的处境就不会出现。因此，对于处于培训阶段的员工，他们的外键值可以填一个特殊的部门，例如，培训部 TrainDept，就可以避免这个两难困境了。并非所有的可以为空的外键都会导致两难处境，正如例 9.7 所示。

例 9.7　在图 9.2 中，假定有一个 Employee 引用的关系是民族 Nationality。该外键不会产生前面提到的两难困境。

为何不同的参照导致不同的结果，原因在于 Department 或者他的父关系 Company 是进行数据分配的条件。因此从 Employee 到 Department 以及从 Department 到 Company 的引用都是重要的。然而，从 Employee 到 Nationality 的关系并不十分重要，由于 Employee 并不是根据 Nationality 来进行分布的，现实中也是这样处理的。

定义 9.5　控制关系（controller relation）与控制节点（controller node）。在数据模式多根树中，选作控制其他关系的关系定义为控制关系。相应地，这些控制关系的元组定义为相应的数据多根树中的控制节点。

定义 9.6　可控关系（controllable relation）与可控节点（controllable node）。在一个数据库模式多根树中，控制关系的子孙定义为该控制关系的可控关系。因此，在对应的数据多根树中，这些可控关系的节点定义为可控节点。

一般而言，像例 9.7 中的一样，一些可控节点可能不会连到数据多根树中任何的控制节点上，本书定义其为孤立点。

定义 9.7　孤立点（outlier node）与被控节点（controlled node）。在数据多根树中，来自可控关系的，而又不能连接到任何控制节点的可控节点被定义为控制关系的孤立点。另外，其他的来自可控关系的节点被定义为该控制关系的被控节点。

正如已在例 9.6 中讨论那样，应该尽可能地避免孤立点，从而消除歧义。也就是说，可控节点应当直接或者间接地参照到控制节点，否则孤立点就会产生。在图 9.2 中 Emp1 就是一个这样的孤立点。

定义 9.8　控制路径（control path）。在模式图中，如果参照到控制关系的可控关系的外键不允许为空，那么该可控关系就不会产生孤立点。从可控关系到一个控制关系的一系列强制参照关系链定义为控制路径。它意味着，该可控关系可以由一个控制关系通过该路径进行控制。

定义 9.9　被控关系（controlled relation）。对于模式多根树中的一个可控关系，如果存在一个控制路径到一个控制关系，则该可控关系被定义为这个控制关系的被控关系。

对于可控关系，没有控制路径并不意味着一定产生孤立点。可控节点可以仍被控制，只要到达控制节点真正地存在于产生的数据多根树中，即使在模式树中没有控制的路径。有控制路径只是避免孤立点的一个充分条件，而非一个必要的条件。

定义 9.10　控制完整性（control integrity）。禁止可控关系产生孤立点的约束定义为控制完整性。

9.3.3　祖先完整性与控制完整性的现实意义

前面定义了祖先完整性与控制完整性，前者是从关注节点的祖先方向进行的定义，后者是从所关注的节点的子孙节点的方向进行了定义。这两个定义围绕着所关注的数据，将相关的数据定义成一个数据聚簇。这个聚簇围绕的是所关注的数据，是语义方面较为直接完全的数据集合。同时需要说明的是，这个聚簇也仅将必要的语义相关的数据包含在内，不是将所有连接的数据都包含在内。例如，某个祖先节点的其他分支就没有被包含其中，因为这样的分支距离关注点的距离较远，而且要在其他的关注点对应的数据多根树中。这样同时也限制了语义聚簇的规模，防止其无限扩大。

祖先完整性与控制完整性，具有帮助重复检测、缺失数据处理、异常数据检测、逻辑错误检测、不一致数据处理等作用。在多根树意义上的比较，更容易发现数据质量问题。这主要是得益于问题的论域得到控制，对于数据的比较，不但要看数据本身，还要通过其语义相关的祖先节点与子孙节点，更容易发现其中的一致与不一致的数据。结合数据一致性中的数据溯源等概念，更易于解决数据重复、缺失、异常、错误、不一致等问题。

传统关系数据库中连接操作，只要数据类型兼容，理论上允许任意的数据连接。然而事实上，连接主要发生在主外键之间，这是非常自然的。其他类型的连接存在也往往是因为数据库模式设计时，没有将相关联的两组列通过外键进行定义。这也是有语义上依据的，既然两个列会连接在一起使用，不也正说明两者具有语义关系吗？在 MHM 中，围绕着关注数据，利用参照关系，语义相关联的数据都以数据多根树的形式组织在一起了。在连接操作的时候，实现为本地化，就不需要跨越站点来进行了。这种思想也是通过冗余的副本，占用了存储空间，换取了响应时间。

语义数据放在一起，除了改善响应时间外，对于数据一致性、访问控制等方面也带来很大的便利，这些在后面的章节还会专门介绍。

祖先完整性与控制完整性，是 MHM 的强制要求。这样做的目的是保证数据在任何的时候、任何的站点都可以随时抽取出来一部分，以便于在分布式环境中进行自由的迁移。通过两个完整性约束，保证所关注的数据在多根树语义上的完整，具有足够的相关信息支持其本地化使用。后面介绍的 MHM 数据多根树的操作，也是在这两个完整性基础之上的操作。在多根树操作前以及结果多根树中，都要满足这样的条件。

9.4　多根树的操作及现实意义

一个多根树可以被认为是关系的集合，在特定的上下文中，数据多根树也可视为不同关系元组集合。MHM 中的操作符将一个或两个多根树作为操作数，并且产生一个结果多根树，它又可以作为其他多根树操作的操作数。本节给出的操作目的在于分布式环境中对于数据的分布所涉及的操作，而非 SQL 这样的数据用户查询语言，同时，本节给出各个操作的算法。

在基于 MHM 的大数据系统中，会存在多个站点，每个站点上都分布有多根树数据。由于系统结构、功能需求、性能要求等，需要不断调整系统中数据的分布。这些调整可以通过多根树操作来实现。本章介绍多根树操作及其现实意义。一旦数据重新分布，由于系统数据仍然满足 MHM 数据分布模型，那么关于系统的管理，不用进行其他的调整，会直接使用。在 MHM 数据模型基础上定义的操作也是源于实际应用、管理方面的要求。

9.4.1　并

并（union）、交（intersection）、差（difference）的集合操作作用于两个多根树上，这些操作需要两个多根树是兼容的，也就是由同样的模式多根树生成的。

两个多根树 R 与 S 的并操作表示为 $R \cup S$，是将这两个多根树合并成为一个。两个多根树中的每个关系对分别合并，并且将冗余的元组消除掉，这正如在关系代数中的并操作一样，详见算法 1。

例 9.8　$a \cup b$ 的结果多根树在图 9.3(c) 中，以关系 D 为例，D 有节点 $d1,d2,d3$ 在多根树 a 中，而 D 在多根树 b 中有节点 $d1,d2,d4$，则结果的多根树中，关系 D 有节点 $d1,d2,d3$ 与 $d4$。

Algorithm 1: union

　Input: multitree R, S
　Output: multitree:ResultMT
1　ResultMT ← R;
2　**while** $S \neq \emptyset$ **do**
3　　　Node　tempNode ← fetchOneNode(S);
4　　　**if** tempNode ∉ ResultMT **then**
5　　　　| ResultMT ← ResultMT ∪ {tempNode};
6　　　**end**
7　**end**
8　**return** ResultMT;

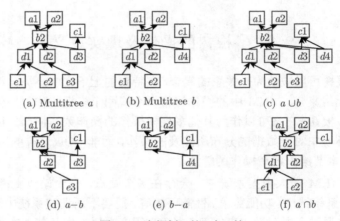

(a) Multitree a　　　(b) Multitree b　　　(c) $a \cup b$

(d) $a-b$　　　　　(e) $b-a$　　　　　(f) $a \cap b$

图 9.3　多根树：并、交、差

　　并操作目的是合并不同站点对应的数据多根树。之所以合并，可能的原因有：
①两个站点原来是两个同类型的企业，由于企业合并，现在可以统一进行数据管
理。合并可以节省成本，简化业务管理。②两个站点数据多根树最初可能就是在一
起的，后来由于节点的性能不能满足要求分开的，现在又由于访问量的减少，为减
少系统硬件占有、耗电等原因，重新将两者合并。③某个下属单位，原来用自己的
数据服务器存放自己的数据，后来由于自身管理困难，或上级单位服务器升级，具
有更强的存储、计算能力，这样，该下属的数据就可以转到上级的服务器中。

　　合并操作的好处是多方面的：①在满足性能要求的情况下，提高了硬件的利用
率。原来，分布在不同的站点之上，也可以是虚拟机，现在只需要一台服务器，或
者一台虚拟机。②被参照数据原来在每个系统都有一份，有些是重复的。合并到一
个站点之后，只剩下了一份副本，减少了存储空间，便于数据复制实现数据的一致
性。③减少了网络的通信量。原来分布在不同的站点上，事务可能同时访问两者站
点的数据才能完成事务，也就需要对应的网络通信，现在在一个站点之上就可以实

现了，这些通信变为一个站点之上的直接的数据调用。

9.4.2　差

数据多根树 R 与 S 的差，表示为 $R-S$，生成包含在 R 中，但不在 S 的最大的子多根树。

一个简单的该操作方法是：第一步，对于两个数据多根树中的每对关系，执行差操作。第二步，对于结果多根树补充所有的祖先节点。详见算法 2。

Algorithm 2: difference

Input: multitree R, S
Output: multitree: ResultMT

1　**Variable:**
2　　parentNodes : a set of nodes;
3
4　ResultMT ← ∅;
5　//对于 R 与 S 中的每对关系做差运算;
6　**foreach** Relation　$r \in R$ **do**
7　　　Relation　$r' = $ getTheCorrespondingRelation(r, S);
8　　　Relation　tempRelation $= r - r'$;
9　　　ResultMT ← ResultMT ∪ {tempRelation};
10　**end**
11　//将 R 中的祖先节点补充到 ResultMT;
12　**foreach** Node　$n \in$ ResultMT **do**
13　　　**if** getParentNodes(n, ResultMT) ≠ getParentNodes(n, R) **then**
14　　　　　parentNodes ← getParentNodes(n, R) − getParents(n, ResultMT);
15　　　　　**while** parentNodes ≠ ∅ **do**
16　　　　　　　Node　tempParentNode ← fetchOneNode(parentNodes);
17　　　　　　　//避免重复加入，消除回路、菱形影响;
18　　　　　　　**if** tempParentNode ∉ ResultMT **then**
19　　　　　　　　　ResultMT ← ResultMT ∪ {tempParentNode};
20　　　　　　　　　parentNodes ← parentNodes ∪ getParentNodes(tempParentNode, R);
21　　　　　　　**end**
22　　　　　**end**
23　　　**end**
24　**end**
25　**return** ResultMT;

例 9.9　多根树 $a-b$ 见图 9.3(d)。以节点 $d1$ 为例，由于 $d1$ 在两个多根树 a, b 中都存在，节点 $d1$ 从结果多根树中删除，并且不能补充，因为在多根树 a 中，节点 $d1$ 其下的子多根树与 b 中的相同。至于节点 $d2$，由于在 a 中，$d2$ 的子树包含 b 中 $d2$，这样在结果中，$d2$ 得到补充。由于节点 $d3$ 并未出现在多根树 b 中，它不会从结果多根树中排除掉。另外，$b-a$ 的多根树在图 9.3(e) 中。

差运算与并运算，有些逆运算的含义，但不完全。差运算是在将一个数据多根树从父树上提取操作后，对于父树的修正。鉴于数据多根树的差运算与提取运算紧密关系，它们的实际意义放在一起在后面章节介绍。

9.4.3　交

多根树 R 与 S 的交，表示为 $R \cap S$，是获得两个多根树的共同部分。该算法将两个多根树中的每对关系进行交操作。来自两个关系中，相等的元组产生最终的关系，这些关系形成最终的结果多根树。由于这些关系对的祖先一定已经出现在结果的关系中，没有必要补充祖先节点，详见算法 3。

Algorithm 3: intersection

　Input: multitree R, S
　Output: A multitree: ResultMT
1 **Variable:**
2 　| 　tempRelationNodes : a set of nodes of a temporary relation;
3 　|
4 ResultMT ← ∅;
5 //对于 R 与 S 中的每对关系，做交运算;
6 **foreach** Relation　$r \in R$ **do**
7 　| 　Relation　$r' = $ getTheCorrespondingRelation(r, S);
8 　| 　tempRelationNodes $= r \cap r'$;
9 　| 　ResultMT ← ResultMT ∪ {tempRelationNodes};
10 **end**
11 **return** ResultMT;

例 9.10　图 9.3(f) 显示 $a \cap b$ 的结果。注意等式 $t \cap s = t - (t - s)$ 不再成立了，这与关系代数是不一样的。

数据多根树交的操作目的是获取两者站点共同管理的数据。对于多根树管理者来说，有时可能需要获取两棵数据多根树的共同子集数据。例如，一部分的数据由于历史的原因，可能被两个站点共同存放，现在需要把这样的数据找出来，然后进行处理，这样就需要使用数据多根树的交操作。

另外一个场景，如 5.4.4 节中示例，买家与卖家都可以对其进行控制，如图 5.4 所示，两者可能存在共同控制的数据。获取某个供应商与某个购买者共同控制的订单所在的数据多根树就可以通过对两者进行交的运算。

9.4.4　缩窄

在特定的站点上可能只需要某关系的一些属性，因此定义了缩窄操作。该操作的语法为 $\Pi_{R(A1,A2,\cdots,Ak,\cdots,An)}(T)$，其中 T 是要被缩窄的数据多根树，R 是要缩窄的关系，只有属性 $\underline{A1, A2, \cdots, Ak}, \cdots, An$ 要被提取，其中 $\underline{A1, A2, \cdots, Ak}$ 是所有的主键属性, 它们必须都要保存在该操作符中。

　　缩窄操作不仅能投影关系 R, 也能够剪枝它的祖先。如果属性 $A1, A2, \cdots,$ $Ak, \cdots, An$ 包含 R 所有的外键, 所有的祖先节点都将保留在结果多根树中。要是一些外键排除在缩窄操作的属性列表外, 这些被参照的祖先关系将从结果的多根树中删除, 因为它们再也不会被引用了。缩窄 (narrow) 操作见算法 4。

Algorithm 4: narrow

Input: projection on a relation: $R(A1, A2, \cdots, Ak, \cdots, An)$, multitree T

Output: multitree:ResultMT

1　**Variable:**
2　　　prunedRelations: a set of relations to be removed from ResultMT;
3　　　tempTraveseRelations : a set of temporary relations to be traversed;
4　　　parentPruntedRelations : a set of parent relations of a given relation to be pruned;
5　　　childRelations : a set of child relations;
6
7　//缩窄关系R;
8　ResultMT ← T;
9　**foreach** Node　$n \in R$ of ResultMT **do**
10　　　Node　tempnode ← $\Pi_{A1,A2,\cdots,Ak,\cdots,An}(n)$;
11　　　//更新ResultMT中的节点;
12　　　n ← tempnode;
13　**end**
14　PrunedRelations ← $\emptyset$;
15　//找到剪枝后的父关系;
16　**foreach** R' foreign key fk and $fk \notin \{A1, A2, \cdots, Ak, \cdots, An\}$ **do**
17　　　Relation　tempRelation = getTheRelationReferedByFK(fk, ResultMT);
18　　　**if** getChildRelationsCount(tempRelation, ResultMT) = 1 **then**
19　　　　　//没有指向tempRelation的其他关系;
　　　　　　prunedRelations ← prunedRelations ∪ tempRelation;
20　　　**end**
21　**end**
22　//补充上面直接生成剪枝关系的祖先关系;
23　tempTraveseRelations ← prunedRelations;
24　**while** tempTraveseRelations ≠ $\emptyset$ **do**
25　　　Relation　tempRelation ← getOneRelation(tempTraveseRelations)
　　　　parentPruntedRelations ← getParentRelations(tempRelation, T)
　　　　foreach Relation　tempParentRelation ∈ parentPruntedRelations **do**
26　　　　　childRelations ← getchildRelations(tempParentRelation, T)
27　　　　　**if** childRelations ⊆ prunedRelations **then**
28　　　　　　　//递归剪枝;
29　　　　　　　prunedRelations ← prunedRelations ∪ {tempParentRelation}
30　　　　　　　tempTraveseRelations ← tempTraveseRelations ∪ {tempParentRelation}
31　　　　　**end**
32　　　**end**

```
33  end
34  //删除没有指到的关系;
35  while PrunedRelations ≠ ∅ do
36  │   Relation    tempRelation ← fetchOneRelation(prunedRelations);
37  │   if not   hasChildRelations(tempRelation, ResultMT) then
38  │   │   //模式多根树中tempRelation没有子关系;
39  │   │   removeRelationFromMultitree(tempRelation, ResultMT);
40  │   end
41  end
42  return ResultMT;
```

例 9.11　$\Pi_{C(C1\#,B1\#,C2)}(T)$ 操作的结果显示在图 9.4(b) 中。因为外键 $D1\#$ 并未在参数 $(C1\#,B1\#,C2)$ 中列出，关系 D 从结果多根树中删除。

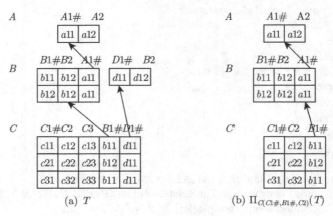

(a) T　　　　　　　　　(b) $\Pi_{C(C1\#,B1\#,C2)}(T)$

图 9.4　缩窄

缩窄操作是对关系的垂直方向上操作，使得数据多根树上的数据列减少，数据更为精简，实现对多根树的剪枝。进行缩窄操作的场景有：一是目标站点上使用的数据列有限，有些列是不必要出现在该站点之上的。例如，企业相关的信息会很多，但对于其他企业引用来说，一般只需要有企业名称、注册地址、开户银行、开户账户、税号就够了。这样，会大大减少系统维护、复制、同步的代价。二是有些数据虽然来自于同一关系，可不同的列由不同的部门进行管理，例如，员工除了基本信息外，基本工资与奖金可能分别由人事与所属部门来确定，这样人事与所在部门需要分别具有对应的列的访问权限，不能同时查看修改另外的列的数据。使用缩窄操作实现在关系上的投影，就可以实现访问限制这一要求。

在缩窄操作中，要求关系的主键不能被缩掉，这是为了保证该数据无论在任何站点，都还能唯一地确定。并且，在后面介绍的合并操作时，帮助进行同一元组的判断。

9.4.5　融合

　　由于缩窄操作减少关系的属性数目，需要一个相反的融合操作来重新构建原来的多根树。多根树 R 与 S 的融合，表示为 $R\Psi S$，将两个多根树组合成为一个新的多根树，详见算法 5。表面看来，融合（merge）操作与并很相似，但它却不需要两个多根树中对应的关系模式是一样的。由于主键值是元组在数据库中的标识符，两个有相同的主键的元组尽管含有不同的属性也是可以融合在一起的。需要强调，这里我们认为若一个属性在两个元组中都有，但是属性值不相等的情况不会出现。即使出现了，也有数据一致性的办法来消除不一致，关于这一点可参见数据一致性章节。

Algorithm 5: merge

　　Input: multitree R, S
　　Output: multitree: ResultMT
1　ResultMT $\leftarrow \emptyset$;
2　//对于 R，S 中每对关系，做融合操作;
3　**foreach** Relation　$r \in R$ **do**
4　　　Relation　s = getTheCorrespondingRelation(r, S);
5　　　Relation　tempRelation $= r$　merge　s;
6　　　ResultMT $\leftarrow$ ResultMT $\cup$ {tempRelation};
7　**end**
8　**return** ResultMT;

　　例 9.12　在图 9.5 中，$T1$ 中的关系 C' 与 $T2$ 中的关系 C'' 根据主键值得到融合，融合操作 $T1\Psi T2$ 生成的多根树如该图所示。

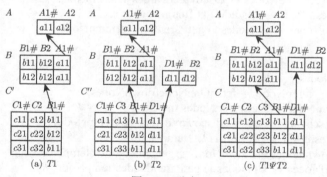

图 9.5　融合

　　由于存在缩窄操作，可能会导致数据多根树中关系在垂直方向的差异化，这样需要重构原来完全的数据多根树。融合操作不要求数据多根树的模式完全一样，即统一关系模式具有的列数目、类型完全一样，只要求两者对应的关系的主键列都完全一致就能够进行合并。

9.4.6　提取

给定一个控制节点 f，提取（extraction）操作 $\Gamma_f(R)$ 产生一个多根树 R 的一棵子树，见算法 6。它提取与 f 最为相关的节点组成一棵新的多根树。当提取新的多根树时，有三条规则需要遵守，该规则也是所有多根树操作要遵守的规则。

(1) 对于每个节点，它所有的祖先节点都要被提取，从而满足祖先参照完整性。

(2) 对于每个可控的关系，所有 f 控制的节点都要出现在结果的多根树中，从而满足控制完整性。

(3) 尽管回路或者菱形的出现，任何元组也不能重复地加到结果的多根树中。

Algorithm 6: extraction by one controller node

Input: A controller node f, multitree R

Output: multitree:ResultMT

1　**Variable:**
2　　　upNodes : the set of data nodes above controller nodes;
3　　　downNodes : the set of controlled data nodes;
4　　　discoveredNodes : the set of discovered data nodes;
5
6　upNodes $\leftarrow$ {f};
7　downNodes $\leftarrow$ {f};
8　discoveredNodes $\leftarrow$ {f};
9　**while** upNodes $\neq \emptyset$||downNodes $\neq \emptyset$ **do**
10　　　**if** upNodes $\neq \emptyset$ **then**
11　　　　　Node　tempNode $\leftarrow$ fetchOneNode(upNodes);
12　　　　　**if** tempNode $\notin$ discoveredNodes **then**
13　　　　　　　discoveredNodes $\leftarrow$ discoveredNodes $\cup$ {tempNode};
14　　　　　　　ResultMT $\leftarrow$ ResultMT $\cup$ {tempNode};
15　　　　　　　upNodes $\leftarrow$ upNodes $\cup$ getParentNodes(tempNode, R);
16　　　　　**end**
17　　　**end**
18　　　**if** downNodes $\neq \emptyset$ **then**
19　　　　　Node　tempNode $\leftarrow$ fetchOneNode(downNodes);
20　　　　　**if** tempNode $\notin$ discoveredNodes **then**
21　　　　　　　discoveredNodes $\leftarrow$ discoveredNodes $\cup$ {tempNode};
22　　　　　　　ResultMT $\leftarrow$ ResultMT $\cup$ {tempNode};
23　　　　　　　downNodes $\leftarrow$ downNodes $\cup$ getChildNodes(tempNode, R);
24　　　　　　　upNodes $\leftarrow$ UpNodes $\cup$ getParentNodes(tempNode, R);
25　　　　　**end**
26　　　**end**
27　**end**
28　**return** ResultMT;

在算法 6 中，允许菱形的出现，而回路是没有考虑的。变量 DiscoveredNodes

跟踪那些遍历过的节点，来阻止重复处理这些节点。然而，如果控制节点 f 出现在一个回路上，被控节点与祖先节点可能会颠倒。为了避免这种情况，我们可以根据 9.2.2 小节中的定理来设计关系模式，使得回路不会出现在数据多根树中，或者可以选择不在任何回路上的节点作为控制节点。反之，若回路不可避免，可以在应用算法 6 前通过移除一个外键临时地忽略它。该回路将会在算法执行后自动地得到恢复。例 9.13，说明了这一点。

例 9.13　在图 9.6 中，有多根树 T，其中元组 $a1,a2,b1,b2,\cdots,g4,g5$ 分别来自关系 A, B, C, D, E, F。给定提取的参数 $d1$，要提取一个数据多根树，对于带点划线的多根树 T，一个回路 $g3$-$e1$-$d1$-$a1$-$g3$ 存在。为了切断该回路，从 A 到 G 的外键可以临时地置于无效。当提取完成后，由于 $a1$（带有指向 $g3$ 的引用）的加入，在结果的多根树中，当从 A 到 G 的外键恢复后，该回路自动地得到了恢复。提取的多根树如图 9.6(b) 所示。

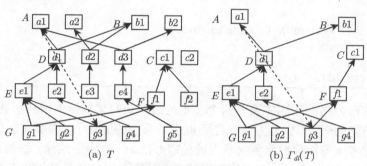

(a) T　　　　　　　　　　　　　(b) $\Gamma_{d1}(T)$

图 9.6　多根树提取

算法 6 中只是根据一个数据节点进行数据的提取，算法 7 是一个更为一般的提取操作 $\Gamma_F(R)$，是根据几个节点进行提取的。这个一般的提取可以认为是根据单个节点提取数据多根树组织成一棵新的多根树。参数 $F = \{\{f_{11}, f_{12}, \cdots\}, \cdots, \{f_{i1}, f_{i2}, \cdots\}, \{\cdots\}, \cdots, \{\cdots\}\}$ 表示的是控制节点的超集。这样，一般的提取操作定义为

$$\Gamma_F(R) = \{\Gamma_{f_{11}}(R) \cap \Gamma_{f_{12}}(R) \cap \cdots\} \cup \{\cdots\} \cup \{\Gamma_{f_{i1}}(R) \cap \Gamma_{f_{i2}}(R) \cap \cdots\} \cup \{\cdots\} \quad (9.1)$$

如前所述，这里一同介绍差运算的实际意义。差运算与提取运算的一个典型应用就是进行数据的分离，即部分数据从父数据多根树中分离出来，独自形成一个新的站点。当需要数据多根树进行分离时，首先应用的是数据多根树的提取操作，获得子树。然后可以将多根树子树，转移到新的空白站点之上，由此站点接管相应的数据管理任务。而原来的父数据多根树将减掉该抽取后的数据多根树，因为控制数据的管理已经由该子数据多根树接管了。父数据多根树只需要直接管理剩下的数据就可以了。

Algorithm 7: extraction

Input: a set of controller nodes $F = \{\{f_{11}, f_{12}, \cdots\}, \cdots, \{f_{i1}, f_{i2}, \cdots\}, \{\cdots\}, \cdots, \{\cdots\}\}$, multitree R
Output: A multitree:ResultMT

1　**Variables:**
2　　　tempNodeSet : the set of controller nodes $\{f_{i1}, f_{i2}, \cdots\}$;
3　　　tempMultitree : the temporary multitree extracted by tempNodeSet ;
4
5　ResultMT $\leftarrow \emptyset$;
6　**while** $F \neq \emptyset$ **do**
7　　　tempNodeSet $\leftarrow$ fetchOneElement(F);
8　　　**foreach** Node $\quad n \in$ tempNodeSet **do**
9　　　　　**if** tempMultitree $= \emptyset$ **then**
10　　　　　　　tempMultitree $\leftarrow \Gamma_n(R)$;
11　　　　　**else**
12　　　　　　　tempMultitree $\leftarrow$ tempMultitree $\cap \Gamma_n(R)$
13　　　　　**end**
14　　　**end**
15　　　ResultMT $\leftarrow$ ResultMT $\cup$ tempMultitree;
16　　　tempMultitree $\leftarrow \emptyset$;
17　**end**
18　**return** ResultMT;

进行数据分离的原因主要有两个。一是当原来的父数据多根树所在的站点由于数据访问量的变大，性能方面已经不能满足系统的要求了，需要增加计算、网络通信能力时考虑增加数据服务的节点的处理办法。二是由于法律、法规、安全、可靠性方面的要求，某企业、部门的数据需要存放在自己的单独数据服务器之上，不能与上级单位、其他单位的数据混放在一个数据服务器之中，尽管放在一起也是有访问控制的，不能随意交叉访问的。例如，一个小的企业最初创建的时候，没有自己的单独的数据服务器，与其他的小企业的数据共同放在一个站点之上。随着该企业的发展，业务量增大，另外出于安全方面、可用性方面的考虑，需要将自己的数据放置在自己单独的数据服务器之上，就属于这种情形。

差与提取也并非总是一同来使用。提取可以单独使用，例如，数据服务器与移动终端的关系中，客户端要下载部分数据，也许是一些关系数据，也可能是一些歌曲。将其所在的数据多根树抽取并转移到移动终端中，并不需要（也无权）将该数据多根树从服务器的数据多根树中差掉。差也可单独使用，例如，不清楚两者站点所在的数据多根树的控制数据差别有多大，一个数据多根树比另外的一个多多少，就可以使用数据多根树的差运算，进行判断。

9.4.7　基线

当提取的多根树复制到一个新的站点上时，该多根树可能会出现一些本地更新错误,见例 9.14。

例 9.14　假定图 9.6(b) 中提取的多根树被复制到一个新的站点,正常地在该站点上被控节点 $g1$ 应当允许被更新。然而,如果 $g1$ 的外键值更新为一个新的值,指向 $f2$,这样的修改会因为参照完整性的原因失败,因为 $f2$ 没有存在于该目标站点的本地上。

正如例 9.14 所示,该更新的错误在于祖先完整性约束。为了使得控制节点能够更新,那些在将来可能被参照的元组应当一起提取并一起分配。这些元组被定义为提取的多根树的基线。

定义 9.11　基线（baseline）。控制节点的所有父关系中且不包含控制关系定义为这些控制节点的基线关系（baseline relations）。这些基线关系的节点被定义为基线节点（baseline nodes）,另外,这些基线节点的祖先节点也递归地加入来满足祖先完整性。这些节点产生的多根树定义为这些被控节点的基线多根树,简称基线。因此,产生基线的操作称为基线操作。

多根树 R 上的基线操作,表示为 $\Omega_F(R)$,与提取操作很相似,输入的参数 F 是相同的。与抽取算法相似,单个控制节点基线算法如算法 8 所示。更一般的基线算法很容易导出,本书不再详细讨论。

Algorithm 8: baseline by one controller node

Input: a controller node f, a multitree R
Output: the resulting multitree ResultMT

1　**Variables:**
2　　downRelations: the set of relations to be traveled;
3　　baselineRelations : the set of baseline relations;
4　　baseLineNodes : the set of data nodes from baseline relations;
5　　controllerRelation : the controller relation of the controller node f;
6　　controllableRelations : the set of controller relations;
7　　tempControllableRelations : a set of temporary controlled relations used to traverse;
8　　tempParentRelations : a temporary parent relations;
9
10　controllerRelation ← getRelaiton(f, R);
11　downRelations ← controllerRelation;
12　//找到被控制的关系;
13　**while** downRelations ≠ ∅ **do**
14　　//traverse downward in the schema multitree R;
15　　Relation　tempRelation ← fetchOneRelation(downRelations);
16　　**if** tempRelation ∉ controllableRelations **then**
17　　　controllableRelations ← controllableRelations ∪ {tempRelation};
18　　　downRelations ← downRelations ∪ getChildRelations(tempRelation, R);
19　　**end**
20　**end**
21　tempControllableRelations ← controllableRelations;

```
22  //找到模式多根树中的基线关系& 构建基线节点;
23  while tempcontrollableRelations ≠ ∅ do
24  │  Relation    tempRelation ← fetchOneRelation(tempControllableRelations);
25  │  tempParentRelations ← getParentRelations(tempRelation, ResultMT);
26  │  tempParentRelations ← tempParentRelations = controllerRelation;
27  │  tempParentRelations ← tempParentRelations = controllableRelations;
28  │  foreach Relation    r ∈ tempParentRelations do
29  │  │  if r ∉ BaselineRelations then
30  │  │  │  baselineRelations ← baselineRelations ∪ {r};
31  │  │  │  baseLineNodes ← baseLineNodes ∪ getNodesFromRelaiton(r);
32  │  │  end
33  │  end
34  end
35  //生成结果基线关系多根树ResultMT;
36  ResultMT ← baseLineNodes;
37  while baseLineNodes ≠ ∅ do
38  │  Node    tempNode ← fetchOneNode(baseLineNodes);
39  │  if tempNode ∉ ResultMT then
40  │  │  ResultMT ← ResultMT ∪ tempNode;
41  │  │  baseLineNodes ← baseLineNodes ∪ getParentNodes(tempNode, R);
42  │  end
43  end
44  return ResultMT;
```

例 9.15　给定一个多根树 9.7(a)，控制节点 $d1$ 的基线显示在图 9.7(b) 中。由于关系 D, F 是控制节点的父关系，但 D 是控制关系，则基线是基于关系 F 的元组 $f1, f2$。为了满足祖先一致性，这些元组的祖先也要被加入来产生基线。

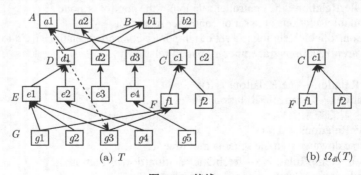

(a) T　　　　　　　　　　　　(b) $\Omega_{d1}(T)$

图 9.7　基线

下面介绍基线操作的实际意义。简单地说，可以将数据多根树中的数据分为控制数据与引用数据。控制数据是有完全控制权限的数据，相当于传统的关系数据库中的数据，可以进行任意地增删改查操作；而引用数据的存在，只是为了控制数据的引用，一般只能进行查询，不能进行修改。若将 MHM 数据多根树当作一个数据系统，那么引用数据就是内环境。而基线数据是在内环境数据基础上，也是环境数据，虽暂时不被控制数据所使用，却为控制数据的下一步演化、发展做好了准备。对于 MHM 数据多根树来说，引用数据是必需的，而基线数据不是必需的。

基线数据是环境所能直接影响 MHM 数据多根树的最大范围，其他的数据虽然很多，不会与 MHM 数据多根树直接发生关系。因此，基线数据在本书中也可以称为外环境数据。是否以及何时将基线数据附加给 MHM 数据多根树，取决于具体的实现策略。若不带基线数据，那么更新、插入等操作就需要其他节点的参与。若带基线数据，就可以直接完成，不用其他节点的参与。

性质 9.1　假定一个多根树和其上的两个控制节点 a, b，如果 a 与 b 来自同一关系，则 a 的基线与 b 的基线是同样的。

证明　由于控制节点 a 与 b 来自于同样的控制关系，根据基线的定义或者是基线的算法，它们的基线关系是同一的，则从这些关系产生的基线多根树也一定是相同的。

该定理虽然简单，但对于数据的分配与复制却有重要的意义。根据该定理，两个具有同样控制关系的站点一定有同样的基线。因此，基线的分配与复制可以简化。

第10章　MHM 与数据分布

10.1　MHM 作为数据分布模型

前面提出了一个弹性的数据分布模型 MHM，它比关系片段有更大的粒度，与关系模型兼容，同时考虑了企业已有的管理模式，易于在分布系统上实现。该数据分布模型使用多根树作为基本的数据结构，粒度比关系更大，目的在于简化系统级或者说是站点级的操作。由于 MHM 可以基于关系模型，两者是兼容的，关系数据库的工具、方法仍然有效。MHM 对于程序员以及终端用户是透明的，他们仍然可以使用关系模型。数据库管理系统的供应商可以扩展他们的产品，从而与该模型兼容。MHM 也是安全集成的，因为访问控制是与模型作为一体来进行考虑的。用户只能访问他自己多根树对应的数据范围，不同的用户访问不同范围的多根树，详细的阐述见第 15 章。本节就 MHM 数据分布模型本身的几个重要问题进行阐述，包括：控制节点选取、MHM 与其他数据模型的差别。

10.1.1　控制节点选取的原则

在 MHM 中，语义上相关的数据都是围绕着控制节点来展开的，所以控制节点的选择至关重要。理论上，任何的关系都可以作为控制关系，任何的数据节点都可以作为控制节点。通过控制节点管理一个控制数据的集合，该集合的数据语义上依赖于该节点，而其也是该集合中的一个节点，也就是对于控制节点的更新操作，也应该发生在该集合之上。同时该节点还作为服务器结构层次中，上下两级结构的接口，上级处理节点通过控制节点访问下级节点。与一个数据子系统关联的控制节点可以有一个或者多个，每个数据子系统又可以在自己的控制数据中选择一部分，分离出去作为一个独立的数据子系统。

控制节点的选择涉及扩展性。在基于 MHM 的数据库中，通过控制节点实现数据灵活的分布，也就是随着数据量和访问的变化，调整数据的分布，使得系统能够向外扩展，以及收缩节点。因为同时又要考虑事务隔离性级别的设定，控制节点可以根据数据的语义情况自然地选取在几个控制关系之上，尽量满足事务访问的局部性要求。如在 TPC-C 的例子中，很自然地选择 warehouse、district 或者 customer 作为控制的关系，选择这些关系上的元组数据为控制节点，实现语义数据的分离。分离出来的多根树的粒度大小，取决于目标站点的存储能力、计算能力以及网络带宽、服务级别协定等。

控制节点的选择涉及系统的组织结构。由于系统是在子系统的基础上构建的，通过这些组织机构信息，很自然地实现一个组织的数据与其他组织数据的分离。当然，也可以将多个组织机构的数据分布在同一个节点之上，相当于多个组织共享一个节点上的服务器。这些不同的组织可以是上下级具有层次结构的，也可以是处于同等地位的。一般来说，组织结构也是多根树的结构，另外，也是可以带菱形的。一个组织也可以使用多个服务器，这时数据与其说是分布的，不如说是并行的。多个节点提高了系统整体的计算能力与存储容量，这时系统就成为一个并行的系统。

在数据库模式图中，控制关系选择的一般原则通常是选择既不靠近根也不靠近叶的节点。如果控制关系离根近，提取的数据粒度就大并且易于管理，但可能不易于分布。然而，如果它们靠近叶子节点，粒度就越小并且控制起来就复杂，但易于分布。其一，可以根据企业组织结构选择控制节点，实现数据按照企业组织的形式进行分布，这是很自然的数据分布方法。同时，这样的方法便于进行安全控制。其二，也可以不按照企业的组织结构来选择控制节点，例如，可以选择类别、时间等特征来划分控制节点，从而实现数据多根树的划分。这种方法选择的控制节点，实现的只是数据的分布，没有同时考虑安全方面的访问控制。这样，即使该数据库由于自身应用的特点，没有组织结构可以利用，所有的数据都处于一个域中，也实现了数据的分布，将一个大的数据库拆分成若干个数据多根树，分布到若干的服务器之上，也能便于分布式查询在尽可能少的节点之上实现。其三，即使整个系统有一个表，也可以根据属性信息将其分为若干个子表，这时，每个节点之上都是控制节点，而且只有这些控制数据。

要注意的是，选择控制节点涉及在一个站点上控制数据与引用数据的分离，后面的章节中将看到，控制数据与引用数据在事务中的处理是有区别的。程序员可能不知道哪些数据是被控制的，哪些数据是用来引用的，面临着如何选择合适的隔离性级别的问题。不管如何选取控制节点，一个事务都可能要访问被控制的数据以及被引用的数据。要想程序员做到完全不用考虑数据的实际分布，是很困难的，这对于隔离程度要求较高的事务更是如此；相反，若隔离的程度要求较低，是不用考虑控制节点的选择的。我们希望尽可能多的事务所访问的数据都在各自的控制节点集中，这样使得事务能尽可能在少数节点内执行。而对于涉及跨越控制节点数据的事务选取不同的隔离性级别对于事务的运行结果可能影响很大，这对于程序员，有更高的要求。但不管控制节点如何选择，在后面的章节中可以看到，程序员仍然可以选择基于封闭式世界假设的隔离性级别，这个级别可以不考虑控制节点的选择，对于程序员，好像面对的是传统的集中式数据库。

10.1.2　与其他数据模型的区别

MHM 是构建在关系模型之上更为抽象的数据模型，它与层次模型、XML 模型截然不同。多根层次模型 MHM 与传统的层次模型的不同点是多方面的。

(1) 不同的目标。采用多根层次模型为了简化数据的分布,便于开放的复杂巨系统的管理,而使用传统的层次模型主要为了实现数据遍历与查询。

(2) 不同的数据库查询语言。在基于关系模型的多根层次模型中,基本的查询语言依然是关系查询语言,而非树型遍历语言或一般的查询。在 MHM 中,有很多的查询切入点,而在传统的层次模型中,所有的访问都要经过根记录。

(3) 在多根层次模型中,节点可以有多个父节点,而在层次模型中,最多有一个根节点。

(4) 节点(元组或记录)间不同的连接方式。在多根层次模型中,用外键连接元组,而非使用指针或是记录邻接。

(5) 依赖的与独立的。MHM 依赖于底层的数据模型,如关系模型,而层次模型是独立的数据模型。

尽管 XML 与 MHM 都可以用于数据的交换,它们的不同点也是非常显著的。

(1) 依赖的与独立的。XML 是独立的数据模型,这点像层次模型、网络模型等,而 MHM 是更抽象的、构建在其他数据模型(如关系模型)之上的数据分布模型。

(2) 结构与半结构的。MHM 是基于结构化的关系模型等,它是结构化的。

(3) 多根与单根。一个节点有多个父节点的结构不能被 XML 数据模型自然地表达。

(4) 外键与隐含连接、OID、引用。记录间的连接使用层次关系或者对象标识或者引用,而在 MHM 中,只使用外键值来表达这些连接。

10.2 基于 MHM 的数据分布例子

本节使用改编自 TPC-C [196] 的一个例子来说明 MHM 的数据分布。该例子是一个批发商,它有很多地理上分布的销售区域,以及相关的仓库。每个地区的仓库(warehouse)覆盖 10 销售区(district)。并且每个销售区(district)服务 3000 客户(customer)。所有的仓库都维护该销售商的库存情况。该例子的模式图如图 10.1 所示。

在该模式图中,没有回路,但是存在两个菱形,显然这两个菱形不易在保留语义的情况下消除掉。但不论是 orderline 所在的菱形还是 history 所在的菱形,都位于 warehouse 之下。如果关系 warehouse 很自然地被选作控制关系,这两个菱形只是处于控制节点的局部,可以全局上忽略其存在,正如本书在 9.2.3 小节中解释的那样。从而,每个 warehouses 的元组与一个实际的仓库对应,并且映射到一个数据多根树。一个管理各自多根树的服务器的架构如图 10.2 所示。在每个仓库的多根树中,除了来自 item 的数据节点,其他都由 warehouse 直接或者间接地控制。以 warehouse1 为例,坐落在服务器 warehouse1 的多根树是使用控制节点 warehouse1(warehouse.w_id=1) 抽取来的。在该多根树中，来自关系 district、customer、order、history 以及 order-line 的节点都是被控制节点，都可以在 warehouse1 中进行更新。然而，来自关系 item 的节点只是为了本地引用。

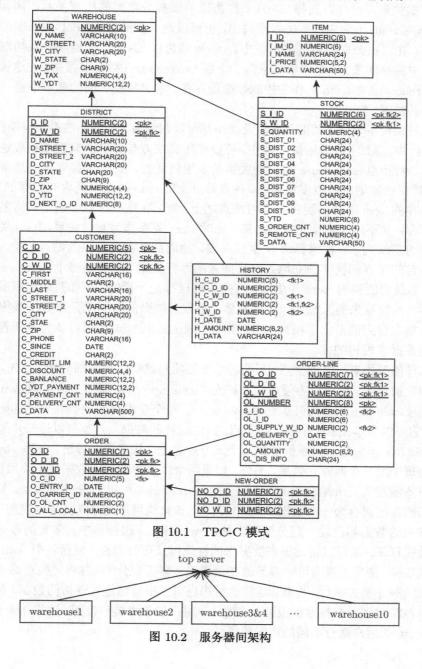

图 10.1　TPC-C 模式

图 10.2　服务器间架构

如果修改图 10.1 中的关系模式，使得 district 替代 warehouse 作为 stock 的外键参照关系，则 district 也易于理解成为控制关系，这样的好处是便于在更为细致的粒度上拆分数据库。若不修改数据库的模式，那么既可以选择 warehouse 作为控制关系，也可以选择 district 作为进一步拆分数据的控制关系。例如，在 warehouse.w_id=1 对应的数据多根树中，也可以进一步抽取 district.d_id=1 的数据多根树。在二次抽取的数据多根树中，stock 成为以 district 为控制关系抽取出的多根树中的参照数据，这样数据来源于上级（warehouse）数据多根树。在这棵多根树（warehouse）中，stock 作为控制数据而存在。本书将在后面的章节中进一步讨论这样的情况。

这种架构下节点之间的关系以及操作都可以归结为本书介绍的多根树操作，如抽取、合并、基线。这里用抽取操作，可以使用算法 6 与算法 7 来实现抽取这数据多根树。对于以 warehouse 为控制关系的多根树而言，item 是控制节点的参照关系。这样直接抽取的数据多根树中，各自站点上的 item 关系中只含有库存的 item，没有库存的 item 不会出现在各自的站点之上。为了在这些站点上能为所有的 item 插入库存，又不违反本地完整性约束，此时 item 关系作为基线关系。item 关系作为此时的基线关系，根据算法 8 生成基线，抽取后复制到各自的站点之上，从而使得各自的站点都能够独立地处理新插入的库存数据。不管是哪个 warehouse 的基线，都是由所有的 item 构成的，这些基线也都是一样的，正如基线定理所阐述的那样。假如原来的系统是一个数据库，抽取后剩余的数据就是原有的数据库多根树与抽取得到的数据多根树的差。对于 warehouse3&4 也可以认为是两棵分别抽取的数据多根树的并。

这样的架构有很多的优点，后面的章节还将对这些优点详细介绍。首先，这是一个弹性的结构，可以很方便地向上扩充（scale up）、向下扩充（scale down）、向里扩充（scale in）或者向外扩充（scale out）。每个仓库自然地拥有自己的数据多根树，它可以坐落在系统中自己的节点之上。这样的数据节点也可以进一步地通过选择 district 作为控制关系扩展到几个云节点之上。从该模式看出，关系 stock 事实上为每个地区存储库存信息。另外，如果两个或更多的节点数据量下降很快，导致计算资源没有充分地利用起来，这几个 warehouses 可以形成一个节点，只需要将它们的多根树合为一个数据多根树。其次，该结构可以充分支持局部应用。这是由于参照的数据都已经一起分配到本地的 warehouse 服务器中，多数的事务都可以本地执行了。这可以帮助提高数据库的性能以及可管理性。根据各个 warehouse 的抽取条件，全局的查询可以容易地在顶层服务器得到分解，并将这些查询分发送到各自的服务器去执行。再有，这样的结构也可以很自然地实现访问控制。每个用户可以被映射到一个数据多根树，这就是该用户的最大访问范围，这样，属于不同 warehouse 的用户就有不同的访问范围。

10.3　基于非关系数据模型的 MHM

10.3.1　基于 XML 的 MHM

对于基本的 XML 结构，由于其只是单根树形结构，构建基于 MHM 的数据分布模型是容易的。若考虑 XML 所有可能的结构，包括链接、继承、类型联合等，理论上是可以像关系模型那样进行数据分布的。因为，在基于关系数据的 MHM 分布中操作已经考虑可能出现环、回路、菱形。但在实际应用中，若存在太多的这样的结构，会破坏数据分布的效果，这与关系数据库中的情形类似。

10.3.2　基于层次数据模型的 MHM

层次数据库的典型代表是 IBM 的 IMS。这是 IBM 公司研制的最早的数据库系统程序产品。1968 年 IBM 推出 IMS-1 以来，一直不断推出新版本，2014 年底发布了 IMS-14，计划于 2017 年推出 IMS V15 QPP。

IMS 中数据不可分割的最小单位是字段（field），若干字段组成片段（segment）。片段是 IMS 中应用程序对数据库访问的基本单位。也就是说，IMS 中描述一个实体的是片段，它相当于网络数据库中记录的概念。IMS 的基本数据结构是由若干相关联的片段组成的一个层次结构，或者称为一棵树。一个 IMS 的整体数据模型是若干树的集合。一棵树有且仅有一个根片段，除了根以外的片段有且仅有一个双亲片段。片段之间上下的关系称为双亲和子女，它表示实体之间的一对多的联系。较低层上的片段是较高层片段的子女片段或从属片段。

由于树是多根树的特例，这样可以将层次模型中的树视为多根树，只是除了控制节点外，不存在其他的根。这对于数据多根树的交差并、缩窄、提取、基线、融合等操作都大为简化，易于实现。

10.3.3　基于网状数据模型的 MHM

在 DBTG 模型中，数据结构有数据项、记录、集对象组成网络结构。网状数据库中，允许一个以上的节点无双亲，一个节点可以有多于一个的双亲。

前面我们讨论关系模型上构建 MHM 时，虽然尽力在设计时避免关系模式图中出现有环、回路，或者菱形，但并不受限于此，也是可以包容模式图，甚至是数据图中出现环、回路，或者菱形，而这些在网状数据库中当然可能出现。既然 MHM 可以在一般意义上的关系模型构建，那么在一般意义上的网状数据库上构建也是可能的。主要的方法仍然是通过控制模式图，以减少环、回路、菱形的实现。另外，也要在数据图中允许环、回路、菱形。由于数据集是网状数据库的主要结构，而其又是一对多的层次结构，这样对于满足多根树结构来说是非常有利的。

10.3.4   基于 key-value 的 MHM

key-value 存储严格意义上并不能称为数据库，也不宜称为数据模型。key-value 数据库使用键值（key-value）存储数据库，这是一种 NoSQL（非关系型数据库）模型，其数据按照键值对的形式进行组织、索引和存储。key-value 存储非常适合不涉及过多数据关系的业务数据，同时能有效减少读写磁盘的次数，比 SQL 数据库存储拥有更好的读写性能。它只有系统内唯一的键值对，在值域中，好处是可以存储任意类型的数据，缺点是没有对数据进行结构化，没有进一步的细分。虽然能够解决存储问题，但遗留大量的问题给应用程序与管理程序。只能认为 key-value 每条记录存储了一条基本概念，而概念之间的语义关系在模型本身被忽略掉了。而概念的唯一标识也只限定在当前的系统之内，超过系统的边界，不同的系统对象可能拥有样的键，或者相同的对象在不同系统中出现不同的键。这些都为大规模分布式系统的重组、重整带来麻烦。若想获取概念之间的联系，必须通过应用程序分析 value 的值。这样的存储方式，缺少数据独立性，与早期的数据文件管理方式有些类似。所以，有的人并不称之为数据库，而只是一种存储。

MHM 数据分布模型对于该类存储，是无法直接应用的，而这是 key-value 自身缺少参照关系的原因。本书提出的数据分布模型 MHM，利用的是数据本身自然的相互关系，进行数据的分布。key-value 不能参照关系，本身体现不出分布上的语义，当然无法从根据数据语义进行分布。因此 MHM 不便于构建在 key-value 数据库之上。另外，在允许解析 value 内容的基础上，若能够获得数据之间的语义关联，将 MHM 构建在 key-value 数据之上也是可能的。

第 11 章　MHM 与系统科学范式

MHM 是在大数据背景之下根据系统科学范式构建的数据分布模型,目的在于解决信息系统中的系统管理问题。在前面提出 MHM 之后,本章总结 MHM 如何体现系统学的原理,从而阐述 MHM 是如何将系统科学的普遍理论应用于实践。

本章对于 MHM 系统论方面的符合性论述主要参照魏宏森与曾国屏《系统论:系统科学哲学》[12] 一书,对照其八条系统论原理、五条系统论规律来讨论 MHM。作为人工构建的信息系统,一方面要利用已经掌握的系统原理,自觉地应用这些理论,从而便于系统的构建。另一方面,在构建这样的人工系统时,也会对系统的一般原理、系统规律有更为深入的认知与掌握。正如八条系统原理本身一样,在 MHM 数据分布模型中,这八条原理是相互关联、互相支持的,在讨论一条的时候,其他的往往也会隐含其中。本章的讨论主要集中在系统哲学、定性的层面,如何定量地解决这些问题只能留待将来的工作,这项工程太庞大了。

11.1　MHM 与系统科学原理

11.1.1　MHM 的整体性

整体性是系统最基本的特征之一,系统之所以能够成为系统,首先必须要有整体性。在基于 MHM 的信息系统中,这点与传统的系统一样,都具有整体的性质,具有分系统、各部分所不具有的特性,在此无需赘述。

MHM 是整体与部分、分析与综合的统一。MHM 的整体性体现在其组成上,MHM 的系统包含若干个组成部分,每个部分又由其他若干部分组成,每个部分的数据模式可以相同、相似,也可有非常大的不同。这些部分通过数据多根树的形式将多个节点组织成一个系统。同时,这些组成并非简单的线性叠加,要有数据的合并、结构的合并、重复数据的处理以及保障数据一致性的措施等方面。另外,就单个 MHM 节点来说,数据又分为控制数据与参照数据,也就是既有系统本身,又有系统的环境,保证了每个部分自成一个子系统。上层系统不是下层系统的简单叠加,具有不同的功能,体现了"整体大于部分之和"的思想。同时,这种结构体现了分析与综合的统一。既便于分析研究子系统这一部分,也便于研究整体,使得在 MHM 不同的层次上都可以方便地进行研究。

在 MHM 中,既避免了整体论的倾向,也避免了原子论的倾向。既避免了用信念和洞察代替了翔实的探求，也避免了专注于细节而忽视大局。MHM 数据分布模型，可大可小，适于不同层次上的数据组成的表达，为研究、构建信息系统提供一个灵活的框架。

11.1.2　MHM 的层次性

MHM 是一种基于层次思想用于大规模数据管理的数据分布模型，其通过节点间的控制关系，构建数据系统的层次关系。层次是系统的一种基本特征，层次序列的一般理论显然是一般系统论的主要支柱。这符合现实中管理使用层次的基本事实，也符合系统科学的层次性原理。一方面，MHM 是基于一般的数据模型 (如关系模型) 的，是比基本的数据模型更为抽象、综合的数据模型，是更高的一个层次，MHM 的层次与基本数据模型是两个本质上完全不同的层次。另一方面，MHM 本身数据聚簇可以组成不同的层次、不同的粒度。

MHM 这种分层结构有许多优点。在基本的数据模型层次上，原有的数据访问方式不变，基于关系数据的仍然支持 SQL 语言；基于 XML 的依旧可以使用 XPath、XQuery。而在 MHM 这一层次上，涌现了数据模型所不具有的许多特性。MHM 系统间层次结构的平衡，是一种动态的平衡，是一种耗散结构。当外界的访问量不断增大时，MHM 中各个层次节点根据每个节点上的服务质量，可以决定是否增加物理节点，拆分、重组数据多根树，以实现改善服务质量；当外界的访问量不断减少时，MHM 中各个层次节点根据每个节点上的利用率，可以决定是否减少物理节点，组合、重组数据多根树，以实现改善硬件的利用率。总体来说，这样可以实现服务质量与硬件利用率之间的动态平衡。外界对于系统的访问需求，就是对系统的信息交流；系统可以从中引入负熵来改善、提升自己的结构。MHM 系统内部具有多个不同的层次，这种动态的平衡发生在各个层次，每个层次也都成为一种耗散的结构。

在 MHM 中每一个层次都有自己的内涵、利益、目标和主动性。在 MHM 中，每一个较低的层次，均能保持自己的自主特性，可以支持自己的特定应用程序。较高层可以对低层次进行他组织。高层对低层还可以进行控制，可以控制低层次的结构重组重构，也可以访问、修改低层次中的数据，使低层产生高层所希望的结构和行为，此时整个系统处于自维持状。高层次中的数据通过数据复制等，可以作为环境的数据影响低层次。低层在一定的条件下也会发生自组织，从而形成新的高一层系统的有序结构。MHM 内低层是高层的物质基础，低层通过自创生涌现出低层没有的新特性——这就是高层的诞生，低层结构破坏则高层结构消亡。

在 MHM 数据多根树形成的众多节点中，上层节点还负责数据的查询处理、事务、通信，以及查询分解、合并等操作。这样，随着系统演化，也可能演化出不同层次，例如，在数据层之上出现专门负责查询分解、合并以及通信的层次。系统管理方面，实现进一步的分工，可能进一步提高系统的可靠性、稳定性等方面的性能。基于层次结构，能够使得系统的进化、演化，既有稳定性又有阶段性和连续性，实现稳定与发展的统一。

11.1.3　MHM 的开放性

MHM 是符合系统的开放性原理的。在 MHM 数据多根树中，根据数据的语义情况，数据被自然地分为控制数据与参照数据。控制数据就是系统内部的数据，而参照数据就是系统的环境数据。准确地说，该环境数据因为处于系统的边界之内，所以是内环境数据。系统与外部的数据直接交换，如数据复制，是通过内环境来实现的。在每个 MHM 节点对应的子系统中，都存在控制数据与参照数据。系统内部的数据直接交换也是通过内环境来实现的。

MHM 系统性的开放性除了体现在参照数据上，还体现在外界、应用系统的访问上。系统的开放是系统自组织演化的前提条件之一，非平衡也是系统自组织演化的前提条件之一，耗散结构就是基于此的。当外界的访问情况发生变化时，刺激系统自身做出结构方面的调整。在 MHM 中，体现了内因与外因、系统与环境的辩证关系。另外，在 MHM 中，系统对外开放程度的限制在参照数据范围内，即可保证数据的正常使用，也不过度开放，从而能保持系统自身的整体性特质。另外，系统或子系统之间参照数据的复制，可以通过设定、调整数据复制的频次调整 (子) 系统受环境的影响程度。

在 MHM 的开放问题上，只需要考虑环境、外界对于当前的 (子) 系统影响就可以了。因为外界是通过内环境的数据来影响 (子) 系统的。这便于实现，同时也符合本地世界建设的原则。至于内环境数据的变化、频次在具体的实现中，可以由上层 MHM 数据多根树，提取出下层所需的参照数据，下推给下层的 MHM 数据多根树，进而实现参照数据的更新。

11.1.4　MHM 的目的性

目的性原理是指系统在与环境的相互作用中，在一定范围内其发展变化不受或少受条件变化或途径经历的影响，坚定地表现出某种趋向预先确定状态的特性。在 MHM 中，基于 MHM 的数据多根树的构成各个节点的多根层次结构，是对外界数据访问不断适应的结果，这种适应具有相对的稳定性，在一定的数据访问条件下保持平衡。而当外界的访问发生巨大变化后，也能通过调整结构，重新适应外界访问，保证服务质量。这种适应的结果，表现出好像预先设定好的目的一样，系统坚定不移地朝着这个结果走。

MHM 系统与环境之间存在着复杂的非线性关系，在外界对系统进行不同的输入时，系统通过自身的正负反馈机制，乃至人工调节去应付不同的环境影响，从而生成相同的结果或基本相同的结果输出。在经过不断地调整、适应后，MHM 也可向更高的循环层次跃迁，通过不断的循环增长方式，达到更为稳定的状态。MHM 实现了阶段的稳定性与永恒发展的统一。

在 MHM 中，这种目的性表现的结果是不确定性中的确定性，是确定性与不确定性的统一。MHM 达到的每一个系统状态，不但与当前的外界数据访问相关，也与之前的数据访问状态，以及数据访问的变化具体情况相关。不同的前状态，当前不同数据访问变化趋势，以至于系统中人为的一些干预措施都可能造成不同的系统状态，即不同的节点层次结构，这就是不确定性。然而不管当前状态具体节点的 MHM 数据多根树具体结构、分布情况，系统是适应数据访问、保证服务质量的这一目的的。

11.1.5　MHM 的突变性

系统的突变过程是指系统通过失稳从一种状态进入另外一种状态，它是系统质变的一种基本形式，突变方式是多种多样的。在 MHM 中，根据外部的数据访问情况不同，可以具有多个稳定的状态，在每个状态下，系统各个节点的服务质量与系统的硬件利用率之间达到平衡。从一个稳定的节点状态转变到另外一个稳定的状态，就是突变。在 MHM 中，可以人工干预、调整参数，参数的变化可能会引起系统状态的极大变化，从一个稳定的结构跳到另外一个稳定的结构。MHM 的突变具有方向性与历史性，保证突变具有不可逆的特征，这也是系统中突变的滞后特性。也就是，一旦 MHM 形成某种稳定的结构，不保证在外界访问回归到历史情况时，系统的稳定状态也回归到历史的稳定状态。这可以通过设置不同的系统变迁阈值来控制。

在 MHM 系统中，在系统的层次上与系统的要素层次上都会发生突变。在系统层次上，MHM 节点的数据重组重构导致系统结构发生变化，是一种在服务质量与系统利用率发生失衡时进行的调整，结构变化巨大，对于系统影响很大。除此之外，在要素层次上，MHM 也有突变的发生，数据多根树的数据由于参照数据的复制、外界的访问的数据粒度过大，这些影响因素也可能造成系统的突变。MHM 系统也是突变与渐变的统一，除了突变外，随着数据外界访问的发展变化也在逐渐地变化，这就是渐变特征。

如前所述，在 MHM 中由于外界应用的不确定性、人为干预、系统软硬件、网络环境、系统之前状态等各种不确定因素，在临界点上的突变带有多重性与选择性。分叉理论意味着 MHM 获取新质的不确定性。这种不确定性并非认识不足，而是上述客观不确定性造成的。MHM 的突变分叉，体现了系统信息倍增和意义产生的过程。系统从一个稳定定态转变到另一种稳定定态，系统通过突变吸收了环境的变化信息，使得系统的信息得以倍增。

11.1.6　MHM 的稳定性

　　MHM 系统在外界的作用下，具有一定的自我稳定的作用，能进行一定范围的自我调整，自主或者根据管理员的指令平衡服务质量与硬件利用率，从而将系统恢复到有序的状态，保持原有多根树结构和满足外界访问的功能。MHM 系统的稳定，是基于多根树这种结构来实现的，通过各个多根树节点的拆分、整合、重组来实现稳定。

　　MHM 系统的稳定是系统与环境的非平衡、发展中的稳定，是在系统对外开放的前提下的动态的稳定，并随着开放的发展而发展。MHM 不是一种静止的稳定，也没有期待，能够给出一个静态的稳定结构，适应一个开放的系统。

　　在 MHM 中，也会出现失稳，例如，当外界环境变化过快，系统的结构还没及时反应时，会降低服务质量，或者硬件系统的利用率变得很低。失稳是暂时的，也正由于出现失稳，系统才会向新的稳定状态发展。这也正说明，MHM 的稳定是一种相对意义上的稳定，而非绝对意义上的、静止的稳定。

11.1.7　MHM 的自组织性

　　MHM 系统是符合系统自组织原理的，它可以实现在系统内外两方面因素的复杂非线性作用下，当内部节点结构偏离造成服务质量与利用率的失稳，从而自发组织起来，从无序到有序，从低级有序到高级有序。

　　在 MHM 中，既有自组织也有他组织。对于人工干预系统的组织情况来说，系统管理员可以人为地根据非定量的考量，出于安全等各种原因指导 MHM 节点数据的分布、MHM 数据多根树节点关系等。这对于整个 MHM 系统来说是他组织。MHM 更为主要的是自主地在外界变化时，根据环境等各种因素调整系统的结构，整体上是自组织。另外，其中当某一 MHM 数据多根树节点，得知该节点及以下服务质量与系统硬件利用率出现矛盾时，也可以通过他组织下层节点，来实现本子系统的自组织。

11.1.8　MHM 的相似性

　　系统的相似性原理是指，系统具有同构和同态的性质，体现在系统的结构和功能、存在方式和演化过程具有共同性。MHM 系统与一般的系统具有很多方面的共性，这是相似的。另外，MHM 的相似性还体现在自相似上。在 MHM 系统中，每个MHM 数据多根树节点都是相似的，不论在结构上、功能上、存在方式还是演化的过程上都是类似的。自相似也正是体现混沌美的分形结构之中。在整个的 MHM 系统中，也正是由于这种相似性，体现了 MHM 系统的同一性。没有相似性的 MHM系统，正如没有相似性的一般概念上的系统，这是无法想象的。

在 MHM 中，基础的数据模型可能是关系模型，也可以是网络、层次、XML 等数据。虽然是不同的模型，但都使用统一的 MHM 数据分布模型，在数据的管理上也可以实现统一的管理。多根层次也是在各种基础数据模型抽象出的共性，使得各个 MHM 数据多根树节点可以相似。

每个节点的数据都分为参照数据与控制数据，这一点上都是相似的。两者分别对应系统内部与环境，与一般系统的组织方面也是相似的。

11.2　MHM 与系统论规律

11.2.1　MHM 与结构功能相关律

在 MHM 中，不但数据是通过多根树来组织的，结构是多根树结构，在系统中各个服务器节点的组织也是多根树结构，这就是 MHM 系统的内在规定性。这种结构反映了 MHM 系统的稳定形式、组织形式以及时空变换形式。各个节点间的相互制约，实现了系统的整体行为，表现为系统的整体性。

MHM 结构，与其要实现的信息管理功能是相互联系、相互制约的。MHM 系统对外所表现的功能就是与外界数据访问、管理所表现出的功能。MHM 的主要目的是便于大规模数据环境下的系统管理。MHM 的多根树结构便于将语义上相关的数据形成聚簇，使数据查询时，数据的自然连接能够在一个站点上实现，不用跨越站点从而消耗通信带宽，满足数据访问的局部性特征。另外这种结构，易于通过少数几个控制节点将数据多根树进行提取、拆分、合并等操作，易于实现系统的扩展，特别是水平扩展。这种多根树结构可以实现不同粒度的数据管理，从而匹配不同的硬件平台。由于数据是根据语义组合在一起的，也可以基于 MHM 方便、自然地进行访问控制。MHM 多根节点之间的关系，可以类比于上下级、管理与被管理的关系，既可以实现上级节点对于下级节点的管理、控制，也能体现出下级对于上级节点数据使用的审计、监督、隔离。

11.2.2　MHM 与信息反馈律

信息反馈在系统中是一种普遍的现象，通过信息反馈机制的调控，系统的稳定性得以加强，或者系统远离稳定。在 MHM 系统中，节点的拆分、重组等活动不论是管理人员发起还是系统自动进行，都是信息反馈的结果。在 MHM 中，例如，当前系统某个节点上已经出现服务质量报警时，来自外界的数据访问量却在加强，造成的结果就是服务质量不能满足预先的规定。系统的稳定状态被打破，必须进入新的稳定状态，推动了系统的发展与演化。

当各个节点检测到服务质量与系统利用率之间失衡的时候，相关的节点就接收到反馈，识别到真实情况，从而做出动作。当节点重新平衡后，服务质量利用率等情况也会不时地反馈给相关的节点，确认操作的效果，使得这次平衡能够稳固下来。这种反馈信息传输给相关的节点，系统可能会有几种方案，最终形成一种来进行结构转换，要在多种因素中选择操作代价最小，效果最明显，占用资源最少，并且易于访问控制等。

11.2.3　MHM 与竞争协同律

在 MHM 系统中，多根树节点既存在整体性又存在差异性。表现的结果是多根树节点之间既协调又竞争的关系。节点之间往往也会需要协同来完成一些粒度较大或者其他的一些跨站点的访问。另外，不同数据多根树对于硬件计算、通信资源的占有体现为竞争；节点之间在访问控制中，来自其他节点的访问，必须在本站点具有合法的权限，体现的也是竞争关系。

MHM 中的竞争关系使得节点更为独立，保持节点数据聚簇结构的相对独立性，保持自身的稳定。而节点之间的相互协同关系，又可以使不同节点相互联系，实现单个节点不能实现的数据访问。MHM 系统中的竞争与协同交织在一起，有时竞争因素起主要作用，有时协作因素起主要作用。两者在一定的条件下还可以转化，例如，当两个不同的数据多根树节点合并为一个的时候就由竞争变为协作了。整个 MHM 系统就会在这种辩证关系下得到推动与发展。

11.2.4　MHM 与涨落有序律

MHM 系统的发展通过系统的涨落达到有序，通过个体的差异得到集体的相应放大，通过偶然性表现出必然性，从而实现从无序到有序、从低级到高级的发展。当外界环境的数据访问特征发生变化的时候，往往影响的只是少数节点，这些节点出现了涨落的需求，暂时的稳定状态被打破，有了进入新的稳定状态的需求。激发系统进行一轮涨落，进入新的稳定状态。这种调整可以只是局部的调整。也有可能在变化剧烈的时候，系统无法就现有条件达到新的稳定状态，例如，系统的硬件资源不够了，系统就会进入崩溃、解体、无序。

MHM 通过涨落，使得系统更稳定，也更为有序。每一次通过涨落达到的有序的过程，MHM 实现一次对称破缺。数据系统出现了 MHM 也可以认为是从数据管理上的无序，发展到有序中的一次对称破缺。没有 MHM 概念下的数据对于管理来说，在一定程度上是杂乱无章的、无序的、没有组织的，数据最为对称，当有了 MHM 之后，数据的对称性在一定程度被打破，构建了多根树的组织结构，数据在管理方面有了一定的秩序，因而就是一次对称破缺。

11.2.5　MHM 与优化演化律

MHM 系统处于不断的演化过程中，在演化的过程中，系统得以不断地优化。HMH 系统中，实现的是硬件利用率的优化，通过重组 MHM 数据多根树的节点，实现尽可能地提高硬件利用率、节约能源，同时保证服务的质量。另外，系统还要平衡易于管理、访问控制、地区分布、网络利用等各种因素，这些也都需要优化。MHM 数据多根树结构不但是数据管理上存在的形式，更是 MHM 系统演化过程中的必要结构。在节点的提取、拆分、融合等操作的时候，也都是以 MHM 数据多根树为基本的结构，进而演化的。MHM 的演化过程也是在一定的条件下对于系统的组织、结构和功能改进，从而实现耗散效率最高、效益最大的过程。

第四篇 基于 MHM 的数据管理

有了数据分布模型后，数据管理要围绕它展开。本部分研究基于 MHM 的数据管理的几个重要方面，包括数据一致性、事务处理、访问控制、可用性、扩展性。MHM 的优越性也渗透到这些数据管理技术中。最后，通过一个基于 MHM 的 OLTP 数据库实验，验证其在性能及扩展性方面的优势。本部分也简单分析了 MHM 对其他类数据管理的适用性。

第 12 章　基于 MHM 的数据一致性

数据的一致性是一个范围，而不是一个非此即彼的概念。数据一致性与事务一致性是两个不同的概念，应用在不同层级之上，数据一致性是事务一致性的基础。一方面，现有的一些海量数据应用系统采用数据最终一致性，而另一方面，一些应用需要逻辑上是个完整的操作，要么全做，要么全不做。如前所述，数据一致性是个范围，事实上事务的 ACID 执行也是个范围，可以有不同程度的隔离性级别。在MHM 中，我们既讨论数据的一致性，也讨论事务的一致性，两者是相关的。本章给出 MHM 数据一致性的模型，并在第 13 章探讨相适应的事务一致性。

MHM 数据一致性模型基于模糊时间戳，也就是不要求系统中各个服务器的时钟完全一致，允许其存在一定的差异，这对于大规模分布式系统而言是比较现实的。系统中数据可以存在多个版本，每个版本携带生成该版本的时间戳，供系统中事务选用以满足一定的隔离性级别。为了保证引用数据的一致性，MHM 同样需要复制技术作为内嵌机制。

12.1　数据一致性与数据溯源

关于一致性，在信息系统中不同的层级上都有出现。首先是信息与数据本身的一致性问题，数据是否真实反映信息本身。然后是数据可能存在多个副本，这些副本本身是否是一致的。再有是事务层次上的一致性。这三者是不同的一致性，本质是完全不同的，不能混淆。信息、数据不一致的现象普遍存在。古希腊哲学家德谟克利特说"人不能两次踏入同一条河流"，在人两次踏入的过程中，河流随着时间的流逝，已经不一致了。甚至有人说"人不能一次踏入同一条河流"，更是强调了这种不一致性的变化之快。

信息与数据的不一致性包含多重含义，一是数据与信息本身不一致，数据没有能表达信息的含义。二是数据曾经是与信息一致的，随着时间的推移，信息本身发生变化后，数据与信息不一致了，这是数据的实效性。本书中为区分于其他的一致性，称其为数据与信息的一致性。

数据一致性的问题是分布式系统中一个普遍的问题。在分布式环境下，数据需要复制，造成了数据的多副本，数据副本的增多，很难做到所有数据副本的同时更新，就自然出现了各副本数据之间的一致性问题。在大数据时代，数据一致性不但是数据管理领域的重要问题之一，也是我们日常生活、社会活动中所面临的一个重要问题。解决数据一致性的问题，也需要我们从日常生活、社会活动中汲取思想，总结方法。我们先看看从中汲取的一些结论，然后试图找到方法。

信息、数据的传播都需要时间，数据各副本的更新本质上就是异步的。一条信息产生后，本质上是不能保证一个巨大系统中所有的节点都能同时收到该信息的，也就是不能保证该信息的各个副本的一致性。《兰州晨报》援引美国有线电视新闻网 2016 年 3 月 22 日报道，美国国家宇航局近日成功捕捉到了一颗恒星爆炸的画面，这次爆炸发生在 12 亿光年以外，仅持续了 20 分钟。这颗星星爆炸产生了明亮的冲击波，其可见光首次被开普勒太空望远镜捕捉到。光速是已知最快的传播速度，需要漫长的 12 亿年将恒星爆炸的画面传给地球上的人类。代表信息的数据在巨大的数据系统中进行传播，当然也需要一定的时间。所以，异步更新才是自然的进程；所谓的同步更新只是我们的错觉，也只是我们付出代价进行一定程度的干预后看起来是这样的结果。以数据库的事务为例，多个数据的更新本身就有先后的顺序，通过封装，看起来一同进行更新，表面完成一个原子性的操作。事实上，在事务中这些数据的更新还是有先后次序的。只是事务过程中付出了一定的代价：程序写得更为复杂，时间延迟，还要考虑更新中途失败等各种问题。当进入大数据时代，之所以以 ACID 为特征的事务不再获得青睐，部分原因就是，随着系统规模的扩大，这种处理问题的方式面临的代价越来越大，已经超越了忍耐的极限，为此人们提出 CAP、BASE 等理论。

信息与数据的不一致程度依赖于使用要求与数据采集的频度。数据与信息本身不存在完全的一致，只要数据在一定程度上满足我们的要求，就说其与信息是一致的。例如，房子的面积是 78.89 平方米，只是我们测量所得的数据，精确到小数后两位，就已经满足我们的使用要求了。而其真实的面积可能还多点、少点也不影响我们的判断。若真实的面积是 70 平方米，这样的数据可以说是不一致的，不论在房屋交易、登记等方面都是不能接受的。信息的变化，也会产生数据的相应变化。例如，人的身高从几十厘米一直生长到 200 厘米左右，是在不断发生变化的，可对应的数据并没有跟随身高的变化进行变化。每天记录，太过频繁，代价太高；每年采集一次对于成年人能够接受，可对于小学生可能间隔太长。因此，为保证数据的一致，数据更新的频次要恰当。

综上，不论是信息还是表达信息的数据，都可能存在不一致。这是由于信息产生、传播需要时间所造成的，是无法消除的。所以我们要做的是如何识别这些不一致性，将数据的不一致当作一个常态，来解决数据的不一致。立足于获取满足应用需求的数据，而非希冀将本身就是异步的事情，人为干预地将其"实现"为同步的方式来解决，因为这样的代价非常大。下面，看看数据不一致性如何消除。

数据版本信息有助于数据不一致性的消除。在一个大系统中，对于同一数据的不同副本来说，应该以哪个为准呢？一般来说，新的数据反映的是对应信息的最新状态，是最为准确的，若数据的副本有版本相关的信息，包括版本号、修改时间、事务提交时间等，可以帮助判断各个副本之间的逻辑次序，从而纠正数据的不一致。

数据的来源也影响数据不一致的消除。虽然可以以最新的版本为准，但时间并非唯一的标准。最新的不一定是最权威的，如个人的名字，虽然改了名字，别人也这么叫，而身份证上还是旧名字。在系统处理数据存在不一致性时，就不能单纯依靠时间来判断了。从不同的系统、信息节点来源的数据副本也经常会遇到的这样的问题。网络上获得的信息与亲自实地调研获得的信息也可能存在不一致；政府发布的数据与社会上流传的数据也显然有着不同的可信度。

数据副本的多少不宜作为数据一致性的决定因素。在有些多副本的数据系统中，更新数据的时候，当多数副本更新完成后就可以认为数据更新成功了，将来读数据的时候读这些副本，以大多数的内容为准。这种方式人为制造多个副本，目的是解决存储介质不稳定的问题。本书认为，我们考虑数据一致性是在数据的逻辑组织层面上，而存储介质可靠与否问题，留给底层的文件系统、存储系统来解决，不必在数据逻辑结构的层次中考虑。这样，当系统中出现同一数据若干个副本时，每个副本产生的时间不同，在副本更新的进程中处于的阶段不同，就不能简单依据多少来消除这些不一致了。

数据的溯源是数据一致性的保证。鉴于数据是不断产生、变化的，数据要进行溯源。也就是每个节点的数据副本来源何处，什么时间生成的、有效期如何。有了数据的溯源机制后，可以最大程度地消除数据的不一致性，将系统中数据的不一致当作一个常态来处理，这与前面所说的是一致的。这是一种理念上的变化，而在传统的数据管理中，我们认为多副本数据一致是正常状态。如前面的章节所述，数据是信息的一种存在方式，那么数据来源与信源最为密切。由于数据一旦产生就相对稳定，而信源本身不断变化，因此为消除这两者的矛盾，数据就要不断地进行更新。在现实中，当然是离信源近，或者是有能力的人、组织、设备才能容易察觉，有权察觉，有权生成信息的变化，从而生成变化的数据。那么在数据系统中，也应该是对应的信源近的节点最为适合，对应的数据节点就会成为源数据节点了。然后数据在权限许可的范围内，得以向其他的站点扩散，这是一个十分自然的进程。获取信息并将其转化为数据的人、组织、设备很自然成为相对应数据的控制者。他们有责任维护数据与信息的匹配，也有权对于数据进行一定的控制，并将数据传播出去。

MHM 数据分布模型与数据溯源的思想是相符的。在 MHM 中的控制节点对应的就是获取信息的人、组织、设备等，被控制的数据就是从信源获取的数据，而参照数据，或称环境数据，则是被其他人、组织、设备等获取、控制、传播出的可以溯源的数据。

数据溯源也是大数据管理时代所需要的。人类进入大数据时代，对于数据的分析不论是在需求上，还是在分析的技术、水平上都有了非常大的提高，这些客观上刺激数据管理的发展，对于数据管理本身提出了更高的要求。现在的通用的数据管理系统还很少具有这种数据溯源的特性，多版本控制机制虽然存储了数据变化的多个版本，但只限于为事务的并发控制机制服务，主要提供在事务中读取旧版本的数据，为实现视图可串行化。多版本控制并没有发挥更为广泛的作用，没有作为历史的时间序列上的数据，允许被查询与分析。随着大数据时代的到来，数据管理技术的发展以及应用的客观需求，必将促使数据溯源相关技术的发展与应用。信息数据处于动态的变化之中，在动态变化中研究信息，在历史的进程中研究信息的演变规律，对于客观发展规律具有非常重要的现实意义。而将这些数据的演变过程记录下来，是使得这样查询、分析成为可能的第一步。

12.2　物理时间戳与逻辑时间戳

在数据库系统中，存在两种类型的时间戳：逻辑时间戳与物理时间戳。逻辑时间戳具有逻辑上严谨的先后次序，一般是不允许重复的。而物理时间戳源于物理时间，是不能保证不重复的。这两种时间戳在数据库系统中都有使用。为了实现对于数据一致性的管理，必须使用时间戳。这与使用时间戳进行并发控制是有区别的，时间戳随着数据永久保存，随时可以读取，不仅限于事务并发控制时使用。

在大规模分布式环境中，时间戳一定是物理的，因为逻辑时间戳的代价太高。在大数据时代，分布式系统涵盖的节点数目可以非常庞大，网络通信也很复杂，由于节点数目非常多，哪怕很小的节点故障概率，都会产生一定的节点失效的情况。这时候实现一个全局的统一，有明确先后次序的逻辑时间戳，就变得非常困难，甚至不可能。我们可以选择的只能是物理时间戳。

物理时间戳的好处是各个节点可以单独地从外界环境中获取，包括从各地授时服务器直接获取。另外即使在获取授时失败的情况下，其自身时钟也能自动地进行时间推移，在一定时间内能够保证一定的精度范围。再有，现在的社会架构有完善的关于时间授时的管理体系供使用。虽然物理时间戳也有问题，不能保证其唯一性，也不能保证其绝对准确。这在分布式环境下，给严格确认事件、数据版本的先后顺序带来一定的困难。但这是无法严格避免的，因为现实生活中我们也是这样的。需要做的是如何包容这些问题，特别是在大数据时代，不要试图将所有的事件严格排序。

现实中，我们也是这样判断事件的时间次序的。首先通过物理时间判断两件事情的先后顺序。当物理时间相差很大，例如，以年、月、日计时，很容易就判断先后次序。一般只有在时间戳相差很小的情况下，才不能判断两者的先后次序，具体相差多少取决于生成两个时间戳的时间精度。

　　有多种途径可以帮助控制计算机系统中各个节点上的时间，可以根据需要将系统的时间控制在毫秒级，甚至是纳秒级别。我国国家授时中心负责确定和保持我国原子时系统和协调世界时处于国际先进水平，并代表我国参与国际原子时合作。根据中国科学院国家授时中心网站介绍，它由一组高精度铯原子钟通过精密计算实现，并通过与国际原子时间联系，目前的稳定度为 10^{-14}，准确度为 10^{-13}。短波授时台 24 小时不间断地以 4 种频率交替发播标准时间、授时精度为毫秒级。长波授时台每天定时发送长波时频信号，授时精度为微秒量级。除此外还有低频时码授时、卫星授时、电视授时、网络授时、电话授时、自动计算机时间服务等。随着 GPS、北斗等系统以及电子产品中的高稳石英晶体振荡器的广泛应用，各个节点时间的获取、管理可以做到毫秒级，甚至更为精确。高稳石英晶体振荡器，其稳定度可达 10^{-8} 以上，也就是说可达到百年不差一秒。而铷原子钟频率稳定度可达 10^{-9} 以上，几百年不差一秒。铯原子钟频率稳定度更是可达 10^{-11} 以上，千年不差一秒。

　　在数据系统中，时间上的偏差更容易出现在网络通信、数据传输的时延上。这是由网络状况、服务器的计算繁忙程度等多种因素所决定，并且是经常发生变化的。变化的范围可以从毫秒级、秒级到甚至是分钟级。在数据系统中，关于时间上次序的判断，更需要注意的是这一方面。为此，系统中各个节点要能够实时探测、记录网络的时延状况，作为判断事件先后次序的参照因素。尽管目前的计算、通信技术水平不断在提高，但在相当长的时间内，数据传输延迟仍是影响大规模数据系统中时间准确性的主要因素。

12.3　基于模糊物理时间戳的多版本

　　前面章节中，数据多根树是从宏观的角度定义的，不方便讨论数据的一致性。本节从关系元组的角度出发来阐述基于 MHM 的数据一致性，为后面章节的事务一致性做铺垫。每个关系的元组具有如下的形式：

$$r_i = r_{i1}, r_{i2}, r_{i3}, \cdots, r_{ij}, \cdots, r_{in} \tag{12.1}$$

式中，r_{ij} 为来自于关系 r 中的元组 i 的第 j 个分量。为了讨论上的方便，假设外键都是单属性的。由于 r_{ij} 可以是个外键值，它参照到其他的关系（也可以是关系 r）。这时 r_{ij} 可以记作

$$r_{ij} \rightarrow s_k \tag{12.2}$$

即

$$r_{ij} \rightarrow (s_{k1}, s_{k2}, s_{k3}, \cdots, s_{kl}, \cdots, s_{km}) \tag{12.3}$$

这时, 公式 (12.1) 可以表示为

$$r_i = r_{i1}, r_{i2}, r_{i3}, \cdots, r_{ij} \rightarrow (s_{k1}, s_{k2}, s_{k3}, \cdots, s_{kl}, \cdots, s_{km}), \cdots, r_{in} \tag{12.4}$$

假如, s_{kl} 又是另外关系的外键, 这种表达可以继续嵌套下去。

为了标识数据的多个版本, 需要在系统中使用时间戳。如前所述, 本书采用每个子系统的物理时间作为时间戳, 每个节点都可以根据自己系统的时间为事务生成时间戳, 也为数据生成时间戳, 生成时不用考虑不同节点间时间先后顺序。当然, 服务器节点间经常要校正自己的系统时间, 可以相互间校正, 也可以根据权威的时间服务器来校正, 从而各个节点的时间戳误差很容易控制在一定范围之内, 所以本书称为模糊时间戳。本书的多版本机制, 对数据版本的时间戳, 用的数据更新时的系统时间戳, 而非更新的事务开始时的时间戳, 这与一些基于多版本机制的数据库系统不一样。因为, 本书基于本地世界假设的系统中, 数据的版本反映的是数据本身更新的时间, 而非只为了串行化, 反映串行化的顺序。

对于多版本的数据, 每次更新都会生成新的版本, 新的版本被赋予生成数据时的物理时间戳。对于数据的旧版本来说, 仍然保存在系统之中。

系统内部可能会存在数据的多个版本。某个元组的某个版本的数据表示为 $r_{ij}^{(w)}$, 其中 w 为系统生成该数据时的时间戳。在版本的构建中, 使用物理时间戳作为版本的编号, 这样一个元组的不同版本之间是跳跃的、不连贯的。第 x 个版本的数据表示为 $r_{ij}^{(x)}$, 若 x 大于 w, 在这两个版本之间, 数据是可能会有其他的变化。结合上面参照关系的表示方法如下:

$$r_i^{(w)} = r_{i1}^{(w)}, r_{i2}^{(w)}, r_{i3}^{(w)}, \cdots, r_{ij}^{(w)} \rightarrow (s_{k1}^{(z)}, s_{k2}^{(z)}, s_{k3}^{(z)}, \cdots, s_{kl}^{(z)}, \cdots, s_{km}^{(z)}), \cdots, r_{in}^{(w)} \tag{12.5}$$

式中, 表示 $r_i^{(w)}$ 中的一个分量参照到另外一个关系的一个元组 $s_k^{(z)}$。同一个数据项的多个版本之间是线性的关系, 这些版本的数据是这样一个有序集合 $\langle r_i^{(0)}, r_i^{(a)}, r_i^{(b)}, \cdots, r_i^{(w)} \rangle$, 其中, $a, b, \cdots, w$ 都为物理时间戳。$r_i^{(0)}$ 表示初始化的版本数据, $r_i^{(-1)}$ 表示数据已经被删除了。例如, 图 12.1 中, 每个服务器 A, B, C, D 都有自己独立的时钟。本例的服务器架构中, A, B, C 分别将自己的数据 data_A, data_B, data_C, 复制到站点 D 上, 同时站点 D 对于自己的数据也要进行更新。在站点 D 上给出了数据的各个版本的一个时间点的快照, 注意, 尽管本地的时间是 8:29, 可收到的数据可能会大于 8:29, 如 Data_C, 这是由于服务器 C 的时钟比站点 D 的要快。这就会给事务中数据的使用带来问题, 在后面的事务一致性中将讨论解决方法。

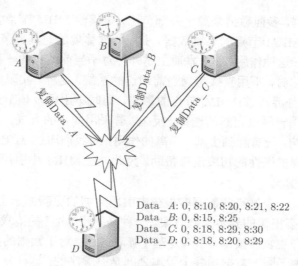

Data_A: 0, 8:10, 8:20, 8:21, 8:22
Data_B: 0, 8:15, 8:25
Data_C: 0, 8:18, 8:29, 8:30
Data_D: 0, 8:18, 8:20, 8:29

图 12.1　模糊时间戳

　　每个元组的数据，除了包含时间戳版本号信息外，还有一些信息。一个是当前的事务号，标识修改该数据的事务。事务号由所在的站点标识加上生成该事务时的时间戳构成。若没有该标识，事务在大规模的分布式环境下，无法区分这个修改是否为该事务完成的。另一个标识是当前的事务是否已经提交标志。有了这个标志后，数据复制到其他站点上之后，其他的事务就可以选择是否读取"脏数据"。当数据提交后，还会发送提交标识，当然这个信息可以压缩，只要发送数据的标识、版本以及该标识等信息就够了，数据本身可以省略了。若事务撤销，这些控制数据的撤销也要通过该标识发送给其他的服务器来实现。由于未提交的数据也进行复制，这样每个数据的更新都要复制两遍：第一次是更新后、提交前。第二次是提交后。这样在一定程度上增加了系统的负担，但问题不会很严重。一方面，更新事务只占少部分。另一方面，第二次复制可以进行信息压缩，只发送数据标识和提交标志。若系统选择更新后立即提交，则可只复制一次。

12.4　引用数据的复制

　　为了实现多个数据副本的一致性，需要进行数据的复制。尽管多个服务器可以同步地更新同一数据项，实现数据的强一致性，但这并不被推荐，这正如大规模分布式系统中一样。下面介绍基于 MHM 引用数据的复制。

12.4.1　引用数据的异步复制

　　前面的章节已经介绍过，每个 MHM 多根树节点都包含有参照数据 (引用数据) 以及控制数据。参照数据来源于外部节点，是其他 MHM 节点复制来的数据副本，构成了每个 MHM 节点的环境数据。引用数据体现的是其他节点对于该 MHM 数据节点的作用。这种作用方式，本质上是外界对于当前站点的一种单向的作用方式，外界数据变化时，不用直接考虑当前站点的系统。这样，实现成异步的数据复制方式可以反映外界对该 MHM 节点的影响，同时不用顾及该节点对于这样的外界的影响，异步是一种很自然的选择。反之，若采用同步的方式，内外就紧密耦合在一起，相互影响，没有起到去耦、隔离的作用，对我们通过 MHM 对于数据系统分层、隔离、提高扩展性的初衷没有帮助。为此，在 MHM 中引用数据的复制，只考虑异步复制的情况。

根据 MHM，一个站点的数据多根树中引用数据的更新源于上级节点的修改。可以有两种数据多根树的异步复制方案。一种是基于"拉"的请求复制技术，一种是基于"推"的产生复制技术。不管是基于哪种技术，对于数据的异步复制都有基本要求。首先，由于同一数据项各个版本之间是有顺序的，这样复制的顺序要按照数据更新的顺序来进行。这就是数据溯源，根据数据的变化，在系统内，依据副本之间关系的远近，根据物理节点反映的数据关系，从近到远依次进行更新。其次，复制也要考虑不同数据项之间时间上的次序，需要按照时间顺序进行复制。当然，由于采用模糊物理时间戳，来源于不同站点不同数据项的时间会有轻微的混乱，当前站点只需先来先服务即可，不必过于纠结，这些混乱留待数据使用时消除。再有，引用数据中的外键属性更新，可能会激发更高层引用数据的级联复制。这是因为在目标站点上，该引用数据所引用的其他数据可能不存在。

请求复制技术，就是当使用站点需要最新的引用数据时，可以向控制这些引用数据的站点发出复制请求。这些站点将其相应的控制数据或引用数据复制到该请求站点，同时生成新的版本，供请求站点上的事务选择。需要强调，某个站点的引用数据可能来源于一个站点的控制数据，也可能来源于这个站点的引用数据，当然所有的引用数据都最终来源于某些站点的控制数据。

产生复制技术，就是当有数据产生后，将数据主动地"推送"到引用站点（不一定立即）。同样，在引用站点可能会生成新的版本，供目标站点上的事务选择合适的（不一定是最新的）引用数据版本。当某站点的引用数据获得更新后，也需要将这些产生的最新的引用数据推送给从此站点订阅的其他站点。

12.4.2　引用数据复制与完整性约束

不管是使用请求复制技术还是产生复制技术，复制的最终结果会使得所有的数据都一致。但是在过程中由于更新发生站点与一致性校验不在同一个站点，可能使某些引用数据在各个站点上出现不一致的现象，即违反本地的参照完整性，下面讨论复制中会碰到的几种情况。

被参照数据在主版本站点上更新后，传播到本地节点后可能带来不一致。根据前面 MHM 的定义以及基线抽取，对于参照关系的更新都可以在本站点校验是否满足参照完整性，不需要访问其他的站点。被参照数据的更新，删除问题实质上也是参照完整性的约束问题。在传统的关系数据库中，可以用级联更新、删除、限制等方法来解决。但是这些都需要根据实际的语义要求进行事先的定制。在分布式环境下，这样的问题变得更加复杂，由于参照关系与被参照关系的最新数据可能位于不同的站点之上，校验参照完整性需要两个站点之间的通信。这种办法的工作量非常大，每次更新都校验参照完整性几乎是不可能的。这也是导致传统的关系模型数据分布后，扩展性很差的一个重要原因。

处理被参照数据更新的另一个可行办法就是，在被参照关系更新或删除的时候，只进行主版本更新站点本地的校验，大大减少了网络的负载，新版本的被参照关系数据复制到目标站点后，再进行处理。对于更新操作，在目标站点上逐步用新版本替换旧版本的数据，当然旧版本的数据不能删除，因为目标站点上较早发出的事务还可能用到，也可作为历史版本保存在系统中，后面再讨论该问题。在 MHM 中，像一些 DBMS 常用的措施一样，限制主键不能更新。

被参照数据在主版本站点上删除后，传播到本地节点后可能带来不一致。传统的集中式数据库中一般采用限制删除或者级联删除的处理办法。若是级联删除，被参照数据的复制将导致目标上参照数据的删除；若是限制删除，则必须在对被参照关系删除的时候，强迫所有的参照关系做校验，因此限制删除应该尽量少地使用。处理限制删除难题另外的方法就是，系统中的被参照关系，一旦创建且复制给别的子系统使用就不允许删除。当然，这种限制删除方法破坏参照完整性的假设。我们也可以在允许被参照关系删除后，由于被参照关系复制到其他的节点上，该节点上激活完整性校验，从而激活一个错误处理程序，提示给该子系统的管理员，或者特定的用户去解决数据的这种不一致性的问题，当然这种提示不一定是立即响应的。另外，一旦删除了，该被参照数据被设置为过期状态，例如，将版本号设为 −1。后面的数据将不能参照到该节点。等所有的参照到该数据的矛盾解决之后，该数据才可以真正地被删除；这样也可以定义成一种新的类型约束，如叫作延迟删除（on delete delay）或者删除后调整（on delete ajust）。

对于被参照关系的插入操作，在目标站点上直接插入即可。

12.4.3　几点说明

本小节讨论数据复制的几个相关问题，包括：引用数据复制方向、旧版本数据的清除、复制的压缩。

引用数据复制方向总体上是从上层节点到下层节点的。根据多根树抽取方法，并非所有的复制都会出现。引用数据会形成自上向下树形分支结构进行复制。由于从数据的源节点到目标节点，可能是菱形结构中两个顶点，这时在目标节点的数据会重复出现，此时忽略掉一个副本即可。对于源节点与目标节点在一个回路的情况下，若数据被复制回到源点，同样将其忽略。系统中一个节点还可能从多个节点复制引用数据，若这些数据根据时间戳排序，会有交叉。以什么样的次序复制关系到性能、操作便捷与否。一种方法是，根据两个节点间要复制的数据进行先后的排序，再更新本地引用数据。这种方法的结果显然是正确的，但由于要归并排序，复制的效率可能会很低。另外一种办法是，忽略数据版本间的顺序，各自复制。显然这种方法简单，也是能满足最终的数据一致性。在 MHM 数据分布模型中，本质上数据都是属于且只属于一个服务器上的数据多根树，这样，不管数据在哪里，只有统一的一个版本为最新的数据。因此数据不会冲突，随着时间的推移，最新版本的数据总会传播到其他的副本上。

旧版本数据可根据要求清除。各种版本的数据要复制到需要的节点之上，由于可能会被访问到，所以保留。当不再需要非常旧的数据版本时候，就可以删除这些旧版本的数据，这个思想类似多版本并发控制中旧版本数据的处理。系统内活动的事务中，若比最早的事务还旧的数据有多个版本，这时除了最新的以外，其他的显然是不需要的，这些事务可以访问到较旧的数据，就没有必要读这些非常旧的数据了。在系统实现中，可以设定最长执行时间的事务，这样根据对应的时间戳，早于该事务的数据旧版本可以被清除掉。例如，对于图 12.1 中，在服务器 D 上，由于对于数据 Data_A, Data_B 或者 Data_C 都存在多个版本的数据，在确保旧的数据不可能会访问到的情况下，可以删除这样的版本数据。例如，若假设 15 分钟前的数据不可能访问到，由于当前的时间为 8:29, 则版本为 8:14 前的数据都要清除掉。当然，系统也可以保留这些旧版本数据，以备将来大数据分析时用。

复制的压缩。若一个数据项 $r_i^{(w)}$，当前的版本为 w，且都已复制到其他的站点之上，也就是说，该数据项上已达到最终的一致性。若该数据项进行更新，生成新的副本 $r_i^{(w+t1)}$ 后，没有任何的复制以及其他的引用，又被更新形成新的版本 $r_i^{(w+t1+t2)}$。现在，进行复制，只需复制副本 $r_i^{(w+t1+t2)}$，好像 $r_i^{(w+t1)}$ 从来没有出现过一样。如果这样做，那么在不同的站点上，就该数据而言，有不同的版本序列。虽然，最终是一致的，但每个节点上经历的过程是不一样的，而且由于我们采用的基于本地封闭式世界假设，某些查询会产生较大的出入。对于频繁变化的数据，为了减少网络的通信才有压缩的必要，反之没有必要进行压缩。在图 12.1 中服务器 D 上，数据 Data_A 的三个版本 8:20, 8:21, 8:22, 在服务器 A 中可以省略前两个，压缩成为 Data_A:8:22 版本发送过来。

数据复制的单位。在建立初始的副本时是以多根树为单位从原有的数据多根树中抽取出来，并以此为单位复制的，建立副本。在已经建立起来的数据副本之间若仍以完全的数据多根树为单位，会有很多不变数据，这样会大大降低系统的性能。另外的办法是差异复制。根据数据多根树的变化，利用站点的事务日志来进行复制，实现不同副本数据之间的再同步。简单之处，在于只有一个版本的数据是主版本，其他的数据副本最终都要根据该数据进行更新。

　　总之，在基于 MHM 的系统中，数据的每次更新都发生在与一个数据多根树对应的子系统的范围内，由这个子系统负责对其进行访问控制。更新后生成数据的新版本，然后通过数据复制机制，将数据复制到其他的节点之上。对于系统中的查询应用，根据每个事务的隔离性要求，获得所需数据的版本，做到可用性与性能之间的平衡。这种思想类似于 Oracle 等系统采用的多版本机制，由于 MHM 自身的特点，以及应用于大规模的分布式环境，这种机制有其特有的地方。

第 13 章 基于 MHM 的事务处理

由于可串行化理论在大规模分布式系统的局限性, 本章基于前面数据一致性模型, 提出了基于本地封闭式世界假设的事务模型, 同时给出了基于本地封闭式世界假设的隔离性级别。为了兼容传统的封闭式世界假设事务, 也给出了基于封闭式世界假设事务的快照隔离性级别。

13.1 基于本地封闭式世界假设的事务模型

从系统的角度, 基于本地封闭式世界假设, 可以将一个事务视为一个函数, 这是由于两者都有输入的参数, 以及输出的结果, 这些输出的结果依赖于输入的值。对于事务, 读数据相当于事务输入的一部分, 而对数据库的修改可以视为输出的结果。

$$\text{write\_data\_set} = \text{transaction}(\text{input\_data\_set}) \tag{13.1}$$

在多用户的环境下, 输入的数据是可变的, 则输出的结果也不确定。然而, 通过选择隔离性级别, 结果的偏差可以限定在用户可以预见、接受的一定范围之内。这样, 上面的函数可以修正为

$$\text{write\_data\_set} = \text{transaction}(\text{isolation\_level}, \text{input\_data\_set}) \tag{13.2}$$

这里, 不管选择何种隔离性级别, 程序员应当已能预见并接受对应的结果。不管采用何种并发控制机制, 也不管用户申请何种隔离性级别, 如果该调度器能够在满足事务的隔离性级别下完成该事务的所有操作, 则该事务就能够提交, 否则, 该事务就撤销。不管使用何种隔离性级别, 相应的异常都可以通过如基于封锁的并发控制避免或者使用回滚来撤销。

公式 (13.2) 中输入数据可以是基于 MHM 分布的一棵数据多根树。每个站点上的数据组织成一棵数据多根树作为数据库的实例。对应于该站点上的每个事务, 它输入的数据集为该站点上数据构成的这棵数据多根树。当然, 这棵多根树可以完全处于一个计算节点之上, 也可以是多个计算节点复合在一起的一棵多根树。每棵数据多根树上包含有可以完全控制的数据, 也包含这些控制数据所必要的引用数据。根据数据的语义关系, 能够满足绝大多数的事务处理要求。对于不能满足的事务, 实际上是由更大的数据多根树完成。在基于 MHM 的数据分布模型中, 每个计

算节点都可以根据该多根树的数据获得计算的结果，而不依赖于其他的节点。也就是说，每个节点是根据该节点本地的信息得出结论的，该结论不直接依赖于来自其他节点的数据。这样每个事务根据本地的这棵多根树的数据就可以完成任务，符合了本地封闭式世界假设的要求。下面给出基于本地封闭式世界假设事务的定义。

定义 13.1　基本事务。其是在单个站点内独立执行的不可分事务。可表示为一个二元组：$T = (\mathrm{op}, <)$。其中 op 是具有 $r(x)$、$w(y)$、Abort 或者 Commit 形式的多个操作序列的有限集合，CDS 为控制数据的集合，RDS 为参照数据的集合。数据项 $x \in \mathrm{CDS} \cup \mathrm{RDS}, y \in \mathrm{CDS}, <$ 是在 op 集合上的偏序关系。

定义 13.2　复合事务。由一组形如 $r(x)$、$w(y)$ 的操作序列和被该事务派生出的其他事务组成。事务可以用一个二元组表示：$T = (\mathrm{op}, <)$，其中 op 为操作序列，具有 $r(x)$、$w(y)$、Abort、Commit 或者 t_i 形式，t_i 为复合事务或者基本事务，数据项 $x \in \mathrm{CDS} \cup \mathrm{RDS}, y \in \mathrm{CDS}$。复合事务需要其他站点的协作才能完成。

由基本事务与复合事务的定义可知，基本事务不能再调用其他事务，是特殊的复合事务。复合事务可以包含对其他站点上事务的调用。在后面的章节中，除非特殊说明，事务指的都是复合事务。

在上面对事务的定义中，实际上只考虑了操作本身以及所读写的数据。若将事务执行的范围，也就是数据多根树补充到事务定义中，则在 MHM 数据分布模型下事务可以表示为三元组：$T = (\mathrm{op}, <, \mathrm{MT})$。MT 为事务所对应的数据多根树，表示该事务的执行，是以该数据多根树为最大可访问范围执行的。MT 为某站点对应的数据多根树时，对于该站点而言为基本事务，相当于在传统的单机上执行的事务。当 MT 为与多个站点上总的多根树对应时，该事务就为复合事务，因为它必须要分解到其他的站点上执行，然后将结果合并到一起。子事务会继承父事务的时间戳，在相应的子站点上运行。在复合事务中，一些操作可能会被分配到多个站点上执行，派生出子事务继承了该复合事务的隔离性级别、事务开始时的时间戳等信息。事务的分解与合并在用户根区域所在的站点上完成，这对于上面与下面的站点而言是透明的。对于事务的分解，是基于 SQL 语句的。简言之，对于每个 SQL 语句，根据其条件以及用户所处的区域等（第 15 章将进一步阐述），确定其应该访问的数据多根树以及计算节点。至于如何分解与合并的，是查询处理中的内容。基于 MHM 的查询处理也只是分布式数据库中查询处理的特殊情况，留待将来进一步探究。

复合事务分解成若干子事务之后，这些子事务具有一定的依赖关系，可以集中地由实行事务分解的服务器进行控制，也可以通过数据复制来结束这些子事务之间为保证依赖关系而进行的等待。例如，当一个全局事务 T 跨越两个站点 S_A 与 S_B 之上，经分解后在两者站点上分别为 T_A 与 T_B。T 含有两部分更新，先后对数据 A, B 进行更新，A, B 分属两个节点 S_A 与 S_B 之上，并假设数据 A 是站点 S_B

上的引用数据，A 还要在事务 T_B 中被访问，这时需要保证的是事务 T_B 中，读取到的应该是该事务修改 A 之后的值，而不是 A 的旧值。当 T_A 执行完毕后（A 已经出现在复制队列中），在站点 S_A 向站点 S_B 的数据复制队列中，站点 S_A 增加一项：标识 T_A 已经执行完毕，用以复制到 S_B 后，激活事务 T_B。而在这之前，T_B 的事务会因启动条件的不足，在站点 S_B 中处于阻塞状态。

基于本地封闭世界假设的事务有以下特点：其一，在 MHM 中，事务是逻辑上程序的执行单位，这更明确体现在任何一组程序的执行反映的是与数据多根树各节点上对应的组织、个人、机构所发出的操作集合。这些操作可能会沿着数据多根树向下，达到下层节点站点中执行，而这些子事务就可能会产生交叉，即在节点可能产生各种冲突。这种事务模型与 MHM 的基本思想是一致的，相符的。其二，能较自然地反映现实世界中系统间的关系，每个子系统拥有完全控制的信息（控制数据），以及与其他子系统的关联部分（引用数据）。系统的实现既独立、又相关；有自己的边界，又与环境关联。其三，引用数据是通过外键被参照的数据，这些数据被预先复制到使用的站点，可以减少查询时站点间交互数据的代价。这样，基于外键参照关系的数据查询都能单独在一个站点上完成，然后进行合并，不需多个站点交换数据。

13.2　数据最终一致性对事务的支持

前面已介绍，本书采用基于 MHM 的最终数据一致性。这样的数据一致性可以实现较为宽松的事务，也就是降低事务的隔离性级别。当然，也可在较弱的数据最终一致性上实现较为严格的事务一致性。

控制数据与引用数据具有不同的特征和使用模式，也可应用不同的并发控制策略。当前的站点对于控制数据要像传统的集中式数据库那样考虑"读脏数据""不可重复读"等现象，而对于引用数据，只需读取。这样，根据前面介绍的 MHM 数据一致性，当这些数据更新时，其最新值会传播到当前的站点上，成为新的引用数据。同时这些站点上还可能存在旧版本的数据。当然对控制数据可以采用多版本并发控制机制，也可以采用基于封锁的并发访问控制机制。为了统一，简化实现，我们都采用基于多版本并发访问控制机制。在多版本控制机制中，类似 Oracle 的多版本两阶段封锁机制。对于更新的事务，执行基于封锁的两阶段封锁协议 2PL。即对于读事务，根据当前事务的时间戳与数据的版本的时间戳，以及隔离性级别，选择合适的数据版本。在更新事务中，读请求对控制数据申请读锁，对引用数据不用申请加锁；对于更新请求，先申请排它锁，然后创建数据的新版本，新版本的时间戳为当前的时间。

前面的数据一致性中，提出使用模糊时间戳来生成事务以及数据的版本。由于不同节点时钟的不同步，会使事务、数据产生顺序上的可控范围内的混乱。例如，一个事务要读取本地的一个引用数据，虽然该引用数据最新版本的时间戳小于该事务，但相差无几，会不会实际上该引用数据是在该事务产生之后生成的呢？下面就讨论该问题。

对于基于本地封闭世界假设的事务，要求在本地就能够比较出事务与复制到此站点引用数据的先后次序。为此，本书做一个假定：虽然各个节点之间的系统时钟，不完全一致，但误差会在一个较小的范围之内，比如说是 20ms，定义该值为整个系统的一个预先设定的参数 Δ_{TS}。这样，在根据时间戳进行判断，如果数据标识为当前的事务，则不必进一步判断，可以直接访问；否则，进行下面的判断。

(1) 如果当前事务的时间戳 TS 与数据 Q 的时间戳 TS_Q 满足：$TS-TS_Q > \Delta_{TS}$，则可以认为 Q^{TS_Q} 是在事务之前产生的。

(2) 如果 $TS-TS_Q < -\Delta_{TS}$，则可以认为 Q^{TS_Q} 是在事务开始之后产生的。

(3) 如果 $|TS - TS_Q| \leqslant \Delta_{TS}$，无法判断该数据与当前事务的先后次序，因此当前的事务只能撤销。重新启动后，由于事务新的时间戳变大，可以重新判断。

在提交前，TS_Q 还可能变化，例如，事务 TS 在本地遇到时间戳为 TS_Q 的数据，由于满足 $TS - TS_Q > \Delta_{TS}$，则可以读到该版本数据。之后，在事务的运行过程中，数据 Q 产生了新的版本 $TS_{Q'}$，满足 $TS_Q < TS_{Q'} \leqslant TS + \Delta_{TS}$，并传递到本地站点之上，这时应当是不能判断前面读取的版本是否恰当。为了修正这一问题，在进行事务提交时刻可以验证所读取的引用数据是否产生上面的变化，若产生这样的变化，则仍然撤销该事务，从而消除这种异常情况。对于在事务提交时，还没有传播到的数据，就假设它不存在，这体现的是本地封闭式世界假设。否则，就不是从本地出发，而是从整个系统出发，将其当作一个世界，因此就是基于封闭式世界假设。

MHM 也可以实现基于封闭式世界假设的事务，这是通过延迟提交来实现的。在封闭式世界假设下，除了考虑时钟误差外，还要考虑传输的延时对于判断的影响。该事务提交时，会不会还有虽然已经产生了数据 Q，产生了新的版本 $TS_{Q'}$，没有传递到本地的站点上呢？这也是可能的。但若当前事务结束后，挂起 $\Delta_{TS} + \Delta_{net}$ 的时间 (Δ_{net} 为网络传输时间)，等确定没有导致不确定的数据版本产生后，再提交就可以避免这一问题。若当前事务结束后，挂起 $\Delta_{TS} + \Delta_{net}$ 的时间后，发现有新的版本 $TS_{Q'}$，满足 $TS_Q < TS_{Q'} \leqslant TS + \Delta_{TS}$，说明本应早些到来的引用数据来得太晚，则需要重启本地的局部事务。

在图 13.1 中，为了讨论的方便，假设 $\Delta_{TS} + \Delta_{net}$ 为 2 分钟（实际中，可能不会这么长）。图中只标出了服务器 D、E 中数据的版本。可以看出，经由 D 的数据并没有都到达 E，这是由于网络延迟。同样也会有在 A、B、C 上已经产生，但还没有到达 D 的数据。服务器 D、E 上的事务，可能不会获得满足特定事务一致性要求的数据。办法就是通过延迟来确保这样的数据传播到该站点，从而判断是否还有更新，进一步决定提交还是撤销。例如，服务器 D 上的一个事务，它不能判断读取的数据是否为最新的数据，因此，它提交时可以延迟 $\Delta_{TS} + \Delta_{net}$ 时间，当确认没有新到的复制数据与该事务读的数据集冲突时，就可以提交，否则撤销该事务。

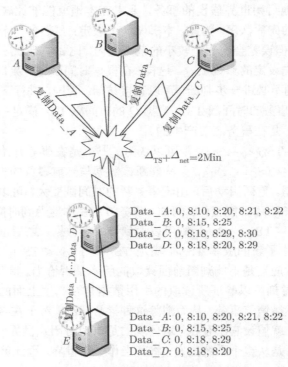

Data_A: 0, 8:10, 8:20, 8:21, 8:22
Data_B: 0, 8:15, 8:25
Data_C: 0, 8:18, 8:29, 8:30
Data_D: 0, 8:18, 8:20, 8:29

Data_A: 0, 8:10, 8:20, 8:21, 8:22
Data_B: 0, 8:15, 8:25
Data_C: 0, 8:18, 8:29
Data_D: 0, 8:18, 8:20

$\Delta_{TS} + \Delta_{net} = 2Min$

图 13.1　模糊时间戳与事务一致性

　　前面只考虑了有两层服务器多根树的情况，实际中的层次可能会多些。由于当前站点的控制数据也可能成为其下属站点的引用数据，这种延时了 $\Delta_{TS} + \Delta_{net}$ 提交的数据，要到达该下属节点，还需要增加一个最大延时时间，从而事务在该下属节点执行时，为了消除该种异常，在提交时需要多延迟 Δ_{net} 时间，也就是延迟 2 倍的 Δ_{net} 时间。若控制层次有 n 层，则底层的服务器在执行时，其最大的事务延迟时间为 $(n-1)\Delta_{net} + \Delta_{TS}$。底层事务的延迟，因为其上的所控制数据不需要再复制到别的节点上去做引用数据了，也就不会对别的服务器上的事务有影响。需要说明的是，服务器间的层次结构不会太大。假如为单根情况（多根时，树还会更矮），分支系数为 8，当 n 为 4 时，就有 $(1 + 8^1 + 8^2 + 8^3) = 585$ 台服务器，当 n 为 5 时有 4681 台服务器。可见总的事务延迟时间一般能控制在 $(3 \sim 4\Delta_{net} + \Delta_{TS})$ 范围中。服务器 E 中，事务的延迟就需要 $(2\Delta_{net} + \Delta_{TS})$ 时间。若考虑时间延迟概率情况，出现极端的情况很少，因此也可以适当地缩短这样事务的提交延迟时间。

可以看出，该方法易于实现，是在兼顾可用性的同时，保证了正确性。负面的影响是，为解决时间戳存在误差问题，会误伤一些事务，在一定程度上影响系统的性能。但该问题不会很严重，因为：第一，由于现在网络速度、硬件准确性非常成熟，Δ_{TS} 的值会比较小，从而出现难以断定的情况会比较少，在这个时间段内冲突的概率很小。第二，冲突还需要发生在对于同一数据项的访问上，这样的概率也很小。第三，由于事务的重新启动（还可适当延时），事务新的时间戳会与数据的时间戳拉开明显的差异，这样一般不会出现事务重启后，再次冲突、难以判别的情况。第四，对于大量的局部事务访问站点的控制数据时，或同站点的局部事务之间比较时间戳时，由于两者来自同一个时钟，时间顺序不会混乱，这样不受 Δ_{TS} 的限制。也就是说，采用分布式时间戳，主要解决的是引用数据的先后次序判断问题。

上面的基于封闭式世界假设的事务中，还未考虑出现网络分割。若出现了网络分割，则应当复制过来的数据，在经过足够时间的延时后，仍不会在本地的站点上出现，就会导致这些事务误提交。为了消除这个错误，可以在数据的复制队列中增加心跳信号，当不能按时接收到心跳信号时，判断出现网络分割，则基于封闭式世界假设的事务不能得到执行，从而强行撤销。

多版本并发机制对于性能的帮助值得商榷。在 Oracle 系统中，读请求不等待，但不能说其有高的事务吞吐率。对于并发控制机制性能的评估，需要从全局的观点，而非从单个事务的观点来看。从全局的观点来看，多版本机制对于事务的吞吐率并不具有额外的贡献。多版本中的快照隔离性级别事务，是通过读取旧的提交后的数据来加快当前的事务。多版本相对于封锁机制，在诸如 TPC-H, SAP 三层 SD 基准程序、Peoplesoft 与 Baan、TPC-C 基准程序中并不比封锁快 [197]。这是由于多版本系统可能会回滚更多的事务，这将消耗更多的计算资源，因此这些系统的性能可能比封锁的还要低。本书使用多版本的机制，更多的是考虑控制数据更新、复制后，到达其他的站点之上成为引用数据。由于引用数据多个版本的存在，该站点上的本地事务可以根据其隔离性级别选择一个恰当的版本。

13.3 基于 MHM 的事务的隔离性级别

本书提出的事务模型，对控制数据，可通过基于锁的并发控制策略来避免出现丢失修改，不可重复读等异常，执行 2PL 锁，当事务提交后再释放。对于引用数据，由于所有的本地事务都不会修改，因此没有必要施加任何的锁。对于本地封闭式世界假设，直接读取本地引用数据的恰当版本，操作完成即可提交。对于封闭式世界假设，通过延长一定的时间 $(n-1)\Delta_{\mathrm{net}} + \Delta_{\mathrm{TS}}$ 确认事务期间，没有生成新的引用数据版本即可提交，否则就需要撤销，重启该事务。

隔离性级别本质上可以是语句级的，同一事务中的不同的 SQL 语句也可以采用不同的隔离性级别。在传统的事务模型中隔离性级别是针对会话或者事务的，即在一个会话中，除非明确更改隔离性级别，否则后面的事务都是遵照该隔离性级别，如 Microsoft SQL server。而有些是基于事务的，每个事务的隔离性级别需要单独设定，否则就使用缺省的隔离性级别，如 Oracle。当然，也可以同时定义事务级的隔离性级别，若具体的 SQL 语句没有制定隔离性级别，则继承所在事务设定的隔离性级别。

综上，基于 MHM 的隔离性级别定义为以下几种。

(1) LCW read uncommitted。对于每个站点上，分别读取控制数据与引用数据的最新版本，而不管数据是否已经提交。可能读的是脏数据，对于被引用的数据，复制来的也可能是未提交的数据，也可以读到的。总之，该种隔离性级别忽略了版本的要求，只要能够读到数据就可以。LCW 表示的是本地封闭世界假设。

(2) LCW read committed。该隔离性要求所有能够读到的数据，都是已经提交后的数据 (read committed)。只要能够读取到一个已提交的数据就可以了，并不要求数据是最新的，即使有数据特别新（比当前的事务还要晚提交）。需要说明的是，在该事务执行的一个站点之上，若该数据属于控制数据，则能够读到的是最新的已提交的数据。可若是引用的数据，由于实际的更新发生在其他的站点之上，从其他的站点将数据复制过来还需要一定的时间延迟，因此有可能读到的是比较旧的提交数据。例如，在执行该事务的一个节点之上，引用数据 $r_{ij}^{(w)}$ 是在事务 T^{w+n+m} 开始前最晚的数据版本，可在主版本的站点上，生成了时间戳为 $(w+n)$ 的数据 $r_{ij}^{(w+n)}$。若在整个系统的全局，这是应该被读到的数据，而在本地是没有办法获得的。

(3) LCW snapshot read。在对多版本的数据进行读取时，可能会希望读取的是一个快照，也就是所有的数据版本为事务开始前最新的数据。在 MHM 下，这种读取是基于本地封闭式世界假设的，这样对于控制的数据肯定能够做到读取的是事务开始前最新的数据。但对于引用的数据，可能会读取不到最新的版本，这是因为一些最新版本的数据可能还没有从其他的站点复制过来。为弥补这一不足，可在事务提交时进行校验，如果发现引用的数据已经不是最新的版本，则撤销当前的事务，否则才可以提交。

即使这样，也可能会发生引用数据在控制它的站点上已经更新，但还没有复制过来的情况。这使得所读取的引用数据依然不是最新的。但对于这种情况，在本地封闭式世界假设的情况下，是无法完全避免的。所能控制的，只是进入当前子系统的数据，而非那些虽然产生了却未能接触的数据，这与这些数据没有产生意义是一样的，现实中系统也是这样处理类似问题的。若非要处理这种情况，则不是基于本地封闭式世界假设，而是基于封闭式世界假设了。

(4) CWA snapshot read。前面的读取引用数据的方式，都是获得某个时间点上的数据，而并没对数据进行主动控制，这些引用数据仍可以同时在其控制节点上进行修改。可有时，在事务的内部希望读取的数据能够在事务的期间保持不变。正如其在传统的分布式数据库中可以在该数据项上加上读锁，其他读的事务可以访问该数据，但是正在更新的事务，必须暂时地挂起，等待前一个事务释放共享锁以后唤醒该事务。由于锁的使用，可能会产生全局死锁、活锁等问题。另外一种是采用乐观的算法，在事务结束时，进行验证，确定事务期间所读取的数据是否发生变化，若已经变化了，则撤销这样的事务。然而，由于通信延迟，数据在其他站点上被修改了，则最初的事务期间，所读的数据实际上都不变化，从而认为没有变化。再有，这种方法也不符合将每个节点看作一个子系统，以及基于本地封闭式世界假设的初衷，回到了传统的分布式数据的问题，虽然能够实现，但复杂性太大，不适合大规模分布式系统的实际应用，实际中应避免使用。但为兼容传统的分布式事务，本书也提供解决方案。

本书采用牺牲时间换取准确性的方法来实现基于封闭式世界假设的事务隔离性级别。该方法的结果，就好像读取数据（含引用数据）、修改数据都是发生在事务开始后的那个时刻。经过足够的时间等待（$(n-1)\Delta_{\mathrm{net}} + \Delta_{\mathrm{TS}}$），确认没有与读的引用数据冲突的修改后，才正式提交当前的事务。在整个的服务器多根树中，越靠近根的服务器上执行的该隔离性级别的事务，延时会少；反之，越靠近叶节点，延时就越长。详见其前面 13.2 节。

综上，MHM 是基于本地封闭式世界假设的，对于被参照数据都是只读的访问，而且这些数据提供多个版本供本地查询时选择。同时为兼容封闭式世界假设，要获得引用数据的最新版本，需要使用基于全局的读。应用程序员根据可容忍的引用数据准确性来选择隔离性级别。不管是哪种隔离性级别，这些来自于数据管理子系统外部的数据都与站点当前时间可能存在一定的间隔。这种滞后的时间长短主要取决于物理时钟准确性、网络延迟。

13.4　不一致性与隔离性级别

本节归纳各种隔离性级别下可以消除的异常情况，详见表 13.1。从表中可见，引用数据与控制数据的管理是有差异的。首先，对于"脏写"，在引用数据中各个隔离性级别是不适用的，因为对于引用数据是不进行修改的（不考虑为提高可靠性的副本更新等原因）。另外，对于"LCW 读"，以及"LCW 读提交"，引用数据与控制数据包容的不一致性也是一样的。对于"LCW 读快照"，由于引用数据在事务提交时要进行验证，可以在一定程度上消除"不可重复读""幻象"，但这两种不一致性仍可能会出现。而对控制数据来说，由于是该站点直接的管理，则可以像传统数据那样避免。再有，对于"CWA 读快照"，通过延时换取引用数据准确性的提高。对于控制数据来说，已不能进一步改进了，因为控制数据所在站点，就是个封闭世界。

表 13.1　隔离性级别

数据分类	引用数据				控制数据			
隔离性级别	脏写	脏读	不可重复读	幻象	脏写	脏读	不可重复读	幻象
LCW 读	N/A	✓	×	×	✓	×	×	×
LCW 读提交	N/A	✓	×	×	✓	✓	×	×
LCW 读快照	N/A	✓	✓	✓	✓	✓	✓	✓
CWA 读快照	N/A	✓	✓	✓	✓	✓	✓	✓

13.5　事务提交与撤销

由于数据多根树已经将语义相关的数据尽量地存放一起，可以期待多数的事务都会在一个站点上的多根树上得到满足，这时事务就成为局部事务，提交可以简单地得到实现。而若是同一事务内在多个站点都有更新的操作，该事务将全局性地拆分成若干个子事务并在不同的局部站点上得到执行。为保证整个事务的原子性，必须有分布事务的协同机制，类似于 2PC、3PC。在 MHM 系统中，全局事务的提交由全局事务发起站点来控制，由它控制其下层的子事务何时提交。该全局事务创建后，会在其对应的多根树子树中生成对应的子事务，子事务也可以进一步派生出它的子事务，当所有的子事务都执行完毕后，逐层返回给全局事务，由它判断是否所有的子事务都得到执行，能否全局提交。若有子事务不能提交，则发出撤销指令操作，否则发出提交指令，下层的事务收到复制过来的指令后就执行对应的操作。

当事务撤销时，事务中更新的数据可能已经复制到其他的节点之上了，这些复制的数据也应撤销。可以选择的做法有彻底删除，标识已撤销。对于彻底删除，每个站点中的控制数据，撤销修改即可。可当这些数据因为是其他站点上的引用数据，已经复制过去时，根据前面的数据一致性策略，撤销操作本身也将被复制到前面的节点上，从而消除复制来的数据。当然，这些复制数据的撤销也是由控制这些数据的站点发起的，这种撤销与复制一样，一直传播下去，直到这些复制产生的副本都撤销，这种方法是将这种版本的数据从数据库中物理抹除。另外，也可以只是标识对应版本的数据从数据库中撤销，但并不真正的删除。当标识撤销后，事务在任何隔离性级别下，都不会读到这样的数据版本。

在传统的集中式数据库中，通过在旧版本的数据库之上运行事务日志可以再现历史，实现系统恢复。在数据库系统中，介质恢复与系统恢复是经常要做的。而在大规模的分布式系统中,除非升级系统,全局性的再现历史将很少发生,一般只可能发生个别节点的再现历史。首先,对于整个系统来说,存在若干的节点,数量可能非常的庞大,所有的节点同时出现介质故障几乎是不可能的。另外,现在存储的层次上有磁盘阵列、智能存储系统等多层次的存储保证,使得这种需要变得不再必要。其次,没有一个全局的可用的事务日志,取而代之的是各个数据节点自己的事务日志。各个节点只是记录发生在本地节点数据的更新情况。再次,当单个节点出现系统故障或者介质故障需要重启并再现数据节点历史时,根据事务日志中记录的数据库更新情况,包括事务中的更新,数据复制激活的更新,执行所有的更新操作,达到故障时的系统状态。最后,撤销那些还在活动事务列表中的事务。这时可能还要依据上级节点事务日志,或者数据复制日志,刷新本地站点的引用数据。

第 14 章   MHM 可用性

MHM 数据节点之间组成的服务器多根树层次关系中,个别节点的故障可能会影响经由该服务器节点的访问,若实现对该节点的跨层访问,可绕开故障节点,提高系统的可用性。通过缓存数据多根树,也可以在不能访问服务器数据时,实现一定程度的可用。另外,由于本模型是基于主版本的更新技术,为了提高系统的可用性,本章对于副本更新也进行了阐述。

14.1   跨 层 访 问

在 MHM 数据多根树节点构成的服务器多根树中,数据的访问是从上层节点导引至下层节点再沿原路径返回查询数据的。一般来说,这个数据多根树节点构成的服务器多根树中,每一层的节点都是只可以由直接的上层父节点们所获取的。每一个节点也只能访问直接儿子节点的数据。数据的跨层获取都需要通过中间层次的节点来转发。显然,数据的这种层层请求、转接、返回会消耗系统带宽资源,并增加延时,同时,当中间层次的某节点不可用时,也会造成通过该节点的访问不能执行,影响了系统的可用性。

为了提高 MHM 性能,改善其可用性,可以实现跨层访问。这时某节点的父节点通过直接访问该节点的子节点,实现了对该节点的跨越。不但在该节点故障时使系统仍可用,也提高系统的整体效率,提高性能。父节点事先将这些子孙节点的连接信息保存下来,将那些查询子孙节点的访问直接送达,从而实现绕过当前的节点。图 14.1 就是一个关于跨层访问的例子。

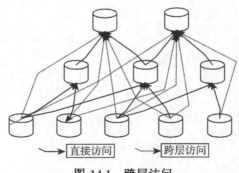

图 14.1   跨层访问

跨层访问的一个负效应就是对于多根树的重组时，要增加一些服务器连接等信息的维护工作。每当服务器节点进行重组时，这些结构的变化要反映到其祖先节点中。然而，多根树节点相对稳定，重组与重构应该是很少发生的，这样这些额外的负担不会很重。

因为对于一个大数据管理系统来说，系统存在的用户数量非常之大，而且用户属于不同的层次，跨层访问是必须要考虑的，而且可以有很多变种。大量的用户是不需要直接从上层节点开始，一层层的向下直到找到所需的数据多根树的，否则，根节点会成为整个系统的热点与瓶颈。极端的情况下，也可以由专门的服务器，存储这个节点多根树的结构信息，并将数据的访问，直接导向对应的多根树节点。若系统非常的庞大，也可能分化出多个服务器，甚至也构成层次关系，专门负责这种查询重定向功能。再进一步，若一个用户对应的数据访问映射到多个节点之上的时候，不但要将查询重定向到这些节点，还涉及访问的分解与合成。图 14.2 就是一个这样的例子。

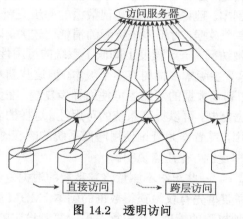

图 14.2　透明访问

14.2　多根树复制

与 12.4 节不同，本小节讨论的数据复制，是整个多根树的复制，目的是提高系统的可用性。

14.2.1　多根树复制

多根树主版本内部多个物理版本间为保持一致，可能需要同步复制。MHM 中的数据只有一个主版本，该版本为某个站点所控制，所有的更新都应该发生在该版本之上，并将更新传播到其他副本，实现数据的最终一致性。这里指的主版本是逻辑上的概念，数据物理的存储在稳定的介质（例如，单个节点的服务器是由数据中心提供的，其存储是由数据中心的有保护的存储阵列提供。数据中心有完整、健壮的数据保护方案，使得数据库用户不必关心存储介质的稳定问题）之上，也可以存储在廉价的 PC 等不稳定的介质上。如果是后者，就需要考虑使用类似 GFS[148] 的方法，在多个服务器上有多个（GFS 中是 3 个）副本，并通过同步的复制来更新这些副本，从而也将构造出稳定的存储。只要其中的一个发生更新，必须等所有的更新都成功后，操作才能生效。当其中任何一个拷贝出现问题的时候，系统可以迅速地构建一个拷贝。为了保证系统的性能和最少的时间延迟，这样的拷贝最好都在同一个数据中心，甚至是同一个机架上构建。需要说明的是，对于同步的拷贝，也需要将被引用的数据，也就是参照的数据拷贝过来。这样做的好处是，同步拷贝的数据也可作为读操作等大量数据查询访问的数据源。这些是底层的物理存储问题，由底层的文件系统来保证这一点是比较合理的。本书给出的 MHM 是在较高逻辑层次上对于数据的抽象，因此假定数据是存储在稳定的介质之上的，故不在 MHM 层次上考虑可靠存储问题。这样，如果每个节点能够提供稳定的存储介质，就没有必要生成同步拷贝的副本。理论上，可以实现数据的同步更新，但对于同步的数据复制，由于要同时写多个数据，对于系统资源的消耗比较大。同时还需要数据所在的多根树服务器都能被访问，一定程度上降低了系统的可用性。

在上面情形下，尽管主版本多根树有多个版本，但这些副本数据是不能为外界直接访问的。主版本与副本数据的复制也可使用异步复制。在数据的主版本和多个副本间实现异步的数据复制，可以提高系统的可用性。这样的副本数据多根树可以作为主版本数据的备用，或者作为查询使用降低系统的响应时间。

关于多根树的数据复制，有几点说明。

(1) 在分布的环境下，一些组织不愿意将其私有的数据复制给其他组织的服务器，这样目标服务器需要事先有权限获得数据的副本。MHM 数据分布模型本身就适合从语义上进行这种权限的管理，在进行多根树复制设定的时候，进行控制。

(2) 基于多根树的数据复制与传统的分布式数据库管理系统不同的是，或许只有部分的数据，也就是控制数据才需要被真正地复制。这是因为一些其他的引用数据或许已经存在于目标的站点之上了。

(3) 对于副本数据的选择不仅要受限于发出事务请求的用户，而且可能还受限于该事务的隔离性级别。当副本存在于目标站点上后，目标站点就可以直接对复制来的数据进行查询。不必再向数据源站点发出查询请求，然后等待接收数据，而是直接查询。

14.2.2 多根树缓存

多根树数据的缓存是为了提高访问的可用性与性能，可以在客户端进行。前面介绍的多根树数据复制是为了满足数据的最终一致性要求，通过在服务器端进行数据的复制来实现的。复制的数据之间保持的是一种一次性的或稳定的语义较为完整的复制关系。而缓存多是临时的、不稳定的、不完全的一种存储。由于使用目的、发生的场所、副本之间的关联关系均不相同，这是两种不同的技术。同时两者之间也有很多相似的地方，没有不可逾越的界限。例如，两者都是基于 MHM 数据分布模型的，数据都是以多根树为单位进行传输的。另外，当网络连接不可用的时候，缓存的数据也可以用来满足一定的查询，从而实现了可用性。再有，通过缓存的使用，也可以改善、提高系统的性能，吸引更多的应用。对性能的要求越高，也就要求服务越稳定，因此在缓存的基础上，可以形成稳定的副本。虽然建立了系统的副本，可由于应用的变化，对于这个副本的使用并不多，那就有可能转变为缓存，或者发生在服务器，也可能发生在客户端。另外一个例子，移动计算越来越普及，且不说网络的连接是不稳定的，这些网络的连接一般是收取服务费用的，为了降低费用，移动的平台可能要选择只在必要的情况下才连到网络。这样，在客户的移动终端机上需要暂存必要的数据，这是复制还是缓存，称作什么已经不再重要了。

14.3　副 本 更 新

　　MHM 的数据一致性方案是基于主版本的，数据更新是发生在主版本上的。可能会存在这样的情况，当前站点上的应用可能会发现某些引用数据不准确，或者当前的站点上需要更为个性化的数据，或者临时测试的需要。这时候唯一办法是更新该数据主版本的站点，然后复制到包含当前站点中的所有站点。但是，这种办法需要有更新主版本的权限，因受限于权限，可能不允许执行。另外，这种更新主版本的方法也会将更新带到其他的不需要新数据的站点之上。例如，在图 12.1 中，虽然该数据是该服务器的引用数据，正常情况下，Data_A 是该服务器的引用数据，只能查看，不能修改。这样，在特殊的情况下也可考虑允许在副本上进行更新，本节讨论副本更新的两种情况。

　　一种是为了满足局部的需要，服务器范围内的副本更新。例如，在图 12.1 中，当服务器 D 为满足局部的需要，可以将 Data_A 修改，从而使得本服务器范围内使用 Data_A 的版本。本地的应用程序，根据事务的隔离性需求访问相应的数据。对于这些副本更新的数据，可以设定其时间戳为一个特殊的值，如正无穷，或者设置某些标志，甚至附加节点等信息供事务区别正常的副本数据，最终使得本地事务能够读取副本更新的数据，同时保证全局事务仍然读取原副本数据。

　　另一种是由于网络连通等可用原因在主版本上的更新不能立即实现，为保证可用性而采取副本更新。由下级节点的用户对上级节点所在的控制数据发出更新请求（根据 MHM，这些更新应该在控制该数据的上级节点完成）时，系统应当将更新指令传播到控制该数据的上级节点。可是由于网络分割或者该站点临时的不在线，这样的更新不会成功，一般做法是通过事务失败撤销该事务。为了提高 MHM 可用性，也可以像一些系统那样，始终能够完成写的操作。也就是在当网络不通的情况下，先将数据的更新写到存放副本中，然后等网络连接恢复后，系统将对数据的修改传播到控制该数据的节点上。这样的写操作，可能会面临一致性遭到破坏的情况。其一，如果同时有其他用户完成对数据的更新，数据可能会产生冲突。这时，虽然本地的副本上更新成功了，但最终的结果由于冲突的原因却失败了。其二，在该站点上，这些引用数据的更新会产生新的版本。这些新版本的数据的使用会出现问题。因为，本质上这些新版本的数据还没有提交，所以不应该被其他的事务所读到。这些新版本数据最终采用复制到主站点上时的时间戳。

为了适应主版本不可用时副本上更新的需求，在 MHM 事务模型中，可以增加一种叫作延时提交的事务。也就是，虽然提交暂时成功了，能否最终成功取决于是否同时有其他站点上的副本更新的事务与其冲突。成功的时间，则取决于网络或者节点什么时候恢复正常，重新同步数据。当这样的节点能够联系到控制数据的节点时，根据更新的情况，检查在不可用的这段期间，数据是否变化过，若已经被修改过，则撤销该事务，否则更新主版本数据，并最后确认该更新（事务）成功的完成。首先，在权限允许的范围内，对于暂时不能完成主版本数据的修改的事务，先在本地更新副本的数据，当前的程序不用等待事务是否执行成功的结果，系统只需反馈给用户：已经接受到这样的事务操作请求。然后，用户通过其他的途径，如以后的查询获得更新是否执行成功，或者系统可以提供事务进展情况供用户来查询。目的是在可用性与数据一致性之间给用户一个折中的考虑。当然，使用延时提交的事务需要临时阻塞后面的一些工作，因为后面的一些工作前提可能要依赖该事务是否成功进行提交。将事务的类型设置为是否允许延时提交，是程序员的责任，其根据事务语义的要求来选择。这是乐观的算法，因为前提假设系统中很多的事务是不冲突的，所以最终可能提交成功。因为冲突而不成功的事务只占很少的一部分。所以这样的处理办法能够提高系统的效率。系统可以使用推的技术，当延时的提交最终有结果的时候，系统给用户的通知队列里增加一条信息，使用户能够得知事务的进展情况。客户端的应用程序通过轮询的方式能够获得事务最新的进展，从而可以进行下一步的工作。若与工作流技术结合起来，有望根据事务的结果，自动地将下一任务设置成就绪的状态。

第 15 章 基于 MHM 的访问控制

15.1 大规模分布式系统的访问控制

大规模分布式系统的访问控制是一个具有挑战性的开放问题[198]。大规模分布式系统中, 安全管理、访问控制工作量巨大, 处理几百上千的角色与用户是非常困难的, 所以也应该进行分布管理。通常, 在 RBAC 模型家族, 如 RBAC96[199, 200]、ARBAC02[201]、UARBAC [198] 中, 都考虑了应用组织结构[202, 203]。这些组织结构被实现为特殊的角色, 并且基于角色的层次结构, 定义了管理域[204]。

然而使用角色作为管理域在现实中是有问题的, 由于定义角色层次与管理域的标准是不同的[198]。管理域是基于组织结构的, 而角色是根据工作的功能来定义的。组织实质上是作为独立的, 与角色、用户、许可一样的实体实现的[205, 201], 该实体能够更好应用组织结构控制企业的数据资源。在数据系统中, 许可不是独立理解的, Sandhu[206] 定义许可为 "主体对于客体授权交互类型的描述"。也就是说, 访问控制包含两个方面: 一个是可以进行的操作类型, 另一个是该操作的对象、范围。传统的 RBAC 模型将两个方面作为一个整体 (也就是许可), 而非单独的两个部分讨论。

本章结合 MHM 数据分布模型, 给出一种基于数据域的, 资源与操作分离的访问控制模型。该访问控制模型还同时考虑了各个服务节点之间的关系, 可以分布地进行用户管理、权限的授予。最后通过一个例子, 说明该模型的使用。

大规模系统, 像云数据库或大数据系统都是通过许多的服务器来提供服务的。同时, 由于这些数据库扩张的要求, 还会不断地有服务器加入或者退出, 要求该系统有很好的扩展性。另外, 这样的数据库系统也可以跨越云而存在。一个要解决的问题是, 这些服务器是如何组织在一起的。最为重要的是这些服务器之间的关系需要足够的简单才能实现 scale-out 或者 scale-in。这就需要数据应当能够被便捷地分布或者合并, 根据条件来拆分这些高度相关的数据。这样, 很自然地根据组织结构对数据分割。一些其他的数据分割方法, 如基于 Hash 的去耦合、轮转法、基于范围的分割, 目的在于提高性能, 但基本上没有考虑组织结构、安全等因素。

在大规模分布式系统中, 可以很自然地利用组织结构来组织数据, 进行访问控制。通常, 一个这样的数据库服务于多个公司、机构、部门、用户组、地区、分区、类别或者其他的有一定联系的机构。这些组织有相同的或者互补的一些关系, 一个组织也可能会被几个较高层次的组织所管理。正是因为有这些组织关系，有了分工，才有了进行数据安全访问控制的需要。

MHM 本身很容易依据企业的组织结构来拆分数据。简单说，每个组织结构的节点可以对应到拆分出来的一棵多根树，组织结构之间的管理关系，最终反映到多根树之间的关系上来。假定每个组织都有一个它自己专有的服务器，每个数据多根树都有一个服务器。一个分布式系统自然就构建在这些服务器之上，这些服务器之间通过拆分形成的关系正如各组织之间的管理与被管理的关系。显然，多根树也是表示这些服务器关系的自然结构，后面称之为服务器多根树。服务器多根树是一个弹性的架构。高层的服务器覆盖该树中较低的站点，意味着高层组织管理着该低层组织。当一个新的组织加入或者退出该系统时，一个专用的服务器就可相应地加入或者从该分布式系统分离出去。

15.2　用户 &区域

许多组织都已部署了巨大的数据库系统，并且拥有很多的、各类的用户。将所有的用户以及相应的权限都集中管理是非常困难的，必须进行分布式管理。本书的分布式访问控制模型结合了强制访问控制与自主访问控制。每个组织都管理自身用户，限制组织中的用户只能在内部范围的操作，这种类型的访问控制是强制的。除此之外，用户还拥有与角色相关的操作权限。这样实质上是将许可（权限）拆分成数据与操作，实现两者的分离，从而分别进行控制，这两者对于用户权限的控制是正交的。在讨论组织间权限管理之前，先给出用户访问范围，即区域的定义。

定义 15.1　基本区域（basic region）。由一个控制节点集 C 所控制的多根树的范围叫作 C 的基本区域 R_C。

基本区域是驻留在单一服务器上的数据多根树。基本区域之间的关系也是基于多根树的层次关系。在区域多根树中，一个区域是个节点，并且区域之间的覆盖关系被当作连接。一个区域可以覆盖或者被几个其他的区域所覆盖，这和组织结构是一样的。这里的覆盖意味着，高级的组织不但管理其自身的组织的数据，还管理着它所覆盖组织的数据。

定义 15.2　扩展区域（extended region）。一个基本区域以及所有的为其所覆盖的基本区域的整体叫作扩展区域。这个联合在一起的区域定义为基本区域 R_C 的扩展区 R'_C。显然，如果没有其他的基本区域在一个基本区域之下的话，该基本区域可以是自身的扩展区域，扩展区域简称区域。一个区域 R_1 可以是另外一个区域 R 的次级区域，也就是 $R_1 \subseteq R$。

例如，一个省的行政单位本身有很多直属的部门，这些全体就构成了一个基本的区域。同时，省又有下属的地市，假设每个地市又都是一个基本区域，显然这些地市级的基本区域是在一定程度上隶属于省直属部门的，也就是这些基本区域加上省直属部门构成了省直属部门这个基本区域的扩展区域。

本书模型中，区域与服务器是完全不同的概念。在前面的章节中，为了阐述方便简单，忽略了两者的不同。区域是逻辑的概念，是与数据访问的安全控制方面相关的一个概念。而服务器是个物理的概念，是存放多根树的具体服务器。一方面，许多区域可以共存于一个物理服务器（站点）。例如，在一些分布式环境中，假设一些组织数据量和计算量较低，服务器的容量以及计算能力相对较高，这样这些组织可以共享一个物理服务器来减少投资。另外，不只是基本区域，扩展区域也可以共享一个物理服务器。当然，权限方面还是各自管理的，就好比每个区域独自拥有一台服务器一样。另一方面，一个扩展区域也可以涵盖、跨越多个物理服务器。一个特殊的例子是一个基本区域位于多个物理服务器之上，其实这更像是并行处理。将数据分布到多个节点上，为了发挥多个物理服务器的处理能力。图 15.1 说明区域与服务器之间的关系，服务器 $S_1, S_2, \cdots, S_{11}, S_{1213}, \cdots$，基本区域 S_2, S_4, S_{12} 以及其扩展区域 S_2', S_4', S_{12}' 都明确地标出了。服务器 S_{1213} 上，配有基本区域 S_{12} 与 S_{13}。扩展区域 S_2' 与 S_4' 跨越多个服务器。在扩展区域 S_2' 中，有一个菱形，也就是在服务器 S_2 与 S_8 之间有两条路径。说明，虽然这些服务器的关系基本上是多根层次结构的，也可以有菱形结构出现。在现实世界的组织结构中，也可以找到这样的例子。

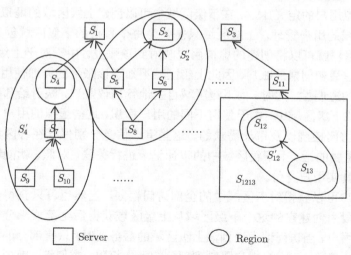

图 15.1　服务器 &区域

定义 15.3　用户的区域（user's region）。数据库的任何一个用户 u 必须映射到一个区域，该区域可以是基本区域 R_C，也可以是扩展区域 R_C'，正如一个用户必须隶属于一个组织一样。user's_region(u:USER) $\rightarrow$ REGIONS，表示将用户 u 映射到该用户隶属的区域。这样，该区域是用户的最大访问范围。

定义 15.4　虚拟用户（virtual user）。假定一个区域 R_1 拥有一个超级区域 R(即 $R_1 \subseteq R$) 的用户账户 u_R，区域 R_1 可以创建一个区域 R 的虚拟用户，这是通过将一个扩展用户 u 映射到 u_R 来实现的。这样，在 R_1 以及其下属的区域中，u 是用户的标识，但是在 R_1 之外且 R 之内，该用户是被当作 u_R 的。u 是一种同时拥有两种身份的用户，u 是真实身份，而 u_R 是其虚拟身份，因此定义 u 为虚拟用户。

在我们的模型中，一个用户的最大的可以访问的范围是其对应的区域。这种类型的访问控制是强制的。而用户的最终权限还包含操作的限制，例如，角色的基本操作权限、用户的操作权限以及应用程序的操作权限。

系统中存在三种类型的用户。本地用户 LU 的访问范围限制在该基本区域之中，而扩展用户 EU 可以访问对应的扩展区域。第三种用户就是虚拟用户 VU。对于分布式系统中一个区域而言，一个要解决的访问控制管理问题就是如何为其下属区域创建用户。区域的管理员在为每个下属的区域创建与管理许多的用户时面临很多的困难。例如，让根区域为每个能够访问该区域的用户都创建一个账户，由于管理工作相当大，所以非常困难。我们的模型提供了访问控制管理上的透明性，使得上级区域只需要为每个直接的下属区域创建一个用户账户并授权给该下属区域，然后由下层区域管理员自行创建、管理。

根据虚拟用户的定义 15.4，在下级区域中可以创建上级区域的虚拟用户，这简化了上级区域的用户管理。上级区域只需要为每个直接的下级区域创建一个用户账户，下级用户就可以将创建的虚拟用户映射到该账户。由于对于上级区域而言，访问的都是它最初创建的账户，因此上级区域不知晓该账号的详细使用。这也实现了访问控制的透明性。同时，由下级区域自主地管理该账户，映射给那些需要的用户使用。在该下级区域中，由于使用不同的用户标识，这些虚拟的用户是可以被区别化来满足访问控制以及审计需求的。这些审计信息分别保存在各区域自身的审计信息中，需要的话，上下级区域中的审计记录进行关联、对照，就能够找到执行该操作者的真实用户身份。

虚拟用户可以获得对应区域中的全部访问权限，当然也可只获得部分访问权限。可用权限由创建它的这个下级区域从上级区域获得后全部或部分权限授权给特定的虚拟用户。当访问请求送到该上级区域的服务器时，只有部分的访问请求被该区域发出，这样，该虚拟用户限制到部分的操作权限。类似地，虚拟用户的范围也可以限制到一个较小的范围，而非整个的上级区域，这个映射由上级权限管理来实现。

15.3 基于数据域的访问控制模型

定义 15.5 基于 MHM 的访问控制模型的核心定义如下。

(1) REGIONS, USER, ROLES, OPS 与 MT(分别表示 regions, users, roles, operations, multitree)。

(2) REGION 是一个管理区域, 它定义为 REGION (MT, USERS, ROLES, OPS, UR, RA, UA), 其中 OPS 是在数据多根树 MT 上的 SQL 操作 (select, insert, update 等); UR ⊆ USERS × ROLES, 一个在用户与角色间的多对多的关系 (user-to-role 的指派关系); UA ⊆ USERS × OPS, 是用户与 OPS 间的多到多的映射 (user-to-operation 的指派关系); RA ⊆ ROLES × OPS, 是角色与 OPS 的多对多映射 (role-to-operation 指派关系)。

(3) assign_users:$(r$:ROLES$) \rightarrow 2^{\text{USERS}}$, 将角色 r 映射到一个用户的集合。形式化描述为 assign_users(r)={$u \in$ USERS|$(u, r) \in$ UR}。

(4) assign_operation_permissions_to_role$(r$:ROLES$) \rightarrow 2^{\text{OPS}}$, 将角色 r 映射到一个操作的集合。形式化描述为 assign_operation_permissions_to_role(r)={$o \in$ OPS|$(r, o) \in$ RA}。

(5) assign_operation_permissions_to_user$(u$:USERS$) \rightarrow 2^{\text{OPS}}$, 将用户 u 映射到操作的集合。形式化描述为 assign_operation_permissions_to_user(u)={$o \in$ OPS|(u, o) ∈UA}。

(6) 区域 REGION 可以包含或者被其他的区域所包含。也就是, 区域 R_1 的多根树 MT_1 是区域 R_2 的多根树 MT_2 的子树, 与 R_1 的一个上级区域 R_2 对应。表示为 $MT_1 \subseteq MT_2 \Longleftrightarrow R_1 \subseteq R_1$。显然, 多根树与区域的包含关系都是传递的。

(7) 一个区域与其父区域、角色集、操作集 OPS, 以及角色的授予集, 尽管可以是不同的, 但由于该组织有共同的管理模式, 它们一般是相同的, 甚至是继承或扩大应用范围而来的。这可以帮助本地的管理员来根据父区域的策略制定访问控制策略, 或者从子区域扩展。为简单起见, 本书也只针对这种情况, 更为一般的情况留待将来考虑。

(8) access: USERS × OPS × REGIONS → BOOLEAN。

(9) access$(u$, op, reg$)$=1, 当用户 u 在区域 reg 中可以执行操作 op, 否则为 0。

本地用户的访问控制。在一个区域中, 本地用户可以对数据多根树 MT 执行操作 op 当且仅当存在一个角色 r 属于本地的角色集 ROLES, 并且存在一个授予 r 的许可能够在 MT 上执行 op, 或者存在一个直接授权给用户在 MT 上执行 op

的许可。

$$\text{access}(u, \text{op}, \text{region}) \Rightarrow u.\text{USER\_TYPE}='\text{LOCAL}' \land \text{op} \in \text{region.OPS}$$

$$\land ((\exists r \in \text{region.ROLES} \land (u, r) \in \text{region.UR} \land (r, \text{op}) \in \text{region.RA}) \tag{15.1}$$

$$\lor (u, \text{op}) \in \text{region.UA})$$

对于扩展用户的访问控制。 一个区域 superior_region 的扩展用户 u 可用执行某操作 op，则其也可以在下属区域 region 执行该操作 op。

$$\text{access}(u, \text{op}, \text{region}) \Rightarrow \exists \, \text{superior\_region:REGION}$$

$$\land \text{region.MT} \subseteq \text{superior\_region.MT} \tag{15.2}$$

$$\land u.\text{USER\_TYPE}='\text{EXTENDED}' \land \text{access}(u, \text{op}, \text{superior\_region})$$

对于虚拟用户的访问控制。 一个区域 superior_region 的用户 u 映射到上级区域 region 中的可以执行 op 操作的虚拟用户 u_v，则 u 可以在上级区域 region 中执行操作 op。

$$\text{access}(u, \text{op}, \text{region}) \Rightarrow \exists \, \text{sub\_region:REGION}$$

$$\land \text{sub\_region.MT} \subseteq \text{region.MT}$$

$$\land u \in \text{sub\_region.USERS} \land u.\text{USER\_TYPE}='\text{VIRTUAL}' \tag{15.3}$$

$$\land u.\text{MAPING\_USER}=u_v \land u_v \in \text{region.USERS} \land \text{access}(u_v, \text{op}, \text{region})$$

总之，用户 u 在区域 region 执行 op，只有当该用户 u 是 region 的本地用户，或者是上级区域的扩展用户，或者是下级区域为 region 创建的虚拟用户。

$$\text{access}(u, \text{op}, \text{region}) \Rightarrow (u.\text{USER\_TYPE}='\text{LOCAL}' \land \text{op} \in \text{region.OPS}$$

$$\land ((\exists r \in \text{region.ROLES} \land (u, r) \in \text{region.UR}$$

$$\land (r, \text{op}) \in \text{region.RA}) \lor (u, \text{op}) \in \text{region.UA}))$$

$$\lor (\exists \, \text{superior\_region:REGION} \land \text{region.MT} \subseteq \text{superior\_region.MT}$$

$$\land u.\text{USER\_TYPE}='\text{EXTENDED}' \land \text{access}(u, \text{op}, \text{superior\_region})) \tag{15.4}$$

$$\lor (\exists \, \text{sub\_region:REGION} \land \text{sub\_region.MT} \subseteq \text{region.MT}$$

$$\land u \in \text{sub\_region.USERS} \land u.\text{USER\_TYPE}='\text{VIRTUAL}'$$

$$\land u.\text{MAPING\_USER}=u_v \land u_v \in \text{region.USERS} \land \text{access}(u_v, \text{op}, \text{region}))$$

15.4　基于 MHM 访问控制示例

15.4.1　在 TPC-C 中应用

下面使用 TPC-C [196] 数据库实例演示该访问控制模型的使用。这是一个有许多仓库以及销售区域的批发供应商。每个仓库覆盖几个销售区域。每个销售区域为很多的客户服务。所有的仓库都为该公司销售的大量商品维护库存。数据库的模式结构如图 10.1 所示。

在图 15.2 系统中存在一个顶层区域，它控制包含 10 个区域 (warehouse2 在内) 的所有数据多根树。区域 warehouse2 覆盖两个独立的区：district1 与 district2, 而该 warehouse 中其他的销售区域形成为 warehouse2 的基本区域。然而，warehouse2 的扩展区域仍然管理着 district1 与 district2。区域 warehouse3 与 warehouse4 形成一个基本的区域。

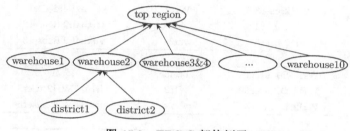

图 15.2　TPC-C 架构例子

每个基本的区域可以驻留在一个物理服务器之上。例如，一个独立的服务器 top server 需要来持有该顶层区域。区域与服务器也可以有其他的组合。区域 warehouse2、district1 与 district2 可以驻留在一个服务器之上，或者驻留在三个独立的服务器之上。

表 15.1 是系统中各区域用户管理的一个抽样。图中所列用户只能访问在列 region 中显示的区域。列 grant to 描述的是该用户账户授予了那个区域，要么是当前的基本区域，要么是扩展区域，或者是一个下级区域。例如，TR_user1 是一个本地用户，并只授权给基本区域 TR。TR_user2 是一个扩展用户，并且授权给区域 WH1(warehouse1)。用户的区域也可以是一个下属区域，即子区域，如用户 TR_user5 的区域。

虚拟用户可以发出比当前区域中其他本地用户、扩展用户更为全局的事务。例如，虚拟用户 WH2_user4 是在 warehouse2 中创建的，但可以访问整个的区域。下属区域将 WH2_user4 事务请求转发给上级区域。顶级区域的服务器接收到这些事务，处理后，转发到下属区域。在相关的各个区域执行后，结果逆着请求的路径在最初的服务器上得到收集。对于本地用户与扩展用户，事务可以在它自己的区域的服务器上得到完成。根据 TPC-C 中对几类事务的定义，大部分的事务都可以在基本区域或者扩展区域上得到实现。即使到达上级区域的网络故障，这些本地的执行仍然能够成功。

表 15.1　　各区域中的用户

creation region	UserID	region	user type	grant to
	TR_user1	basic	local	TR
TR:	TR_user2	whole	extended	WH1
top region	TR_user3	whole	extended	WH2
	TR_user4	whole	extended	WH3
	TR_user5	whole except WH1	extended	WH3
		...		
	WH2_user1	basic	local	WH2
WH2:	WH2_user2	WH2	extended	WH2
warehouse2	WH2_user3	WH2	extended	WH2_D1
	WH2_user4	whole	virtual:TR_user3	WH2
	WH2_user5	whole	virtual:TR_user3	WH2_D1
		...		
WH2_D1:	WH2_D1_user1	basic	local	WH2_D1
warehouse1	WH2_D1_user2	WH2	virtual:WH2_user3	WH2_D1
district1	WH2_D1_user3	whole	virtual:WH2_user5	WH2_D1
		...		

15.4.2　　一个实际项目中的应用

　　基于 MHM 的访问控制模型的主要特点是数据域以及操作与数据资源分离的思想，而该思想在某省防洪决策支持系统的信息接收处理子系统以及综合数据库管理子系统中得到了实现。该系统覆盖整个该省、市、县等若干层次行政区域。为了实现防洪数据的采集、处理以及数据的统一管理，要实现对不同用户的访问控制。不同地区访问数据的范围不一致，同时又具有类似的操作权限。通过对用户的操作权限以及数据资源访问范围进行分别的控制，可以对用户权限进行更为直观、灵活的访问控制，简化系统的管理。该系统权限管理的主界面如图 15.3所示。

　　在该系统中，定义了用户、角色、操作权限，同时定义了"权限单位"。用户可以属于不同的"权限单位"，如省防办的用户、市防办的用户。"权限单位"就是我们前面说的与数据域对应的组织结构。这样通过"权限单位"，用户可以和数据的访问范围关联起来，每个用户属于且仅属于一个这样的"权限单位"。"权限单位"之间同时具有层次包含关系，一个权限单位，如"省防办"可以包含"某市防办"等各地的防洪办公室管辖。这样，"省防办"的用户的访问范围可以达到该市，而反过来却是不可以的。不管用户属于哪个"权限单位"，其拥有的操作权限都是类似的，包含对于基本数据的查询、删除、插入、更新，以及其他类数据的一些操作。不同"权限单位"的用户也可以拥有完全相同的角色，不同的是这两个用户访问数据的范围是不一样的。例如，省防办的用户能够对该省防办的所有工程数据执行相关的操作，而市防办的用户只维护其管辖范围内的数据。具体一个权限单位对应哪些数据范围，是与该"权限单位"关联的数据多根树决定的。

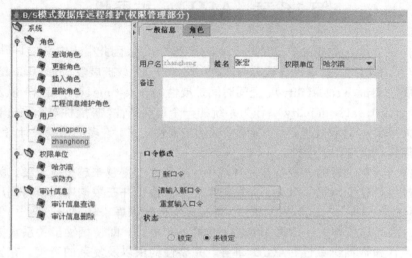

图 15.3　权限管理实例

第16章 MHM 扩展性

（可）扩展性（scalability）没有一个普遍接受的定义，因此很难定义它 [207]，也有人叫作（可）缩放性。扩展性曾被分为四种类型 [208]：负载扩展性（load scalability）、空间扩展性（space scalability）、空间时间扩展性（space-time scalability）以及结构扩展性（structural scalability）。作为系统的一个重要属性，扩展性对于系统长期的成功至关重要，然而却没有一个普遍接受的扩展性定义。许多的系统设计者、性能分析者都凭直觉使用扩展性。

在像云计算这样的大规模计算环境中，扩展性变得越来越至关重要，关系数据库的扩展性也变得极其重要。关系模型已经被接受并在数据库领域得到广泛的使用，但在大规模分布式数据系统中，非关系型的数据库 [121, 98, 25, 26, 27] 似乎更为合适。因为这些非关系数据库能够提供高的扩展性，即使牺牲了关系数据库的许多优点，如数据一致性、ACID 事务、完整性约束以及复杂的查询。在云计算环境中，特别是在大规模的分布式系统中，虽然有关系数据库，如 Microsoft SQL Azure、Amazon 的 RDB，但它们的扩展性仍然是令人担忧的方面。

本书介绍的数据分布模型 MHM 目的是简化系统的管理并改善数据库的扩展性。本章将首先探究效率与性能的关系，进而试图找到一种提高系统扩展性的方法。粗略地说，扩展性可以定义为性能的变化率。通过提高系统的效率，性能可以得到保障，而扩展性也同样能够得到提升。本章给出 MHM 如何便捷地实现数据库的各种缩放，包括 scale-up、scale-down、scale-in 和 scale-out。

16.1 扩展性与性能

扩展性与性能具有很强的联系，在定义扩展性之前，先来回顾性能。作为计算机领域经常使用的术语，性能可以定量地测量、描述，例如，对于像磁盘这样的存储设备使用 IOPS（Input/Output Per Second）；对于网络带宽使用 BPS（Bits Per Second）；对于数据库管理系统可以使用 TPM（Transactions Per Minute）；对于 CPU 速度使用 MIPS(Million Instructions Per Second) 等。但是，扩展性与性能又有很大的差别，通过这些差别，能够更为清晰地认识扩展性。

(1) 扩展性是对系统动态特性的描述。扩展性描述的不是算法或者程序的特性。有些概念与扩展性有关联，如加速比 (speedup)、性能。Amdahl 的加速比 [209] 假定问题的规模是恒定的；Gustafso 的加速比 [210] 假定执行的时间是恒定的。由于两者考虑的都是算法的问题，不能用来定义扩展性。扩展性运用于系统而非算法 [207]。加速比是对特定算法的测度，它是面向局部的，试图表达的是算法的问题。而扩展性是面向全局的，试图描述的是在系统中运行的所有算法或者程序所面临的系统的问题。扩展性定义需要反映的是系统的特征而非特定算法或者程序的。另外性能是处于一个特定状态的系统的属性，它反映的是系统静态的特性。扩展性反映的是系统的动态特性，是系统在特定状态下进行系统演化的能力。

(2) 可扩展性与性能相关。扩展的终极目标是获得高的性能，但是高的性能对于扩展性不具有直接的含义。例如，一个近饱和的大系统虽然性能很高，但具有很差的扩展性，而一个只具有相对很低吞吐率的系统却可以具有很高的扩展性。

(3) 可扩展性是多样的。正如前面所述，系统存在多种类型的性能测度。因此，也应该存在多种类型的可扩展性。随着计算资源的增加，系统的一些特性可能会变好，而另外一些可能会变得更坏。例如，当增加更多的计算机时，吞吐率可能会增加，而系统的效率或许保持恒定，或许变得更为糟糕，因为这些计算机之间需要更多的通信，导致性能变坏。这样，可扩展性可以是个更为具体的测度而非一个通用的术语。

(4) 可扩展性需要定量的描述，从而处于不同状态的系统才可以测量扩展性并且进行比较，正如 IOPS、TPM 等一样。

简言之，可扩展性是一个系统潜在的、动态方面的描述。它表达一个系统进行 scale-up、scale-out、scale-down 或者 scale-in 的潜力。为了进一步澄清它与性能的关系，我们可以将系统比作一个对象，这样系统的性能好比是这个对象的速度，而系统的扩展性好比是这个对象的加速度。若考虑性能以及扩展性的多样性，这些种类的性能以及扩展性好比是对象在多维空间中不同方向上的速度以及加速度。这样，我们可以用特定性能的变化与某种因素变化的比值，如（TPM 变化/计算机数目变化）来定义。下面，本书给出可扩展性的定义。

一个弹性可变的系统 s，它有一些可变的因素 $f_1, f_2, f_3, \cdots, f_i, \cdots, f_n$，如存储容量、CPU 的数目、网络的带宽等。该系统可以表示为 $s(f_1, f_2, f_3, \cdots, f_n)$。当扩展后，也就是其中的一个构成因子 f_i 发生了变化，变为 f_i'，此时该系统可以表示为 $s'(f_1, f_2, f_3, \cdots, f_i', \cdots, f_n)$。由于一个系统可以有很多的性能测度，像 IOPS、MIPS、TPMS、响应时间等，给定一个性能测度 P_j，则该系统在当前状态的性能可以表示为 $P_j(s) = P_j(s(f_1, f_2, f_3, \cdots, f_n))$。这样该系统处于当前状态的扩展性可以定义为

$$\mathrm{scal}_{(P_j, f_i)}(s) = \lim_{\Delta f_i \to 0} (\Delta P_j / \Delta f_i) \tag{16.1}$$

式中，$\Delta P_j = P_j(s') - P_j(s)$，并且 $\Delta f_i = f_i' - f_i$。也就是说，该性能对于变化因子的导数为该系统此时对该因素的可扩展性。对于像响应时间这样的负性能指标，计

算的可扩展性为负值，而且越小越好。在后面的章节中，除非特殊声明，为便于讨论，我们假定考虑的都是正的性能指标。

然而，尽管可扩展性可以像如上形式化的定义，在实际的系统中，除非我们能够得到性能关于该变化因子的解析式 $\Delta P_j/\Delta f_i$，这样计算可扩展性却是不可能的。可扩展性可以从实际方面进行定义，即定义为

$$\text{scal}_{(P_j, f_i)}(s) = (\Delta P_j/\Delta f_i) \tag{16.2}$$

当变化的因子 Δf_i 足够小时，这个值接近理论上的可扩展性的值。若比较两个不同系统的扩展性，除了 f_i' 与 f_i 外，两个系统中其他的因素都应该相应对等。

需要说明的是，上面的可扩展性反映的是性能针对某个因素的变化程度。也可以对上面的可扩展性进行归一化处理，这样可以在同一可变因素下，比较不同的性能指标反映的可扩展性。对应的上面的公式 (16.1) 与公式 (16.2) 的扩展性分别为

$$\text{scal}_{(P_j, f_i)}(s) = \lim_{\Delta f_i \to 0} (\Delta P_j/\Delta f_i)/P_j \times 100/\% = \lim_{\Delta f_i \to 0} (\Delta P_j/P_j)/\Delta f_i \times 100/\% \tag{16.3}$$

与

$$\text{scal}_{(P_j, f_i)}(s) = (\Delta P_j/\Delta f_i)/P_j \times 100/\% = (\Delta P_j/P_j)/\Delta f_i \times 100/\% \tag{16.4}$$

这样，前面的一组可扩展性称为绝对扩展性，而后面的一组可以称为相对扩展性。在使用的时候，可以根据需要选择。

下面通过一个例子来说明可扩展性的测度。例如，对于一个有 48 个计算机的数据库聚簇，如果增加 2 台计算机能够使得输出的最大 TPM 增加 3%，这时可以说，该系统在当前状态下的 TPM 相对可扩展性为 $1.5\%(= 3\% \div 2)$。

有几点需要说明。根据上面对于可扩展性的定义，扩展性的取值理论范围可以是 $-\infty$ 到 $+\infty$。另外，由于一个系统受多个因素的影响，也会有多个性能的指标，这样会有多种类型的可扩展性。可扩展性的测度也只具有比较的意义，对于上面的例子，如果另外一个使用相同计算机的 DBMS 得到的 TPM 相对可扩展性为 0.5%，我们可以说，前面的系统有更好的可扩展性。

总之，可扩展性反映的是处于当前状态的系统的某个因素变化对于系统性能影响的大小，反映的是系统的潜力。而性能反映的是系统当前的实际能力。对于性能相等的两个系统，有较高的可扩展性的系统在 scale-out 或者 scale-up 后，会拥有较高的性能。

16.2　扩展性与效率

在前面的章节中，已经阐述可扩展性可以用性能的变化速率与变化因素比来表达。同样的条件下，如果扩展（scale-up, scale-out）后的系统拥有更高的性能，对应的扩展性的值可以较大。现在的问题是扩展以后的系统怎样才能获得更高的性能。当系统 scale-out 或者 scale-up 时，加入了更多的处理器，更大的内存、存储器、网络等。如果新加入的资源能够被释放到最大的能力，那么可以期待扩展后的性能可以变得更高，可扩展性也就变大。也就是，通过提高效率可以获得较高的性能，本书通过下述分析阐述其依据。

假定一个计算任务可以表示为

$$T = T_{serial} + T_{parallel} \tag{16.5}$$

式中，T_{serial} 是该任务串行的执行部分，而 $T_{parallel}$ 是将被并行执行的部分。假定该任务的并行部分被分为 n 部分来并行执行，那么并行化后的任务总量为

$$T = T_{serial} + (T_{parallel}/n) \times n \tag{16.6}$$

为了便于理解，可以想象这两部分任务可用指令数目来进行度量。我们可以看到该任务并行执行后与原来完全串行执行的任务量是一样多的。

在公式 (16.6) 中，像并行执行的启动、结束、通信等额外开销被忽略了。所以，公式 (16.6) 应该修正为

$$T = T_{serial} + (T_{parallel}/n + \alpha) \times n = T_{serial} + T_{parallel} + \alpha \times n \tag{16.7}$$

式中，α 是单个并行执行部分所有额外开销的总和。该开销经常可以被忽略，前提是 n 很小，或者是任务本身的任务很重，那么额外开销占所有任务的比例都很低。

然而，在大规模并行计算环境中，这些额外的开销就不能轻易地忽略了。例如，给定一个有 n 个计算节点的系统，如果在任务执行中，这 n 个节点都参与计算，那么效率就会变得很低。假定 $\alpha = 0.02T_{parallel}$，假定并行部分占总任务的 80%。显然额外开销只占并行任务中的很小的一部分。若 n 为 3、5 个节点，这时候系统的效率还在 90% 以上。可如果 $n = 50$，这其实对于像云计算这样的环境，还只是很小的数目，这时并行的任务部分为 $2T_{parallel}$，则系统的效率为 $1/(20\% + 2 \times 80\%) = 55.6\%$。一个实际的云计算中的系统，涉及的节点可能有几千个，系统的效率就更低了。

为了获得更高的效率，根据公式 (16.7)，可以看到，比较可行的方法是降低每个任务执行时的 n 来提高效率。首先，串行与并行部分的比例往往取决于任务本身，不可以修改。而且，若并行部分的比例越高就需要越多的并行，系统的效率可

能变得更低。其次，额外开销的比例，也只能尽力地减小，但绝对无法完全避免。而且越是小任务的系统，越是难以降低它的比例。再有可以考虑的因素就是实际执行并行任务的 n。如果，实际执行一个任务的 n 变小，那么对于该任务而言的效率就会增大；若系统中所有的任务都在较少的节点上执行，则整个系统的效率就会得到明显地提升。一个极端的例子是，当 $n = 1$ 时，系统串行执行，这时系统的效率最高。这样，从扩展性的角度又验证了基于语义的 MHM 数据分布的合理性。但是，当 n 变得小时，该任务由于参与执行的资源较少，会花费较长的时间，这限制 n 不可能无限地减小。对于响应时间有严格要求的以及重负载计算任务就更是如此了。

在线事务处理程序单个负载任务不是很大，很容易在较少的计算节点上满足响应时间要求。若 n 很大，必然导致很低的系统效率，从而导致较低的扩展性。每个事务处理程序使用较少的节点来执行，可以明显地提高整个系统的扩展性。MHM 就是这样能够让事务在尽可能少的节点上执行的数据分布模型。对于大任务，由于数据分布，有望在多个计算节点上执行，此时 n 很大，则响应时间会明显减少。

16.3　MHM 的扩展性

16.3.1　扩展的实现

在前面的章节中，我们给出了一个可以构建在关系模型之上的数据分布模型，并介绍了扩展性，以及提升扩展性的一个途径。本节讨论 MHM 如何实现扩展性的。

在 eBay、PNUTS 等系统中，主要是通过散列将数据分布到多个节点之上，从而充分利用多个节点的处理能力来实现扩展。在 MHM 中，充分考虑数据的语义，尽量将数据联系去耦合，以语义相关的数据为基本分布单位，实现数据的有机分离。MHM 的数据分布模型，并不只是为了将无法由一台计算机处理的数据分布在多台的计算机上，而是可以根据业务的需要，在分割数据的同时，对相应功能的分割。也就是每个节点，具有一定独立的功能性，能够满足一定的业务需要。正是 MHM 基于数据语义来划分数据的这一特点，保证了大部分的在线事务能够在一个站点之上，或者是少数几个站点之上得到满足。后面章节的性能实验也证实了这一点。

在基于 MHM 数据分布的数据库中，数据的分裂可以有父子方式与兄弟方式。如上面所述，每个节点可以有属于这个节点的局部应用，与其他节点派生到该节点的任务。当该节点的数据量太大超过该节点所能承受，或者该节点的运算不能满足制定的 SLA 时，该节点可以分裂成两个节点。一种方式是父子方式，即将一部分的多根树抽取出来，形成一个子孙节点，原来的节点以及剩余的数据构成新父节点。另外一种方式是兄弟方式，分裂后的节点处于同等的地位，两者共同属于原来父节点的子节点。与前一种方式相比，由于没有额外增加节点树的层次，这种方式基本能够保持原有的访问延迟时间，不额外增加延迟。相反的一面是，节点的分裂需要父节点的参与，修改到子节点的连接。

在基于 MHM 数据分布的数据库中，也有数据的合并。数据库系统一般都是增长的，所以可扩展性一般也指的是系统能够随着数据量、计算量的增加而增长。但不排除有些系统是需要缩小的，如一些考试报名的网站，在报名的期间需要大量的存储计算能力来满足用户的访问需求，可是当报名结束后，很少有人集中地访问该网站。如果这时还保留大量的服务器，是对能源与计算资源的浪费。为此，需要收缩系统的规模，只要满足用户平时的一般要求即可。在基于 MHM 的数据分布模型中，我们的办法是通过节点所在数据多根树的合并来实现系统的收缩。与分裂相对应，收缩可以是兄弟节点合并，也可以是父子节点合并，具体采用何种方法取决于两个数据多根树的语义，即它们的控制节点的关系是并列的还是有一定的层次关系的。

节点的分裂除了父子分裂和兄弟分裂的主要方法方式外，也可以采用部分移动的方式，即将负载较高的节点的多根树的一枝，转移到负载较轻的其他的节点之上。有些系统可能只含有一个关系，所有的数据都通过这样的关系来进行存放，当然这样的关系自然就成为了控制关系，通过该关系的数据的一些特征仍然可以将这个大表拆分成若干个小表而分散到不同的节点之上。根据控制节点进行数据的拆分时，可以基于散列，也可以基于数据范围，或者其他的方法。本书认为，应该尽量将语义上有关系的数据一起存放，而不是采用散列的算法随机地分布在若干节点之上，这样可以尽量地利用查询访问的局部性，而不仅仅是并行的访问数据。对延迟敏感的系统，形成的节点的层次结构可以是扁平的结构，而对延迟没有过多要求的系统，可以生成瘦高的多根树型结构。

这些分裂与合并操作既可以是人工干预的也可以是自动化实现的。不论是数据多根树分裂的节点扩展还是数据多根树的合并导致的收缩，可以是手动地由系统管理员根据负荷情况以及 SLA 做出的选择，也可以是由自动管理模块通过监控系统的运行情况，优化并做出反应，从可用节点池中申请服务器节点或者将空闲的服务器节点交回。

综上，用 MHM 组织数据，系统可以具有很好的弹性、扩展性。在全球应用的环境下，用户是属于某一特定组织、某一特定的区域的，或者只关心的是某类特定的信息。这样系统在创建该用户的会话时，一般不需要访问整个系统数据多根树，可能只需特定的一些节点，就能满足用户的需要。因为，这些节点对应的数据多根树就是对应该用户所要访问数据的范围。用户一登录系统，就被分散到各自适合的数据多根树所在节点上，减轻门户站点的负荷。当然在具体查询的时候，根据数据的分布情况，从而查询的结果很可能是限定在一个特殊的范围内，所以可以尽早地对查询树进行剪枝，从而减少系统的计算量，提高系统的吞吐率。

16.3.2　基于 MHM 的 TPC-C 扩展性

本小节使用 TPC-C 来阐述基于 MHM 进行数据库的扩展操作，TPC-C 数据库的模式图见图 10.1。在该模式图中，易见每个仓库 warehouse 都为该供应商销售的商品项 item 保存对应的库存。结合 MHM 与数据库的语义知识，从该数据库模式图可以得知关系 warehouse 可以很自然地选作控制关系。因此，关系 warehouse 中的每个元组与一个真实的仓库对应，并且对应一个数据多根树。在每个仓库所对应的数据多根树上，除了来自 item 的节点外，其他的节点都可以由关系 warehouse 直接或者间接地控制。在每个数据多根树中，来自关系 district、customer、order、history、order-line 的元组是被控制节点，并且可以在对应的 warehouse 中被更新。然而在每个这样的多根树中，item 的节点只是用于本地的引用。每个 warehouse 都自然地拥有一个它自己的数据多根树，该多根树可以驻留在它自己的节点之上。根据这样的抽取条件，全局的查询容易在顶层服务器中被分解，然后将查询分到各自的服务器去执行。

这种使用 MHM 的数据分布可以实现 scale-up、scale-out、scale-in 或者 scale-down。

向上扩展 (scale-up)。当与某个 warehouse 对应的事务平均响应时间变长，或者需要更高的 TPM 的时候，即该 warehouse 所在的服务器不再满足要求时，通过将该服务器替换为一个计算能力更为强壮的计算机，可能会得到解决。实际上，在像云计算这样的计算环境中，迁移到一个计算能力更为强壮的计算机上就可以了。原来的服务器还能释放出来，交还给云计算的空闲计算机池中。

水平扩展 (scale-out)。为进一步扩展系统，可以将 district 作为控制关系，以对应的元组作为控制节点，抽取出对应的数据多根树。这时数据多根树可以变成更为细小的多根树，就可以使用更多的计算机。因此，上面的需求也可以通过使用 district 来进一步分割数据多根树，并部署在新的服务器上来实现任务分担。

另外，从 TPC-C 的模式图中，可以看到，关系 stock 可以为其下的每个地区存储库存信息。如果该关系重新设计的话，可以是 district 与 item 的共同子节点，这样可以很容易构建以 district 为服务器的节点。这也说明设计数据库时，通过优化数据库模式，可以更为方便地应用 MHM。

向下收缩 (scale-down)。 如果一个 warehouse 对应的服务器变得比较空闲，为了节省计算资源、电源等，对应的计算与相应的存储都可以迁移到另外一个计算能力较弱的、空闲的计算机之上。这样，最初的计算机就成为闲置了，可以用于其他的计算任务, 或者暂时物理上关闭以节省电力。scale-down 是 scale-up 的反向操作。

水平收缩 (scale-in)。 如果两个或者更多的节点的数据规模减小了, 或者硬件计算资源没有完全利用, 这几个 warehouse 对应的 warehouse 多根树可以合并成为一个, 然后迁移到其中的一个计算服务器之上。其他的计算机也就被释放出来了。scale-in 是 scale-out 的反向操作。

图 16.1 是在图 10.2 给出的架构之上, 进行 scale-in, 以及 scale-out 之后的示意图。

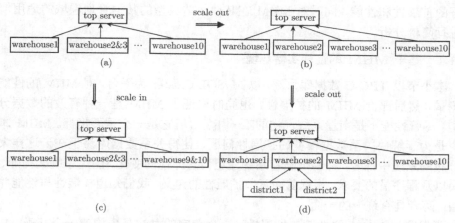

图 16.1　TPC-C 扩展

第17章 MHM 的性能实验及适用范围

17.1 TPC-C 应用例子

本节就 MHM 应用于 TPC-C 数据库进行实验与性能分析,结论是 MHM 具有很好的扩展性和性能,同时对 MHM 在其他一些典型的数据管理领域的适用情况也进行简单分析。

17.1.1 基于 MHM 的性能实验环境

本小节以 TPC-C 数据库为例,以 MySQL Cluster 为平台,对 MHM 的性能进行测试,然后评价 MHM 的扩展性,也同时例证了 MHM 是一种有效的数据分布模型。尽管性能不是衡量系统优劣的唯一指标,但它是一个重要指标。MHM 本意上也是为了解决关系数据模型的扩展性问题,使得关系数据库易于在云这样大规模分布的系统中部署,并易于随着系统变更而有弹性的变化,满足系统架构师、管理员以及程序员的要求。根据前面章节扩展性的定义,我们知道扩展性与性能并不矛盾,两者具有统一的一面。

要想测试 MHM 的性能与扩展性,一个彻底的办法是先构建一个基于 MHM 的系统,然后进行对比。但这需要先构建一个真正的基于 MHM 的数据库管理系统,还有数据一致性、事务分解、查询优化、系统恢复等一系列的具体工作。其工作量巨大,即使原型系统的开发,也不是短期内可以完成的。事实上,连已有商业 DBMS 的性能测试都是一项很庞大的工程。

本书中基于数据库管理系统 MySQL Cluster 7.1.4b,在应用 MHM 的基础上测试其是否能有效地改善性能,提高系统的扩展性。比较使用 MHM 来进行数据分布与不使用 MHM 情况下,系统最大的每分钟事务数 (TPM)。

我们测试的数据库仍然采用 TPC-C 基准数据库,数据根据该基准重定义来生成。在所有的性能测试中,为了对比性能、进行分析,实验被分成了两大组。一组是测试使用 MHM 对 TPC-C 数据库进行分布后,执行基准的事务,达到的 TPM 性能。另外一组是,没有采用 MHM 进行数据分布处理,依靠 MySQL Cluster 自身的策略来进行数据分布。测试代码使用 Java 语言、应用 Eclipse 环境开发包含使用 MHM、不使用 MHM 进行 TPC-C 数据库生成的代码、TPC-C 定义的 5 类事务代码以及测试的客户端模拟软件。为使对比公平,在两组实验中尽量使用相同的算法以及代码。实验环境如图 17.1 所示。

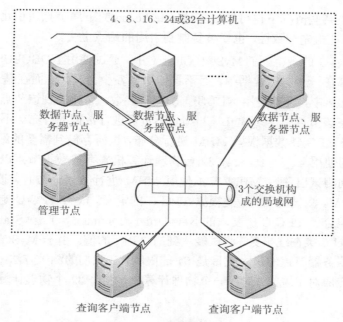

图 17.1　性能实验环境

　　在测试比对性能时, 每组实验使用的都是相同数目和配置的计算机软硬件模拟客户端。采用的操作系统是 Windows XP, 计算机是 DELL OptiPlex 760(E7400/2G/320G), 网络为三台 1000Mbit/s 的锐捷交换机 RG-S1824GT。在 MySQL Cluster 中有三种类型的节点: 数据节点 (data nodes)、服务器节点 (MySQL server nodes) 以及管理节点 (management nodes)。这些节点是逻辑上的概念, 多个这样的节点可以使用一个物理的计算机。在实验中, 为了简化实现, 采用一个数据节点与一个服务器节点对应并驻留在一个物理计算机之上, 负责一个数据节点的存储工作以及服务器节点的查询工作。唯一的管理节点服务器驻留在一台单独的计算机之上, 尽管可以配置多台管理节点, 我们在实验中也只使用一台。我们要比较的是使用同样配置以及数目的物理计算机, 看能够达到的 TPM, 从而比较出 MHM 是否能够明显改善系统的性能。

　　实验数据是根据 TPC-C 的定义生成的。由于每组测试时都需要分别使用不同数目的存储结点, 测试中, 根据每次实验时计算机物理节点的数目, 生成对应数目的 warehouse 的数据。在基于 MHM 的数据分布中, 根据前面的阐述, 很自然可以选择 warehouse 作为控制关系, 所以 district、customer、orders、orderlines、stock、customers、history、neworder 成为可控制关系。由于 item 是这些控制关系的祖先关系, 为了保证这些关系的更新, item 要复制到各个存储节点上去。对于某个

warehouse，在某些情况下也可能被其他 warehouse 的下属节点所引用，在这样的情况下，为保证祖先一致性，也要被复制到引用的站点上去。

根据 TPC-C 的规范，在 MySQL Cluster 中，通过使用 NDBCLUSTER 参数，所有的数据都在一个大的数据中，而不管使用了多少台机器。而在基于 MHM 的 MySQL Cluster 中，没有使用 NDBCLUSTER 参数，这样放到该节点的数据只是物理上存储在该节点中，MySQL Cluster 不负责进行数据的分布。不使用这个参数，就可以将 TPC-C 数据根据 MHM 进行分布，进而存储到需要的站点之上。在实验中，分别使用 4、8、16、24、32 台物理计算机来存放数据节点以及服务器节点。然后分别测试出使用 MHM 与不使用 MHM 进行数据分布时，该 Cluster 所能达到的 TPM。测试的 TPM 是根据 TPC-C 的定义，依据 TPC-C 定义的比例采用随机方式混合了 TPC-C 所要求的 New-Order、Payment、Order-Status、Delivery 及 Stock-Level 5 类在线事务，测试能达到的 TPM 的值。由于 MySQL Cluster 数据节点加上服务器节点的最大数目是 64 的限制，在我们的测试方法中，数据节点与服务器节点成对出现，每对用一个物理计算机，因此 32 个物理计算机是测试的最大规模。

17.1.2　TPC-C 实验结果

如前所述，扩展性很难直接计算，但可以通过性能变化反映出来。因此，仍然可以基于数据库系统的性能指标 TPM 反映扩展性。有两点需要说明：第一是本章的实验中，随着物理节点数目（物理计算机）这一参数的变化，计算的数据负载也成比例地同时变化，而非保持恒定，这更符合实际系统的需求。本书测试的 TPM 也是以这样的方法测得的，这时测得的扩展性与恒定数据负载下的扩展性是有区别的。因此，扩展性的值有出现负值的可能，即负载增加对性能的负面影响大于物理计算机资源增加对于性能的正面影响。第二是给定数据库系统的 TPM 随着不同的并发查询数目有所不同，为了消除客户端在这一方面的影响，需要测试多次，采用最大的测得的 TPM 作为性能指标。实际中，由于客户端硬件数目、能力的限制，测得的 MHM 对应的 TPM 并非最大值，因为此时服务器并未饱和。只是对应于 MySQL Cluster 饱和情况下，MHM 并发查询时 TPM 的值。

在图 17.2 中，给出了两组测试的实验数据，可以看到使用 MHM 获得的 TPM 明显高于 MySQL Cluster 自身分布数据的 TPM。因此可以说，使用 MHM 可以获得更高的性能。另外，在图 17.2 中可以明显地看到，MHM 一组的 TPM 的最大值随着节点数目的增加，很明显地增加；而没有采用 MHM 的一组却增加得很小。因此，根据扩展性的定义，可以看出使用 MHM 的 TPC-C 测试扩展性要优于没有采用 MHM 的 TPC-C 数据库。

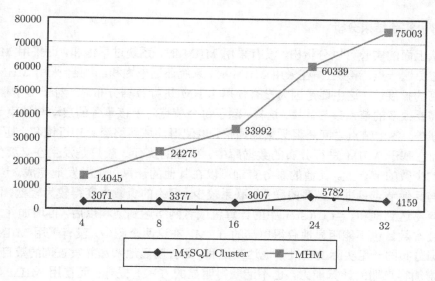

图 17.2　最大的 TPM

　　不但在给定物理计算机节点数目的情况下，使用 MHM 获得的最大性能优越，而且对于不同的并发查询数目，使用 MHM 进行数据分布都会带来优越的性能。在图 17.3 中，使用 24 个节点的计算机来测试不同数目的并发查询。测试的结果显示，使用 MHM 的一组在相同数目的并发查询下明显优于不使用 MHM 的一组；而且，随着并发查询数目的增加，获得的 TPM 增长得也更快。

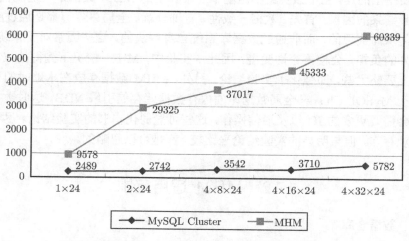

图 17.3　24 节点不同并行活动的 TPM

17.1.3　实验结果分析

从上面的实验可以分析出,没有采用 MHM 时,系统过早饱和,而采用 MHM 可以避免这一点。事实上,在采用 MHM 时,系统还远未饱和。可见,采用 MHM 具有更高的扩展性。这主要是因为没有使用 MHM 进行数据分布时,对于一个事务,执行需要很多的节点参与计算,这样,除了每个节点对于该事务的启动与结束等额外负载外,各个节点之间还要频繁地通信,也使得局域网络容易接近饱和,甚至饱和。而在基于 MHM 进行分布的数据库中,事务的执行一般只是发生在必要的一两个的少数的节点上。其他的事务查询可以在其他的计算机上并发地完成。这时,节点与其他节点只进行必要的联系。联系较少,网络的负载也变得较为轻松,网络也不容易达到饱和。当 Cluster 中的计算机或者网络达到饱和以后,再增加并发访问的查询数目也不能明显地获得更高的 TPM。在这两个图中,没有采用 MHM 进行数据分布的一组实际上已过早地达到饱和,尽管明显地增加并发查询的数目,也就是增加客户端的计算能力,也不能获得明显的 TPM 提升;而使用 MHM 的一组,可以看到还没有接近饱和。另外,在拥有 4 个节点的测试程序开发环境中,采用 10M 以太网集线器时测得的 TPM 远远低于采用千兆网络交换机的实验环境中测得的 TPM。这也说明局域网络也可以成为影响系统性能的瓶颈。

从另外的一个角度来看,基于 MHM 分布的 TPC-C 充分地利用了局部性原理。如果分析 TPC-C 中定义的 5 类事务,就会发现大部分的事务都可以在一个服务器上得到完全的执行,并返回正确的结果。这样在线事务处理可以在尽可能少的节点上运行,从而提高了系统的效率,进而提高了系统的扩展性。

需要指出的是,由于该实验不是基于一个真正的 MHM 数据库系统,存在一些影响实验结果的因素。首先,数据一致性、查询分解、全局事务等都是通过应用程序来简化从而实现的,而非通过数据库系统自身解决的,这些因素对于系统来说,增加额外的负担,会使得查询变慢。因此本实验中,MHM 情况下测得的 TPM 可能整体上要略大些,即强化了实验结论。另外,MHM 数据存放在本地时的存储引擎不同于 MySQL Cluster 全局数据库的内存数据库存储引擎 NDB,这时数据访问时可能会需要更多的 IO 以及通信操作,这些可能弱化本书的实验结论。尽管这些因素客观存在,但与明显的实验结论来比较,都是可以忽略的。

17.2　MHM 适用范围

17.2.1　数据仓库

数据仓库是为企业各级别的决策制定过程,提供数据支持的战略集合。它是单个数据存储,出于分析性报告和决策支持目的而创建,为需要业务智能的企业,提供指导业务流程改进、监视时间、成本、质量以及控制。

　　企业的数据处理大致分为两类：一类是操作型处理，也称为联机事务处理，它是针对具体业务在数据库联机的日常操作，通常对少数记录进行查询、修改。另一类是分析型处理，一般针对某些主题的历史数据进行分析，支持管理决策。

　　数据仓库需要数据分布模型下的一体化数据管理。数据仓库具有改变业务的威力。它能帮助公司深入了解客户行为，预测销售趋势，确定某一组客户或产品的收益率。尽管如此，数据仓库的实现却是一个长期的、充满风险的过程。由 DM Review 发布的一项网络调查显示，51% 受访者认为创建数据仓库的头号障碍是缺乏准确的数据。而其中最重要的一点是无法实时、及时更新所有的数据。之所以会出现这样的问题，本书认为主要还是因为当前我们的数据管理中缺乏一个统一的数据分布模型。没有这样的数据模型，我们获取的数据好比从垃圾堆里翻出数据，然后还要清洗，然后再按照数据仓库中的格式存放。数据在数据源与数据仓库中的关系是割裂的，缺少一个统一的、一致数据传播到数据仓库的可控方式。在数据仓库中存放的数据是面向主题的，每一个主题对应一个宏观的分析领域。这本质上是面向计算的，以特定的应用为导向。在大数据时代，以数据为中心是必然的趋势，当然在这种基础之上，为支撑个别的计算，搭建数据仓库这样的平台，主要是解决性能的问题。这种面向计算与以数据为中心并不矛盾。另外，在同样的大数据之上，为了不同的主题，搭建不同的数据仓库或者数据集市，也正可以印证数据为中心的这一思想。当前的数据仓库，数据抽取工作，存在太多的细节性问题都不是数据抽取算法本身能够很好解决的。这需要构建一个良好的大数据生态环境，该环境保证数据的质量，从而在统一的数据分布模型下，数据仓库自然就能够获得高质量的数据。数据仓库只是大数据生态系统中的一个环节。

　　在数据仓库中所采用的雪花模型、星型模型本质上是一种层次结构，之上是非常容易构建多根层次数据分布模型 MHM 的。因为，数据仓库上所做的分析本质上就是多维分析，反映的就是多根的特性。一般来说，在数据仓库的多根模型中，事实表就成了被控的数据，而维表就成了参照的数据。在数据仓库系统中，也可以对于数据进行切分，但仍以数据多根树为单位，这样同样易于数据的多维分析。在数据仓库中，由于不存在事务型的数据更新操作，系统的实现中，可以对事务管理、并发控制进行一定的简化。数据一致性、数据复制、多版本、访问控制等方面一般来说还是要保留。

　　采用 MHM 后，每个企业可以有自己的数据仓库，其分公司也可以有自己的数据仓库，行业协会也可能有自己的数据仓库。与以前不同的是，这些企业、分公司、行业协会等可以共享一个逻辑上统一的数据仓库。每类用户都限定在自己的访问范围上，进行 OLAP、数据挖掘的操作。数据的共享减少了管理上的总成本，数据的统一维护、更新更为便捷，数据也更为准确、及时、全面。

17.2.2 电商数据库

与传统的 OLTP 数据库相比，当前的电商数据库是对前者的扩展。在互联网时代，交易的跨地域跨行业等性质成就当今电商的发展，主要有 B2B、B2C、C2C、B2M、M2C、B2A（即 B2G）、C2A（即 C2G）等类型。

(1) B2B (Business to Business)。商家 (泛指企业) 对商家的电子商务，即企业与企业之间通过互联网进行产品、服务及信息的交换。通俗的说法是指进行电子商务交易的供需双方都是商家 (或企业、公司)，他们使用了 Internet 的技术或各种商务网络平台，完成商务交易的过程。

(2) B2C (Business to Customer)。B2C 模式是我国最早产生的电子商务模式。第一，综合型商城。这种商城在线下是以区域来划分的，每个大的都市总有三五个大的商城。这跟传统无异，它有庞大的购物群体，有稳定的网站平台，有完备的支付体系，有诚信安全体系，促进了卖家进驻卖东西，买家进去买东西。如同传统商城一样，他们自己是不卖东西的，只是提供了完备的销售配套。第二，百货商店型。一般只有一个卖家，或者以一个卖家为主。第三，垂直商店。服务于某些特定的人群或某种特定的需求，提供有关这个领域或需求的全面产品及更专业的服务体现。除此之外还有专一领域整合型、服务型网店、导购引擎型。

(3) C2C (Customer to Customer)。C2C 是用户对用户的模式，C2C 商务平台就是通过为买卖双方提供一个在线交易平台，使卖方可以主动提供商品上网拍卖，而买方可以自行选择商品进行竞价。

(4) B2M (Business to Manager)。B2M 是一种全新的电子商务模式。这种电子商务相对于以上三种有着本质的不同，其根本的区别在于目标客户群的性质不同，前三者的目标客户群都是作为一种消费者的身份出现，而 B2M 所针对的客户群是该企业或者该产品的销售者或为其工作者，而不是最终消费者。B2M 电子商务公司根据客户需求为核心而建立起的营销型站点，并通过线上和线下多种渠道对站点进行广泛的推广和规范化的导购管理，从而使得站点作为企业的重要营销渠道。

综上，依赖于互联网的发展，电子商务存在多种模式。这些模式围绕着数据本身构建起庞大的复杂数据网络，数据之间的关系也越发影响深远。一个系统中的数据与其他系统中的数据发生着联系，必须将数据之间的关联有效管理起来。这也再次说明在大数据时代，加强数据管理，用新理论来指导数据管理的必要性。另外，这些电子商务模式虽然各有不同之处，但综合起来看，本地化、区域化仍是电子商务一个主要的特征。

(1) 电子商务的管理离不开属地化管理。随着法律、管理的健全，电子商务的管理会越来越规范。工商、司法、消费者协会等具有以地域为界限行业的特征的管理部门、组织必将越来越参与其中。政府相关的管理与服务更是与特定区域相关的。

(2) 物流是电子商务重要的一环，电子商务的本地化是一个理想的状态。只要是实物的交付都需要物流。而现在物流业的发展也符合这一点。物流的特点是，距离越近，物流成本越低。这里说的不是花多少钱，而是社会的综合成本，包含燃油消耗、人力、运力消耗等，这是毋庸置疑的。举个例子，一个北京人都是在电子商务网站，从广州买台四川产电视机，与在北京本地买该型号电视机相比，可能是广州的电视会更便宜。但从社会的物流角度看，这是一种浪费。该电视从四川到广州，再到北京的物流成本，一定会比该电视直接到北京物流成本高。从整个社会的角度来看，这就是浪费。社会物流成本的降低一定以本地化服务为特征。京东、Amazon等拥有多个不同的仓库，进行物流交付，也证实这一特征。另外，实物交易本地化也是重要的选项。本地化的另外一个好处就是派送的时间短，减少路途中等待的时间。另外，商品购买后一旦涉及产品的质量等问题，本地的处理会比外地便捷与及时。本地化趋势结果是购买者与供应商地理上有接近的趋势。

(3) 电子商务中体验式服务类的本地化是必然的。租房、美食、电影、运动健身、外卖各类服务线上销售已经进入常态。而这些体验式服务本身，都要求本地化的实现。服务的对象绝大多数会是本地居民，获取服务的地点更是本地的。

(4) 电子商务按商品分类进行管理。垂直商城、面向特定消费群体的商城等是个明显的例子。虽然有些垂直商城向综合商城转变，而综合商城也会按照类别进行组织的。线下商城也是这样管理的。数据按照产品类别进行分布也是一个选择。

综上，电子商务的平台虽然支持全球范围，但系统的基本应用仍然是以本地化为基础的。本地化的应用仍将成为系统的主要应用。按照区域的数据分布能够匹配这样的要求。对于一些应用，如垂直商店，虽然不是本地化的，但因为其主要根据是产品的类别，因此按照产品的类别也许是系统分布的另一个重要选项，这些也都为 MHM 的应用基础。

17.2.3　社交网络数据库

社交网将互联网"嵌入"社会网络，形成了"网络中的网络"，社交网是一个开放的复杂巨系统，建立的社交网模型必定是一个有层次的模型。层次是社交网模型的结构，描述了各个元素之间的相互作用、关联。互联网已经融入到人们的经济、文化、生活中，传统的社交网络问题研究方法已经遇到瓶颈，而从复杂网络的研究方法和思路入手来研究，将其看成一个开放的复杂巨系统来研究，摒弃还原论、先验模型、玩偶模型等研究方法，为我们提供了新的方法和思路。层次提供了一条由浅入深的观测系统和分析系统的路径。因此吴增海把社交网的层次结构模型称为"层析模型"[211]。文中指出层析模型是建立在行为之上的模型，提供了一个由微观信息到宏观现象的综合方法。层析是研究复杂系统的方法论,是研究开放复杂巨系统的依据。简单系统可以用"还原论",即把系统分割成几个部分来研究,这种分割往往破坏了子系统之间的关联。而层析是以关联为依据的一种切分,可以让我们从已认识的部分观测到更深的部分。社交网是人和互联网的结合,社交网模型是基于人的行为的模型,人的行为反映在互联网之中,具体表现为互联网信息表现出的动态特征。

社交网络是社会活动在互联网上的体现。因此,社交网络只是部分的社会活动,远非全部。另外,人们在互联网上的活动,只是一般社会活动的延续,仍然体现一般社会活动的主要特征。人与人之间的关系的本质也不会因此发生根本的变化,只是关系更多了,联系更方便了。以个人为例,参加的群组一般会有同学群、同事群、兴趣爱好群等。每个人在不同的群内扮演不同的角色。除了这些固定的群组外,存在一些直接的联系,如购物时买卖双方的通信,但这种通信是不稳定的,一般通信结束后,很少还会保持经常性的联系,极少会发展成较为稳定的群组关系或好友关系。另外,网络上的好友关系,并非实际生活中的好友关系,两个不是非常熟的人,也可以加为好友。当然两个好友之间也可以数月不说几句话。也有可能,不是好友的两个人之间聊得非常多。经过研究发现,人类行为除了在时间间隔分布中广泛存在幂律分布特征,同样在人类行为的空间间隔分布上也有相应的特征。幂律分布中,绝大多数事件的规模很小,而只有少数事件的规模相当大。

社交网的一个显著特点是支持巨大用户数,例如,2015 年 Facebook 已通过 10 亿用户平均每天使用,其数据中心运行着超过万台的服务器,为遍布全球的用户提供信息通信服务。另外,任何两个社交网用户都可能交互,也就是必须支持任何两个数据库用户的数据关联操作。这对于服务端的数据库管理提出了极大的挑战。

然而,真的要将任意两个用户都可能交互的情形当作一般情况吗?换句话说,任意两个用户交互的可能性有多大。一个中国的普通人,与一个美国的普通人,若线下生活中没有交集,他们交互的可能会有多大。即使偶尔交互,也相当于街道上的擦肩而过,人与人的交互还是基于主要的社会关系、生活的经历。而不在社交网络中的人之间的关系,可能确实是非常重要的社会关系,如父母与子女、学生与老师、职工与领导。社会网络的分析与应用也是基于这些关系所做的分析。若忽视这些,而假定任意的可能的关系,对于社交网络、社会学的研究来说,可能是有害的。反之,认识到并非所有可能的交互都会发生,对于我们进行系统的设计可能会提供新的思路。

如前所述,社交网络只是社会活动的扩展。而社会活动不可避免地受地域、时间的限制,这样网络社交必将也体现这样的特征。这也为我们构建社交网络数据系统提供思路。我们也可以基于时空构建社交网络,用户主要活动于特定的时间与空间范围内。有些人活动的范围小些,有些人活动的范围大些;有些人活动得频繁些,有些人活动得少些;少数人会偶尔跳出常规范围,绝大多数人几乎不会超过其范围。这样,构建的数据系统中,可以期待大部分的用户都是局部的,区域性质的,只有少部分可能是临时跨越区域而存在的。也可以期望,这少部分人的大多数活动还是限于特定的时空范围之内的,这样的假定是有现实依据的。这比假设用户满世界跑,会出现在各个角落,而且出现的可能是等概率的解决方案,更为符合现实情况,也利于社交网络上的分析。如某个区域的网络特定分析、区域之间(文化之间的对比),信息传播特性等方面的研究。究其根本,基于时空分布的社交网络更为符合世界的实际。这里指的区域可以是物理的区域,如国家、省、市、县,也可以是逻辑上的区域,例如,跨国企业的社交平台就可以按照自己企业组织结构,总部、地区中心、销售中心组织社交网络。

将社会活动归结为时空特征,与本书提出的多根层次数据分布模型是相符的。区域之间、时间片断之间的关系都是层次关系,易于根据这样的层次关系构建多根层次数据分布。这样,在社交数据管理中,可以根据时空对于用户进行多根层次、不同粒度的分布。由于上述介绍的社交活动受地域、时间限制的特点,符合局域特征,这样大部分的通信都处于站点内的通信,虽然有些是跨越很大的区域的,只是相对来说,这样的通信是少量的。站点的粒度随着通信的变化,也可以重新组织,包括合并、拆分、整合等的处理。这样的数据分布还有一个好处,可以将社交网络的数据下推到对应的物理区域中,这时,即使出现网络的分割,占大部分的区域内的通信仍然能够不受影响。

17.2.4　无线传感器网络数据库

无线传感器网络 (Wireless Sensor Network , WSN) 是由部署在监测区域内大量的微型传感器节点通过无线通信形成的一个多跳的自组织网络系统,其目的是协作地感知、采集和处理网络覆盖区域内被监测对象的信息,并发送给观察者。无线传感器网络本质上是一个以数据为中心的网络,它处理的数据为传感器采集的连续不断的数据流。因此,现有的数据管理技术把无线传感器网络看作来自物理世界的连续数据流组成的分布式数据库 [212]。典型的传感器网络的系统结构包括资源受限的传感器节点群组成的多跳自组织网络、资源丰富的 sink 节点、互联网和用户界面。

传感器网络数据库,就是对存储数据 (包括传感器列表以及它们的相关属性,如位置) 和传感数据的组合应用。目前的一些传感器网络数据管理系统的结构主要有以下四种:集中式结构、半分布式结构、分布式结构、层次式结构。传感器采集的数据称为感知数据,其特征是只有追加操作的连续数据流及近似的模糊数据,并且能连续不断地查询。

(1) 集中式结构。这是无线传感器网络最简单的数据采集方法。每个传感器采集的数据定期发送到基站，由基站进行离线分析处理，传感器节点只是简单地发送或转发感知数据，本身对采集的数据不做任何处理。

(2) 半分布式结构。在这种结构下，传感器有一定的计算和存储能力，因此，某些计算可以在原始数据上进行，这就促进了半分布式模型的发展。在半分布式模型中，传感数据被聚集成某种记录 (而不是原始数据)，然后被传输到中央服务器进行进一步的查询处理。

(3) 分布式结构。每个传感器都有很高的存储、计算和通信能力，这种模型中所有的计算和通信都在传感器上进行。

(4) 层次式结构。包含了传感器网络层和代理网络层两个层次。

在上述这些无线传感器数据管理的结构中，不管是集中的结构还是分布式的结构，数据都具有一定的层次关系，都可以应用 MHM 数据分布模型管理数据。传感器数据反映的是特定时空上的状态，时间、空间也最易形成聚集、层次结构的数据。由时间点的数据到一段时间内的流数据，体现的是聚集成为层次关系。空间位置的数据到空间区域的数据，乃至聚集也体现的是聚集、层次关系。另外，数据的汇集、传播的过程，体现的也是层次的思想，可以是单根的，也可以是多根的。

另外，也可以看到，节点在传感器网络中的动态组织、变迁，在 MHM 数据分布模型之下，都很容易用 MHM 的操作来实现。传感器是有寿命的，为了延长使用时间，系统要经常进行结构重组。传感器网络中包括加入与退出、从一个根转移到另外的一个根、一组节点形成的子树转移到另外的根节点之下等操作，都可以视为多根树的操作。这些操作实现本身，可以来自于系统管理员的人工指令，也可以由系统自组织来实现，每个上层的节点由于掌握了下层节点的情况，有能力、易于对于下层节点的分布、路由、通信进行他组织，从而形成系统内部的自组织。

近年来，传感器技术新原理、新材料和新技术的研究更加深入、广泛，新品种、新结构、新应用不断涌现，呈现智能化、可移动化、微型化、集成化、多样化的趋势。另外，本书认为随着传感器网络的发展，节点的分化是必然的，一定会呈现层次的结构，有些类型节点可能专注于数据采集，有些可能专注于数据的传输，而有些会专注于数据的处理，节点的功能会分化，形成不同类型的节点，从而在体系上形成层次结构。传感器网络作为人工组织的系统，必然反映人类社会的印迹，这也是传感器网络发展的必然。形成各类组织以后，信息的传播效率、数据管理、访问控制程度各方面都得到发展。

17.2.5 移动数据库

移动数据库作为移动计算环境下的分布式数据库，本质特征是分布式计算和移动服务 [213]，其数据在物理上分散而逻辑上集中。它涉及数据库技术、分布式计算技术、移动通信技术等多个学科，与传统的数据库相比，移动数据库具有移动性、位置相关性、频繁的断接性、网络通信的非对称性等特征。在移动数据库中，由于网络连通的不确定性，数据一致性、事务、访问控制都是关键的问题。对于 MHM 数据分布模型来说，其将相关联的数据组成聚集，将数据分为参照数据与控制数据，是符合现实中的企业按照层次思想的组织与管理，易于这些问题的解决。移动数据库中基于位置的服务，客观上要求数据按照地理位置进行分布与组织，而这正是 MHM 数据分布模型所适宜的，因此基于位置的服务也有望得到简单的实现。

17.2.6　GIS 数据库

地理信息系统 (Geographic Information System，GIS) 数据库是某区域内关于一定地理要素特征的数据集合，主要涉及对图形和属性数据的管理和组织。与其他数据库相比，GIS 数据库有着自身的一些特点：① GIS 数据库不仅有与一般数据库数据性质相似的地理要素的属性数据，还有大量的空间数据，即描述地理要素空间分布位置的数据，且这两种数据之间具有不可分割的联系；② 地理信息系统是一个复杂的巨系统，用多种数据来描述资源环境。即使是一个极小的区域，数据量也很大；③ 数据库的更新周期比较长，且不是适时更新，它更多的是提供查询作用。大数据中约有 80% 的数据与空间位置有关 [214]。现有成熟的 GIS 多依赖于关系型数据库，但是关系型数据库由于在海量数据管理、高并发读写以及扩展性等方面的限制，在大数据时代已经显示出一定的局限性。GIS 需要一整套系统的、科学的理论和方法来应对大数据带来的挑战。

易于看到，GIS 数据根据空间进行分布，不同分辨率数据之间的关系，空间位置与属性数据之间的关系都是层次关系，都易于纳入 MHM 数据分布模型中。GIS 数据具有明显的行政区划，国家、省、市、县、区、乡镇、村，甚至每个院落，都有其边界，是非常规范的单根层次结构。GIS 数据中，道路虽然可以跨越多个行政区，等级却十分分明，有高速、国道、省道、县道、乡道等。自然的河流、山川也有其各自的流域、面积、地理分布等特征。地图数据具有不同的分辨率，高分辨率图片可以看作低分辨率图片的子节点。GIS 不同图层的数据也都可以看作基本地理数据的子节点。这样，以 MHM 多根层次关系，组织管理 GIS 数据也是非常自然、可能的事情。

参 考 文 献

[1] Aaron W. Computing in the clouds. Networker, 2007, 11(4): 16-25.

[2] Brian H. Cloud computing. Communication of the ACM, 2008, 51(7): 9-11.

[3] Buyya R, Yeo C S, Venugopal S, et al. Cloud computing and emerging it platforms: vision, hype, and reality for delivering computing as the 5th utility. Future Generation Computer Systems, 2009, 25(6): 599-616.

[4] Armbrust M, Fox A, Griffith R, et al. Above the clouds: a berkeley view of cloud computing. Technical Report, UC Berkeley Reliable Adaptive Distributed Systems Laboratory, 2009.

[5] Grossman R L, Gu Y, Sabala M, et al. Compute and storage clouds using wide area high performance networks. Future Generation Computer Systems, 2009, 25(2): 179-183.

[6] Armbrust M, Fox A, Griffith R, et al. A view of cloud computing. Communication of the ACM, 2010, 53: 50-58.

[7] Mayer-Schonberger V, Cukier K. Big Data: A Revolution That Will Transform How We Live, Work, and Think. Boston: Houghton Mifflin Harcourt, 2013.

[8] 库恩. 科学革命的结构. 李宝恒, 纪树立, 译. 上海: 上海科学技术出版社, 1980.

[9] 贝塔朗菲. 一般系统论: 基础、发展和应用. 北京: 清华大学出版社, 1987.

[10] 拉兹洛. 系统哲学引论——一种当代思想的新范式. 北京: 商务印书馆, 1998.

[11] 哈肯. 协同学: 大自然构成的奥秘. 凌复华, 译. 上海: 上海译文出版社, 2001.

[12] 魏宏森, 曾国屏. 系统论: 系统科学哲学. 北京: 清华大学出版社, 1995.

[13] 钱学森, 于景元, 戴汝为. 一个科学新领域——开放的复杂巨系统及其方法论. 自然杂志, 1990, 13(1): 3-10.

[14] 钱学森. 一个科学新领域——开放的复杂巨系统及其方法论. 上海理工大学学报, 2011, 33(6): 526-532.

[15] 于景元. 钱学森关于开放的复杂巨系统的研究. 系统工程理论与实践, 1992(5): 8-12.

[16] 陈有祺. 多根树. 南开大学学报 (自然科学版), 1989, 22(3): 26-28.

[17] Furnas G W, Zacks J. Multitrees: enriching and reusing hierarchical structure//Proceedings of the SIGCHI Conference on Human Factors in Computing Systems, Boston, 1994: 330-336.

[18] Codd E F, Bachman C W. Discussion - panel and audience//Proceedings of the 1974 ACM SIGFIDET (now SIGMOD) Workshop on Data Description, Access and Control, New York, 1975: 121-144.

[19] Birman K, Chockler G, Renesse R V. Toward a cloud computing research agenda. SIGACT News, 2009, 40(2): 68-80.

[20] Foster I, Zhao Y, Raicu I, et al. Cloud computing and grid computing 360-degree compared//Proceedings of the Grid Computing Environments Workshop, Texas, 2008:

1-10.

[21] Parkhill D. The Challenge of the Computer Utility. Boston:Addison-Wesley Educational Publishers Inc., 1966.

[22] Voas J, Zhang J. Cloud computing: new wine or just a new bottle? IT Professional, 2009, 11(2):15-17.

[23] Coase R H. The nature of the firm. Economica, New Series, 1937, 4(16): 386-405.

[24] 史英杰, 孟小峰. 云数据管理系统中查询技术研究综述. 计算机学报, 2013, 36(2): 209-225.

[25] Chang F, Dean J, Ghemawat S, et al. Bigtable: a distributed storage system for structured data//Proceedings of the 7th USENIX Symposium on Operating Systems Design and Implementation, Berkeley, 2006: 15.

[26] Michael C, Edward C, Andrew F, et al. Data management projects at google. SIGMOD Record, 2008, 37(1):34-38.

[27] Giuseppe D, Deniz H, Madan J, et al. Dynamo: amazon's highly available key-value store. ACM SIGOPS Operating Systems Review, 2007, 41(6): 205-220.

[28] Manyika J, Chui M, Brown B, et al. Big data: the next frontier for innovation, competition, and productivity. Analytics, 2011.

[29] 李国杰, 程学旗. 大数据研究: 未来科技及经济社会发展的重大战略领域——大数据的研究现状与科学思考. 中国科学院院刊, 2012, 27(6): 647-657.

[30] 孟小峰, 慈祥. 大数据管理: 概念、技术与挑战. 计算机研究与发展, 2013, 50(1): 146-169.

[31] 张康之, 张桐. 大数据中的思维与社会变革要求. 理论探索, 2015, 36(5): 5-14.

[32] 蒋洁, 陈芳, 何亮亮. 大数据预测的伦理困境与出路. 图书与情报, 2014(5): 61-64, 124.

[33] 张茉楠. 数据开放共享是大数据竞争战略核心. 上海证券报, 2015-10-29(8).

[34] 刘智慧, 张泉灵. 大数据技术研究综述. 浙江大学学报 (工学版), 2014, 48(6): 957-972.

[35] 张引, 陈敏, 廖小飞. 大数据应用的现状与展望. 计算机研究与发展, 2013, 50(增刊): 216-233.

[36] 高书国. 大数据时代的数据困惑——教育研究的数据困境. 教育科学研究, 2015(1): 24-30.

[37] 张玉宏. 来自大数据的反思: 需要你读懂的 10 个小故事. http://www.csdn.net/article/2015-07-28/2825321[2015-11-28].

[38] 程学旗, 靳小龙, 王元卓, 等. 大数据系统和分析技术综述. 软件学报, 2014, 25(9): 1889-1908.

[39] 郭晨晨. 浅析大数据技术的应用风险. 中国新通信, 2015(18): 86.

[40] 宋立荣, 张薇, 杨晶. 基于信息共享背景下的数据和信息之概念辨析. 情报杂志, 2012, 31(1): 1-5.

[41] 黄小寒. 从信息本质到信息哲学——对半个世纪以来信息科学哲学探讨的回顾与总结. 自然辩证法研究, 2001, 17(3): 15-19.

[42] 王国伟. 信息本质的哲学探讨. 辽宁大学学报 (哲学社会科学版), 1985, 14(6): 43-45.

[43] 邬焜. 当代信息哲学的兴起和发展历程. 陕西广播电视大学学报, 2012, 14(1): 31-39.

[44] 马里胡安. 信息哲学的过去、现在与未来——在首届国际信息哲学研讨会开幕式和闭幕式上的讲话. 重庆邮电大学学报 (社会科学版), 2014, 26(2): 46-48.

[45] English L P. Total information quality management: a complete methodology for IQ management. DM Review, 2003, 9: 1-7.

[46] 孟增辉. 知识定义及转化研究. 计算机工程与应用, 2015, 51(13): 131-138.

[47] 唐龙云. 后现代知识观视角下"知识"概念的语义辨析. 教育探索, 2011(6): 11-12.

[48] 爱因斯坦. 爱因斯坦晚年文集. 方在庆, 译. 北京: 北京大学出版社, 2008.

[49] 吴先伍. 庄子智慧说. 安徽教育学院学报, 2002, 20(1): 10-13.

[50] 洪修平. 试论道家、佛教眼中的知识与智慧——兼论中国禅宗的"自性般若"思想. 哲学研究, 2010(9): 57-62.

[51] 谢正强. 傅金铨内丹思想研究. 成都: 四川大学道教与宗教文化研究所博士学位论文, 2004.

[52] 陈晓龙. 论金岳霖对知识与智慧关系的哲学沉思. 兰州铁道学院学报 (社会科学版), 1999, 18(4): 18-25.

[53] 魏德东. 论佛教唯识学的转识成智. 世界宗教研究, 1998, 20(4): 55-64.

[54] 徐东来. 唯识学"转识成智"理论的研究. 上海: 华东师范大学博士学位论文, 2002.

[55] 韩伟. 论转识成智——冯友兰、金岳霖、冯契之"知识与智慧"思想解读. 传承, 2011, 21(11): 60-61.

[56] 冯契. 认识世界和认识自己. 上海: 人民出版社, 2011.

[57] 杨国荣. 知识与智慧——冯契先生的哲学沉思. 哲学研究, 1995, 41(12): 13-20.

[58] 北京大学哲学系外国哲学史教研室. 古希腊罗马哲学. 北京: 三联书店, 1957.

[59] 张跃虎. 知识、智慧和直觉——哲学思考. 广东技术师范学院学报, 2003, 24(1): 7-10.

[60] 程石. 人工智能发展中的哲学问题思考. 重庆: 西南大学硕士学位论文, 2013.

[61] 郭腾飞. 人工智能的哲学思考. 太原: 山西大学硕士学位论文, 2011.

[62] 褚秋雯. 从哲学的角度看人工智能. 武汉: 武汉理工大学硕士学位论文, 2014.

[63] 郝勇胜. 对人工智能研究的哲学反思. 太原: 太原科技大学硕士学位论文, 2012.

[64] Gore A. Earth in the Balance: Ecology and the Human Spirit. New York: A Plume Book, 1993.

[65] 顾大权, 刘高飞. 对数据、信息、知识和智慧的研究与思考. 长春大学学报, 2012, 22(4): 399-401.

[66] 樊翠英, 张亚勇. 知识与智慧矛盾的哲学反思. 河北理工学院学报 (社会科学版), 2003, 3(4): 13-15.

[67] 贺曦. 冯友兰冯契理想人格学说比较研究. 天津: 南开大学博士学位论文, 2012.

[68] 王克迪. 数据、大数据及其本质. 学习时报, 2015-9-14(3).

[69] Aebi D, Perrochon L. Towards improving data quality//Proceedings of the International Conference on Information Systems and Management of Data, Delhi, 1993: 273-281.

[70] 韩京宇, 徐立臻, 董逸生. 数据质量研究综述. 计算机科学, 2008, 35(2): 1-12.

[71] 郭志懋, 周傲英. 数据质量和数据清洗研究综述. 软件学报, 2002, 13(11): 2076-2082.

[72] Alsubaiee S, Altowim Y, Altwaijry H, et al. Asterixdb: a scalable, open source BDMS//Proceedings of the 40th International Conference on Very Large Data Bases, Hangzhou, 2014: 1905-1916.

[73] Gray J. eScience-a transformed scientific method (talk given to the NRC-CSTB in mountain view). http://research.microsoft.com/en-us/um/people/gray/talks/NRC-CSTB_eScience.ppt [2015-7-28].

[74] Hey T, Tansley S, Tolle K I. The Fourth Paradigm-Data-Intensive Scientific Discovery. Washington: Microsoft Research, 2009.

[75] Hey T, Tansley S, Tolle K I. Jim Gray on eScience: a transformed scientific method//Hey T, Tansley S, Tolle K. The Fourth Paradigm. Washington: Microsoft Research. 2009: xvii-xxxi.

[76] Wilbanks J. I have seen the paradigm shift, and it is us//Hey T, Tansley S, Tolle K. The Fourth Paradigm. Washington: Microsoft Research, 2009: 209-214.

[77] 张晓强. 大数据引起的科学转变研究. 北京: 清华大学硕士学位论文, 2014.

[78] 刘敏. 建构人文主义的科学——贝塔朗菲的永恒魅力. 系统科学学报, 2006, 14(3): 31-35.

[79] 乌杰. 走向系统范式的探索与思考——第四届全国系统科学学术研讨会纪要. 大自然探索, 1996, 15(57): 25-28.

[80] 叶立国. "系统科学范式"研究述评. 系统科学学报, 2009, 17(4): 25-30.

[81] 于景元. 钱学森系统科学思想和系统科学体系. 科学决策, 2014(12): 1-22.

[82] 叶立国. 系统科学的五大理论突破. 科学学与科学技术管理, 2011, 32(9): 30-36.

[83] 倪鹏云. 系统科学与信息科学相结合的哲学思考. 系统辩证学学报, 2003, 11(1): 61-75.

[84] 刘琪. 信息时代与系统科学思维方式. 甘肃社会科学, 2001(6): 34-37.

[85] 叶立国. 范式转换视域下方法论的四大变革——从经典科学范式到系统科学范式. 科学学研究, 2012, 30(9): 1287-1291.

[86] 章红宝. 钱学森开放复杂巨系统思想研究. 北京: 中共中央党校博士学位论文, 2005.

[87] 王寿云, 于景元, 戴汝为, 等. 开放的复杂巨系统. 杭州: 浙江科学技术出版社, 1996.

[88] 戴汝为, 郑楠. 钱学森先生时代前沿的"大成智慧"学术思想. 控制理论与应用, 2014, 31(12): 1606-1609.

[89] 潘平, 郑辉, 兰立山. 大数据系统的本质特征及其哲学反思. 系统科学学报, 2015, 23(3): 26-29.

[90] 顾基发. 大数据要注意的一些问题. 科技促进发展, 2014, 10(1): 20-14.

[91] Reiter R. Towards a Logical Reconstruction of Relational Database Theory. New York: Springer, 1984.

[92] Minker J. On indefinite databases and the closed world assumption//Readings in Nonmonotonic Reasoning. San Francisco: Morgan Kaufmann Publishers Inc., 1987:

362-333.

[93] 高隆昌. 系统学原理. 北京：科学出版社, 2005.

[94] Etzioni O, Golden K, Weld D S. Sound and efficient closed-world reasoning for planning. Artificial Intelligence, 1997, 89(1-2): 113-148.

[95] Doherty P, Lukaszewicz W, Szalas A. Efficient reasoning using the local closed-world assumption//Artificial Intelligence: Methodology, Systems, and Applications, New York: Springer, 2000: 21-34.

[96] Vogels W. Eventually consistent. Communication of the ACM, 2009, 52: 40-44.

[97] Tanenbaum A S, Steen M V. Distributed Systems: Principles and Paradigms. Upper Saddle River: Prentice Hall, 2002.

[98] Brian F C, Raghu R, Utkarsh S, et al. PNUTS: Yahoo!'s hosted data serving platform//Proceedings of the VLDB Endowment, 2008, 1(2): 1277-1288.

[99] Bernstein P A, Goodman N. An algorithm for concurrency control and recovery in replicated distributed databases. ACM Transactions on Database Systems, 1984, 9: 596-615.

[100] Seth G, Nancy L. Brewer's conjecture and the feasibility of consistent, available, partition-tolerant web services. SIGACT News, 2002, 33(2): 51-59.

[101] Brewer E. Cap twelve years later: how the "rules" have changed. Computer, 2012, 45(2): 23-29.

[102] Fox A, Gribble S D, Chawathe Y, et al. Cluster-based scalable network services. SIGOPS Operating Systems Review, 1997, 31: 78-91.

[103] Dan P. Base: an acid alternative. Queue, 2008, 6(3): 48-55.

[104] Eswaran K P, Gray J N, Lorie R A, et al. The notions of consistency and predicate locks in a database system. Communication of the ACM, 1976, 19(11): 624-633.

[105] Yannakakis M. Serializability by locking. Journal of ACM, 1984, 31(2): 227-244.

[106] ANSI X3.135–1992. American National Standard for Information Systems-Database Language-SQL, 1992.

[107] Bernstein P A, Hadzilacos V, Goodman N. Concurrency control and recovery in database systems. Boston:Addison-Wesley Longman Publishing, 1987.

[108] Kung H T, Papadimitriou C H. An optimality theory of concurrency control for databases//Proceedings of the 1979 ACM SIGMOD International Conference on Management of Data, New York, 1979: 116-126.

[109] Kung H T, Lehman P L. Concurrent manipulation of binary search trees. ACM Transactions on Database Systems, 1980, 5(3): 354-382.

[110] Lehman P L, Yao S B. Efficient locking for concurrent operations on B-trees. ACM Transactions on Database Systems, 1981, 6(4): 650-670.

[111] Berenson H, Bernstein P, Gray J, et al. A critique of ANSI SQL isolation levels. SIGMOD Record, 1995, 24(2): 1-10.

[112] Elnikety S, Pedone F, Zwaenepoel W. Database replication using generalized snapshot isolation. 24th IEEE Symposium on Reliable Distributed Systems, 2005: 73-84.

[113] Papadimitriou C H. The serializability of concurrent database updates. Journal of ACM, 1979, 26(4): 631-653.

[114] Gray J N, Lorie R A, Putzolu G R, et al. Granularity of locks and degrees of consistency in a shared data base. Modeling in Data Base Management Systems, 1976: 365-394.

[115] Fekete A. Allocating isolation levels to transactions//Proceedings of the twenty-fourth ACM SIGMOD-SIGACT-SIGART Symposium on Principles of Database Systems, New York, 2005: 205-215.

[116] Fekete A, Liarokapis D, O'Neil E, et al. Making snapshot isolation serializable. ACM Transactions on Database Systems, 2005, 30(2): 492-528.

[117] Daudjee K, Salem K. Lazy database replication with snapshot isolation//Proceedings of the 32nd International Conference on Very Large Data Bases, Seoul, 2006: 715-726.

[118] Jorwekar S, Fekete A, Ramamritham K, et al. Automating the detection of snapshot isolation anomalies//Proceedings of the 33rd International Conference on Very Large Data Bases, Vienna, 2007: 1263-1274.

[119] Cahill M J, Röhm U, Fekete A D. Serializable isolation for snapshot databases// Proceedings of the 2008 ACM Sigmod International Conference on Management of Data, New York, 2008: 729-738.

[120] Adya A, Liskov B, O'Neil P. Generalized isolation level definitions//Proceedings of the 16th International Conference on Data Engineering, San Diego, 2000: 67-78.

[121] Shoup R, Travostino F. Ebay's scaling odyssey growing and evolving a large ecommerce site, sep 2008. http://www.cs.cornell.edu/projects/ladis2008/materials/ eBayScalingOdyssey%20ShoupTravostino.pdf [2010-11-28].

[122] Cooper B F, Ramakrishnan R, Srivastava U. Cloud storage design in a PNUT shell//Beautiful Data: The Stories Behind Elegant Data Solutions, Sebastopol, CA, USA: O'Reilly Media, 2009: 55-72.

[123] Pauw W D, Weyten L. Multiple storage adaptive multi-trees. IEEE Transactions on Computer-Aided Design,1990, 9(3): 248-252.

[124] Fernàndez-Madrigal J A, Gonzàlez J. Multihierarchical graph search. IEEE Transactions on Pattern Analysis and Machine Intelligence, 2002, 24(1): 103-113.

[125] Ostojic M, Loeliger H A. Multitree decoding and multitree-aided LDPC decoding//Proceedings (ISIT) of the 2010 IEEE International Symposium on Information Theory, 2010: 779-783.

[126] Mohammadi-Aragh M J, Jankun-Kelly T J. Moiretrees: visualization and interaction for multi-hierarchical data//EUROGRAPHICS - IEEE VGTC Symposium on Visualization, 2005: 231-238.

[127]　Augsten N, Barbosa D, Bohlen M, et al. TASM: top-k approximate subtree matching//IEEE 26th International Conference on Data Engineering, 2010: 353-364.

[128]　Peckham J, Maryanski F. Semantic data models. ACM Computing Surveys, 1988, 20(3): 153-189.

[129]　Hambrusch S E, Liu C M. Data replication for external searching in static tree structures//CIKM 2000, McLean, 2000: 360-367.

[130]　Peng J, Tang C J, Li C, et al. New replication architecture for distributed database based on ud-tree. MNI-MICRO Systems, 2004, 25(12): 2065-2069.

[131]　Tao J, Williams J G. Concurrency control and data replication trategies for large-scale and wide-distributed databases//Proceedings of the Seventh International Conference on Database Systems for Advanced Applications, 2001: 352-359.

[132]　Tsichritzis D C,Lochovsky F H. Hierarchical data-base management: a survey. ACM Computing Surveys, 1976, 8(1): 105-123.

[133]　Navathe S B. Evolution of data modeling for databases. Communication of the ACM, 1992, 35(9): 112-123.

[134]　Silberschatz A, Korth H F, Sudarshan S. Data models. ACM Computing Surveys, 1996, 28(1): 105-108.

[135]　Angles R, Gutierrez C. Survey of graph database models. ACM Computing Surveys, 2008, 40(1): 1-39.

[136]　Taylor R W, Frank R L. CODASYL data-base management systems. ACM Computing Surveys, 1976, 8(1): 67-103.

[137]　萨师煊, 王珊. 数据库系统概论. 2 版. 北京: 高等教育出版社, 1991.

[138]　Codd E F. A relational model of data for large shared data banks. Communication of the ACM, 1970, 13(6): 377-387.

[139]　Agrawal S, Chaudhuri S, Das G. DbXplorer: a system for keyword-based search over relational databases//Proceedings of the 18th International Conference on Data Engineering, San Jose, 2002: 5-16.

[140]　Hristidis V, Gravano L, Papakonstantinou Y. Efficient IR-style keyword search over relational databases//Proceedings of the 29th VLDB Conference, Berlin, 2003: 850-861.

[141]　Bhalotia G, Hulgeri A, Nakhez C, et al. Keyword searching and browsing in databases using banks//Proceedings of the 18th International Conference on Data Engineering, San Jose, 2002: 431-440.

[142]　Wang S, Peng Z H, Zhang J, et al. NUITS: a novel user interface for efficient keyword search over databases//VLDB'06, Seoul, 2006: 1143-1146.

[143]　Hristidis V, Papakonstantinou Y. Discover: keyword search in relational databases// VLDB'02, Hong Kong, 2002: 670-681.

[144]　Spiegel J, Polyzotis N. Graph-based synopses for relational selectivity estima-

tion//Proceedings of 2006 ACM SIGMOD International Conference on Management of Data, New York, 2006: 205-216.

[145] Goldman R, Shivakumar N, Venkatasubramanian S, et al. Proximity search in databases//Proceedings of 24th International Conference on Very Large Data Bases, New York, 1998: 26-37.

[146] Stonebraker M, Hellerstein J M. What goes around comes around//Readings in Database Systems. Cambridge: The MIT Press, 2005.

[147] Agrawal P, Silberstein A, Cooper B F, et al. Asynchronous view maintenance for VLSD databases//Proceedings of the 35th SIGMOD International Conference on Management of Data, New York, 2009: 179-192.

[148] Ghemawat S, Gobioff H, Leung S T. The google file system. SIGOPS Operating Systems Review, 2003, 37: 29-43.

[149] Baker J, Bond C, Corbett J, et al. Megastore: providing scalable, highly available storage for interactive services//Conference on Innovative Data Systems Research, 2011: 223-234.

[150] Lakshman A, Malik P. Cassandra: a decentralized structured storage system. SIGOPS Operating Systems Review, 2010, 44: 35-40.

[151] White T. Hadoop: The Definitive Guide. Sebastopol: O'Reilly Media, 2009.

[152] Petersen K, Spreitzer M, Terry D, et al. Bayou: replicated database services for world-wide applications//Proceedings of the 7th ACM SIGOPS European Workshop: Systems Support for Worldwide Applications, New York, 1996: 275-280.

[153] Bain T. Is the relational database doomed? http://www.readwriteweb.com/enterprise/2009/02/is-the-relational-database-doomed.php [2010-11-25].

[154] 申德荣, 于戈, 王习特, 等. 支持大数据管理的 NoSQL 系统研究综述. 软件学报, 2013, 24(8): 1786-1803.

[155] Pike R, Dorward S, Griesemer R, et al. Interpreting the data: parallel analysis with sawzall. Scientific Programming Journal, 2005, 13(4): 227-298.

[156] 韩晶. 大数据服务若干关键技术研究. 北京: 北京邮电大学博士学位论文, 2013.

[157] Chen P P S. The entity-relationship model-toward a unified view of data. ACM Transactions on Database Systems, 1976, 1(1): 9-36.

[158] Codd E F. Normalized data base structure: a brief tutorial//Proceedings of the ACM SIGFIDET (Now SIGMOD) Workshop on Data Description, Access and Control, New York, 1971: 1-17.

[159] Bernstein P A. Synthesizing third normal form relations from functional dependencies. ACM Transactions on Database Systems, 1976, 1(4): 277-298.

[160] Fagin R. Multivalued dependencies and a new normal form for relational databases. ACM Transactions on Database Systems, 1977, 2(3): 262-278.

[161] Bernstein P A, Goodman N. What does boyce-codd normal form do? //Proceedings

of the 6th International Conference on Very Large Data Bases, 1980: 245-259.

[162]　Codd E F. Recent investigations in relational data base systems//IFIP Congress, 1974: 1017-1021.

[163]　萨师煊, 王珊. 数据库系统概论. 3 版. 北京: 高等教育出版社, 2000.

[164]　Chu W W. Optimal file allocation in a multiple computer system. IEEE Transactions on Computers, 1969, C-18(10): 885-889.

[165]　Casey R G. Allocation of copies of files in an information network//Proceedings of AFZPS 1972 SJCC, New Jersey, 1972: 617-625.

[166]　Apers P M G. Data allocation in distributed database systems. ACM Transactions on Database Systems, 1988, 13(3): 263-304.

[167]　Grapa E, Belford G G. Some theorems to aid in solving the file allocation problem. Communication of the ACM, 1977, 20(11): 878-882.

[168]　Mahmoud S, Riordon J S. Optimal allocation of resources in distributed information networks. SIGIR Forum, 1975, 10(3): 11.

[169]　Eswaran K P. Placement of records in a file and file allocation in a computer//IFIP Congress, Stockholm, 1974: 304-307.

[170]　Levin K D, Morgan H L. Optimizing distributed data bases: a framework for research//Proceedings of the National Computer Conference, Anaheim, 1975: 473-478.

[171]　Morgan H L, Levin K D. Optimal program and data locations in computer networks. Communication of the ACM, 1977, 20(5): 315-322.

[172]　Codd E F. A relational model of data for large shared data banks. Communication of the ACM, 1983, 26(1): 64-69.

[173]　Codd E F. The Relational Model for Database Management. 2nd ed. Boston:Addison-Wesley Longman Publishing, 1990.

[174]　Kim W. Object-oriented databases: definition and research directions. IEEE Transactions on Knowledge and Data Engineering, 1990, 2(3): 327-341.

[175]　Buneman P. Semistructured data//Proceedings of the sixteenth ACM SIGACT-SIGMOD-SIGART Symposium on Principles of Database Systems, New York, 1997: 117-121.

[176]　Date C J. Distributed Database: A Closer Look. Massachusetts: Addison-Wesley, 1992.

[177]　Ozsu M T, Valduriez P. Distributed database systems: where are we now? Computer, 1991, 24(8): 68-78.

[178]　Chang S K, Cheng W H. A methodology for structured database decomposition. IEEE Transactions on Software Engineering, 1980, SE-6(2): 205-218.

[179]　Ceri S, Negri M, Pelagatti G. Horizontal data partitioning in database design// Proceedings of the ACM SIGMOD International Conference on Management of Data,

New York, 1982: 128-136.

[180] Navathe S, Ceri S,Wiederhold G, et al. Vertical partitioning algorithms for database design. ACM Transactions on Database Systems, 1984, 9(4): 680-710.

[181] Ceri S, Navathe S, Wiederhold G. Distribution design of logical database schemas. IEEE Transactions on Software Engineering, 1983, SE-9(4): 487-504.

[182] Ahmad I, Karlapalem K, Kwok Y K, et al. Evolutionary algorithms for allocating data in distributed database systems. Distributed and Parallel Databases, 2002, 11(1): 5-32.

[183] Ezeife C I, Barker K. A comprehensive approach to horizontal class fragmentation in a distributed object based system. Distributed and Parallel Databases, 1995, 3(3): 247-272.

[184] Barker K, Bhar S. A graphical approach to allocating class fragments in distributed objectbase systems. Distributed and Parallel Databases, 2001, 10(3): 207-239.

[185] Baião F, Mattoso M, Zaverucha G. A distribution design methodology for object DBMS. Distributed and Parallel Databases, 2004, 16(1): 45-90.

[186] Karlapalem K, Li Q. A framework for class partitioning in object-oriented databases. Distributed and Parallel Databases, 2000, 8(3): 333-366.

[187] Ma H, Schewe K D, Wang Q. Distribution design for higher-order data models. Data and Knowledge Engineering, 2007, 60(2): 400-434.

[188] Aygün R, Ma Y, Akkaya K, et al. A conceptual model for data management and distribution in peer-to-peer systems. Peer-to-Peer Networking and Applications, 2010, 3: 294-322.

[189] Bachman C W. Commentary on the CODASYL systems committee's interim report on distributed database technology//CODASYL Systems Committee's Interim Report on Distributed Database Technology, National Computer Conference, Anaheim, 1978: 919-921.

[190] Cecchet E, Candea G,Ailamaki A. Middleware-based database replication: the gaps between theory and practice//Proceedings of the ACM SIGMOD International Conference on Management of Data, New York, 2008: 739-752.

[191] 吴彤. 自组织方法论研究. 北京: 清华大学出版社, 2001.

[192] 顾基发, 唐锡晋, 朱正祥. 物理–事理–人理系统方法论综述. 交通运输系统工程与信息, 2007, 7(6): 51-60.

[193] 顾基发. 物理事理人理系统方法论的实践. 管理学报, 2011, 8(3): 317-322, 355.

[194] 顾文涛, 王以华, 吴金希. 复杂系统层次的内涵及相互关系原理研究. 系统科学学报, 2008, 16(2): 34-39.

[195] Bachman C W. The data structure set model//Proceedings of the 1974 ACM SIG-FIDET (now SIGMOD) Workshop on Data Description, Access and Control, New York, 1975: 1-10.

[196]   TPC Benchmark. C standard specification revision 5.9. http://www.tpc. org/tpcc/
        spec/tpcc_current.pdf [2008-1-28].

[197]   IBM. A technical discussion of multi version read consistency. Technical Report, IBM
        Software Group Toronto Laboratory, 2002.

[198]   Li N H, Mao Z Q. Administration in role-based access control//Proceedings of the
        2nd ACM Symposium on Information, Computer and Communications Security, New
        York, 2007: 127-138.

[199]   Sandhu R, Bhamidipati V, Munawer Q. The ARBAC97 model for role-based admin-
        istration of roles. ACM Transactions on Information and System Security, 1999, 2(1):
        105-135.

[200]   Sandhu R, Bhamidipati V, Coyne E, et al. The ARBAC97 model for role-based
        administration of roles: preliminary description and outline//Proceedings of the 2nd
        ACM Workshop on Role-based Access Control, New York, 1997: 41-50.

[201]   Oh S, Sandhu R, Zhang X. An effective role administration model using organization
        structure. ACM Transactions on Information and System Security, 2006, 9(2): 113-
        137.

[202]   Moffett J D. Control principles and role hierarchies//Proceedings of the 3rd ACM
        Workshop on Role-based Access Control, New York, 1998: 63-69.

[203]   Moffett J D, Lupu E C. The uses of role hierarchies in access control//Proceedings
        of the 4th ACM Workshop on Role-based Access Control, New York, 1999: 153-
        160.

[204]   Crampton J, Loizou G. Administrative scope: a foundation for role-based administra-
        tive models. ACM Transactions on Information and System Security, 2003, 6(2):
        201-231.

[205]   Kalam A A E, Baida R E, Balbiani P, et al. Organization based access control//IEEE
        4th International Workshop on Policies for Distributed Systems and Networks, Shang-
        Hai, 2003: 120-131.

[206]   Sandhu R S, Coyne E J, Feinstein H L, et al. Role-based access control models.
        Computer, 1996, 29(2): 38-47.

[207]   Hill M D. What is scalability? ACM SIGARCH Computer Architecture News, 1990,
        18(4): 18-21.

[208]   Bondi A B. Characteristics of scalability and their impact on performance //Proceed-
        ings of the 2nd International Workshop on Software and Performance, Ottawa, 2000:
        195-203.

[209]   Amdahl G M. Validity of the single processor approach to achieving large scale
        computing capabilities//Proceedings of the Spring Joint Computer Conference, New
        Jersey, 1967: 483-485.

[210]   Gustafson J L. Reevaluating amdahl's law. Communication of the ACM, 1988, 31(5):

532-533.

[211]   吴增海. 社交网络模型的研究. 合肥: 中国科学技术大学博士学位论文, 2012.

[212]   张少平, 汪英华, 李国徽. 无线传感器网络数据管理技术研究进展. 计算机科学, 2010,
        37(6): 11-15, 31.

[213]   帖军. 移动数据库系统中的数据一致性维护策略. 武汉: 华中科技大学博士学位论文,
        2013.

[214]   李清泉, 李德仁. 大数据 GIS. 武汉大学学报 (信息科学版), 2014, 39(6): 641-644, 666.